Fritz Leonhardt

Vorlesungen über Massivbau

Zweiter Teil

Sonderfälle der Bemessung im Stahlbetonbau

F. Leonhardt und E. Mönnig

Zweite Auflage

Springer-Verlag
Berlin · Heidelberg · New York 1975

Dr.-Ing. Dr.-Ing. E. h. FRITZ LEONHARDT
Professor am Institut für Massivbau der Universität Stuttgart

Dipl.-Ing. EDUARD MÖNNIG
Professor am Institut für Massivbau der Universität Stuttgart

Mit 156 Abbildungen

ISBN 3-540-07341-8 Springer-Verlag Berlin Heidelberg New York
ISBN 0-387-07341-8 Springer-Verlag New York Heidelberg Berlin
ISBN 3-540-07004-4 1. Auflage Springer-Verlag Berlin Heidelberg New York
ISBN 0-387-07004-4 1 st edition Springer-Verlag New York Heidelberg Berlin

Das Werk ist urheberrechtlich geschützt. Die dadurch begründeten Rechte, insbesondere die der Übersetzung, des Nachdruckes, der Entnahme von Abbildungen, der Funksendung, der Wiedergabe auf photomechanischem oder ähnlichem Wege und der Speicherung in Datenverarbeitungsanlagen, bleiben auch bei nur auszugsweiser Verwertung vorbehalten.
Bei Vervielfältigungen für gewerbliche Zwecke ist gemäß § 54 UrhG eine Vergütung an den Verlag zu zahlen, deren Höhe mit dem Verlag zu vereinbaren ist.
© by Springer-Verlag, Berlin/Heidelberg 1975. Printed in Germany
Library of Congress Cataloging in Publication Data
Leonhardt, Fritz, 1909 — Sonderfälle der Bemessung im Stahlbetonbau.
(His Vorlesungen über Massivbau; T. 2)
Bibliography: p.   Includes index.
1. Reinforced concrete construction. I. Mönnig, Eduard, joint author.
II. Title. III. Series.
TA681.L58 1973a, T. 2 [TA683.2] 624'.1834 75-19049

Die Wiedergabe von Gebrauchsnamen, Handelsnamen, Warenbezeichnungen usw. in diesem Buche berechtigt auch ohne besondere Kennzeichnung nicht zu der Annahme, daß solche Namen im Sinne der Warenzeichen- und Markenschutz-Gesetzgebung als frei zu betrachten wären und daher von jedermann benutzt werden dürften.
Gesamtherstellung: fotokop wilhelm weihert kg, Darmstadt

Vorwort

Während im ersten Teil der "Vorlesungen über Massivbau" die Grundlagen zur Bemessung im Stahlbetonbau mit einer kurzen Übersicht über die Baustoffe und das Tragverhalten und die Bemessung von Stabtragwerken für Biegung, Querkraft, Torsion mit und ohne Längskraft sowie die Bemessung von Druckgliedern mit Knicksicherheitsnachweisen behandelt wurden, werden im zweiten Teil Sonderfälle der Bemessung dargelegt. Diese Sonderfälle kommen in der Praxis zwar laufend vor, werden aber meist unzulänglich gelöst, weil brauchbare Bemessungsverfahren z. T. erst in den letzten zehn Jahren entwickelt wurden und daher in den gängigen Handbüchern in veralteter Form oder gar nicht enthalten sind. Die neuen Bemessungsverfahren sind meist nur in Zeitschriften verstreut zu finden und daher vielen Praktikern kaum bekannt.

Wir haben uns in diesem zweiten Teil bemüht durch Auswertung des Schrifttums, neuester Forschungsberichte und eigener Forschungsergebnisse den heutigen Stand unseres Wissens darzustellen, und zwar in einer Form, die für die Anwendung in der Praxis geeignet ist.

Das letzte Kapitel ist dem Leichtbeton gewidmet, wobei eine kurze Übersicht über die Leichtbetonarten gegeben wird, um dann den Leichtbeton für Tragwerke ausführlicher zu behandeln, da er mit Recht mehr und mehr angewandt wird. Seine besonderen Eigenschaften bedingen bei der Bemessung einige Abweichungen von den Regeln für den normalen Beton, die hier für die deutschen Verhältnisse angegeben werden.

Bei dem Stoff dieses Teiles der "Vorlesungen" sind Hinweise auf das Schrifttum besonders wichtig, wobei wir uns bemüht haben, nur das Schrifttum anzuführen, das für den letzten Stand der Entwicklung wichtig oder für eine weitere Vertiefung in behandelte Probleme auch für den praktisch tätigen Ingenieur von Bedeutung ist.

Für die Sorgfalt und Mühe beim Schreiben und der Durchsicht des Textes sowie bei der Anfertigung der vielen Zeichnungen danken die Verfasser Frau I. Paechter, Frau V. Zander sowie den Studenten cand. ing. H. Lenzi und A. Hoch. Dem Verlag sei wieder besonders für sein Bemühen gedankt, den Preis dieser Vorlesungsumdrucke mäßig und damit für Studenten erschwinglich zu halten, ohne dabei seine Anforderungen an die Qualität zu senken.

Stuttgart, im Herbst 1974   F. Leonhardt und E. Mönnig

Vorwort zur zweiten Auflage

In der zweiten Auflage wurden Berichtigungen und einige Ergänzungen vorgenommen. Die behandelten Probleme sind jedoch unverändert geblieben.

Stuttgart, Mai 1975   F. Leonhardt und E. Mönnig

Inhalt der weiteren Teile zum Werk LEONHARDT „Vorlesungen über Massivbau":

I. Teil: Grundlagen zur Bemessung im Stahlbetonbau

1. Einführung
2. Beton
3. Betonstahl
4. Verbundbaustoff Stahlbeton
5. Tragverhalten von Stahlbetontragwerken
6. Grundlagen für die Sicherheitsnachweise
7. Bemessung für Biegung mit Längskraft
8. Bemessung für Querkräfte
9. Bemessung für Torsion
10. Bemessung von Stahlbeton-Druckgliedern

III. Teil: Grundlagen zum Bewehren im Stahlbetonbau

1. Allgemeines über Entwurf und Konstruktion
2. Schnittgrößen
3. Allgemeines zum Bewehren
4. Verankerungen der Bewehrungsstäbe
5. Stoßverbindungen der Bewehrungsstäbe
6. Umlenkkräfte infolge Richtungsänderungen von Zug- oder Druckgliedern
7. Zur Bewehrung in biegebeanspruchten Bauteilen
8. Platten
9. Balken und Plattenbalken
10. Rippendecken, Kassettendecken und Hohlplatten
11. Rahmenecken
12. Wandartige Träger oder Scheiben
13. Konsolen
14. Druckglieder
15. Krafteinleitungsbereiche
16. Fundamente

IV. Teil: Verformungen und Rissebeschränkung im Stahlbetonbau

1. Steifigkeiten
2. Durchbiegungen
3. Rissebeschränkung
4. Umlagerung von Schnittgrößen

V. Teil: Spannbeton

VI. Teil: Grundlagen zum Bau von Massivbrücken

Inhaltsverzeichnis

1. Bewehrung schiefwinklig zur Richtung der Beanspruchung ... 1
   1.1 Zur Einführung ... 1
   1.2 Scheiben mit rechtwinkligem Bewehrungsnetz ... 2
      1.2.1 Kräfte und ihr Gleichgewicht am Scheibenelement ... 2
      1.2.2 Rißneigung φ bei Beanspruchung der Bewehrung im elastischen Bereich ($\sigma_e < \beta_S$) ... 6
         1.2.2.1 Lösung mit dem Minimum der Formänderungsarbeit ... 6
         1.2.2.2 Lösung mit Hilfe der Verträglichkeit der Verformungen ... 7
      1.2.3 Rißneigung φ nach Erreichen der Streckgrenze ($\epsilon_e > \beta_S/E_e$) ... 9
   1.3 Scheiben mit nur einer Bewehrungsschar ... 9
   1.4 Platten mit rechtwinkligen Bewehrungsnetzen ... 10
   1.5 Bemessungsregeln ... 11
      1.5.1 Allgemeines ... 11
      1.5.2 Bemessung von Scheibentragwerken bei Bewehrungen schiefwinklig zu den Hauptspannungen ... 12
      1.5.3 Bemessung von biegebeanspruchten Platten bei Bewehrung schiefwinklig zu den Richtungen der Hauptmomente ... 14

2. Wandartige Träger, Konsolen, Scheiben ... 17
   2.1 Definition ... 17
   2.2 Verfahren zur Ermittlung der Spannungen im Zustand I ... 18
   2.3 Schnittgrößen und Spannungen in wandartigen Trägern ... 18
      2.3.1 Allgemeines ... 18
      2.3.2 Spannungen in einfeldrigen Wandträgern ... 19
         2.3.2.1 Gleichmäßig verteilte Lasten ... 19
         2.3.2.2 Einzellasten ... 22
         2.3.2.3 Einfluß von Auflagerverstärkungen ... 24
      2.3.3 Spannungen in mehrfeldrigen Wandträgern ... 27
         2.3.3.1 Gleichlast ... 27
         2.3.3.2 Einzellasten ... 27
         2.3.3.3 Einfluß von Auflagerverstärkungen ... 29
         2.3.3.4 Zur Ermittlung der Schnittgrößen in durchlaufenden Wandträgern ... 29
      2.3.4 Ermittlung der Spannungen nach W. Schleeh ... 33
   2.4 Wandträger im Zustand II im Hinblick auf die Bemessung ... 35
      2.4.1 Unmittelbar gelagerte Wandträger ... 35
      2.4.2 Mittelbar gelagerte oder mittelbar belastete Wandträger ... 37

2.5 Bemessungsregeln für Wandträger 41

    2.5.1 Ermittlung der Zuggurtkräfte 41
    2.5.2 Begrenzung der Hauptdruckspannungen 43
    2.5.3 Aufhängebewehrung für unten angreifende Lasten 44
    2.5.4 Netzbewehrung in der Scheibe 44
    2.5.5 Modellvorstellung und Bemessung nach Nylander, Schweden 44

2.6 Spannungen in Konsolen und auskragenden Scheiben 45

2.7 Bemessungsregeln für Konsolen und auskragende Scheiben 48

3. Einleitung konzentrierter Lasten oder Kräfte 53

3.1 Beschreibung des Spannungsverlaufes 53

3.2 Methoden der Spannungsermittlung 55

    3.2.1 Theoretische Lösung 55
    3.2.2 Lösung mit finiten Elementen 56
    3.2.3 Spannungsoptische Ermittlung 56
    3.2.4 Spannungsermittlung durch Dehnungsmessung an Modellen 56
    3.2.5 Messungen an Betonkörpern 56
    3.2.6 Einfache Näherungslösungen 56

3.3 Bemessung für die Spaltkräfte bei zweidimensionaler Einleitung
konzentrierter Lasten oder Kräfte 56

    3.3.1 Die mittige Einzellast 57

        3.3.1.1 Spaltkraft bei gleichmäßiger Lastpressung p 57
        3.3.1.2 Einfluß ungleichmäßig verteilter Lastpressung p 60
        3.3.1.3 Spannungen in den Randzonen (Eckbereiche) 63

    3.3.2 Die ausmittige Einzellast in x-Richtung 63
    3.3.3 Die ausmittige Einzellast mit Neigung zur x-Achse 66
    3.3.4 Mehrere konzentrierte Lasten oder Kräfte 66
    3.3.5 Zusammenwirken von Spannkraft und Auflagerkraft an Enden von
Spannbetonbalken 68
    3.3.6 Zusammenwirken von Krafteinleitung und Balkenbiegung an
Zwischenauflagern von Durchlaufträgern 68
    3.3.7 Die innerhalb der Scheibe angreifende Einzelkraft 73
    3.3.8 Durch Verbund an Stahlstäben eingeleitete Kräfte 74
    3.3.9 Einleitung einer Einzelkraft in einen Plattenbalken 75

3.4 Bemessungswerte für die Spaltkräfte bei räumlicher, dreidimensionaler
Einleitung konzentrierter Lasten oder Kräfte 77

    3.4.1 Die mittige Einzellast 77

        3.4.1.1 Die Spaltspannungen und die Spaltkraft 77
        3.4.1.2 Die Randzonen - Zugkräfte 80

    3.4.2 Die ausmittige Einzellast 82

3.5 Begrenzung der Pressung in der Lastfläche 82

3.6 Einleitung von Kräften parallel zur Oberfläche eines Betonkörpers 85

    3.6.1 Krafteinleitung über Bolzen 85
    3.6.2 Kraftübertragung durch Anpreßdruck (Vorspannung) 88

4. Betongelenke 91

4.1 Beschreibung 91

4.2 Bemessungsregeln nach Mönnig - Netzel 93

    4.2.1 Für Linienlager mit Drehbewegungen um eine Achse 93
    4.2.2 Für Punktlager mit Drehbewegungen in beliebigen Richtungen 98

5. Durchstanzen von Platten	99
5.1 Vorbemerkung	99
5.2 Stand der Kenntnisse	99
5.3 Modelle des Durchstanzvorganges ohne Schubbewehrung bei mittig belasteten Innenstützen	99
5.3.1 Allgemeines	99
5.3.2 Durchstanzlast nach Kinnunen-Nylander (ohne Schubbewehrung)	102
5.4 Durchstanzen bei Rand- und Eckstützen	104
5.5 Bemessungsregeln nach DIN 1045	105
5.5.1 Regelfall der Innenstützen	105
5.5.2 Zur Schubbewehrung	107
5.5.3 Rand- und Eckstützen	107
5.5.4 Deckendurchbrüche, Installationsaussparungen	108
5.5.5 Stützenkopfverstärkungen, Pilzdecken, Stahlkragen	108
6. Bemessung bei schwingender oder sehr häufiger Belastung	113
6.1 Grundregeln	113
6.2 Bemessungsregeln	114
6.3 Ermittlung von Spannungen unter Gebrauchslasten	115
6.4 Nachweise bei schwingender Belastung nach DIN 1045	117
7. Leichtbeton für Tragwerke	121
7.1 Vorbemerkung - Leichtbetonarten	121
7.2 Zuschläge und Zusammensetzung des Leichtbetons für Tragwerke	122
7.2.1 Porige Zuschläge	122
7.2.2 Zusammensetzung und Verarbeiten des Leichtbetons	124
7.3 Kraftfluß im Leichtbeton	125
7.4 Klassen des Leichtbetons	126
7.5 Wesentliche Abweichungen der Leichtbeton-Eigenschaften vom Normalbeton	127
7.5.1 Zugfestigkeit	127
7.5.2 Festigkeit bei Teilflächenbelastung	127
7.5.3 Verbundfestigkeit	127
7.5.4 Verformungen, $\sigma - \epsilon$, E-Modul bei Kurzzeitlasten	128
7.5.5 Quellen, Schwinden und Kriechen	129
7.5.6 Wärmeverhalten des Leichtbetons	131
7.5.7 Korrosionsschutz der Bewehrung	133
7.6 Folgerungen für die Bemessung von bewehrtem Leichtbeton (Stahlleichtbeton, Spannleichtbeton)	133
7.7 Zur Wirtschaftlichkeit von Tragwerken aus Leichtbeton	135
7.8 Anwendungen	136
Schrifttumverzeichnis	137

1. Bewehrung schiefwinklig zur Richtung der Beanspruchung

1.1 Zur Einführung

Im 1. Teil der Vorlesung, Abschn. 5 [1a], wurde dargelegt, daß die Bewehrung am besten wirkt, wenn die Stahlstäbe den Trajektorien der Hauptzugspannungen oder der Hauptmomente folgen. Sie kreuzen dann die entstehenden Risse rechtwinklig und können die Betonzugkraft unmittelbar übernehmen. Aber in fast allen Tragwerken haben wir Bereiche, in denen diese ideale Bewehrungsführung aus praktischen Gründen nicht verwirklicht werden kann.

Während die Bemessung der Bewehrung in Balkenstegen, wo die Richtung der Hauptzugspannungen für die Lastfälle Querkraft und Torsion von derjenigen der Bewehrung abweicht, bereits in Abschn. 8 und 9 im Teil I gezeigt wurde, sollen hier Bemessungsregeln für schiefwinklig zur Beanspruchungsrichtung verlegte Bewehrungen in Flächentragwerken (Scheiben, Platten, Schalen) angegeben werden.

In den ersten Arbeiten zu diesem Problem von E. Suenson [2] und vor allem von H. Leitz [3, 4] wurden die Risse rechtwinklig zur Bewehrung angenommen und nur Gleichgewichtsbedingungen angesetzt. Ergänzungen brachten u.a. W. Flügge [5] und G. Scholz [6]. Bei diesen Lösungen ergab sich mit der Annahme, daß die Betondruckkraft in der Winkelhalbierenden der beiden Bewehrungsscharen liege, der Widerspruch, daß nach der Rißbildung in gewissen Fällen Druckkräfte im Beton über die Risse hinweg wirken müßten.

J. Peter [7] bzw. F. Ebner [8, 9] gingen für Scheiben bzw. für Platten richtig davon aus, daß die ersten Risse sich unabhängig von der Bewehrungsrichtung etwa rechtwinklig zur Richtung der Hauptzugspannung einstellen (Bild 1.1). Aus den Verträglichkeitsbedingungen ergaben sich

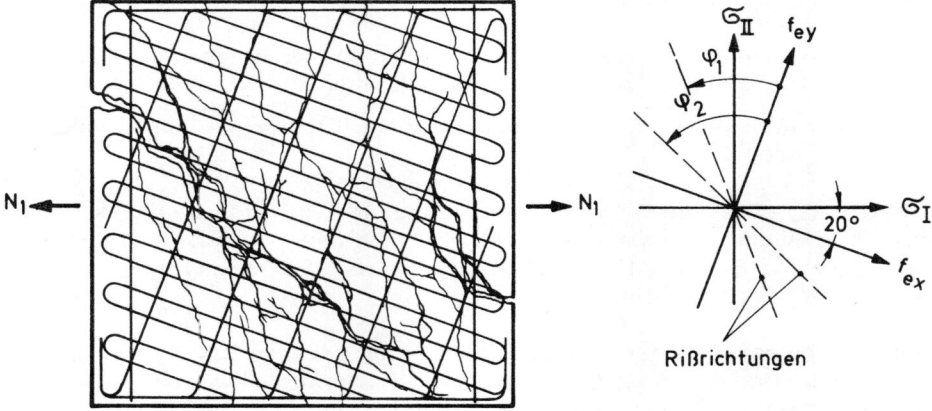

Bild 1.1 Entwicklung der Risse in einer schiefwinklig zur Hauptzugrichtung bewehrten und einachsig mit Zug beanspruchten Scheibe nach J. Peter [6]

Schubkräfte längs der Risse, die bei Scheiben durch Verzahnung und Dübelwirkung der groben Zuschläge und der Bewehrung, bei Platten von der Biegedruckzone über den Rissen übertragen werden. Diese Schubkräfte in den Rissen bedingen sekundäre Zugspannungen im Beton und weitere Risse, die gegenüber den ersten Rissen eine Neigung haben und sich oft zwischen den ersten Rissen einstellen.

R. L e n s c h o w und M. S o z e n [10] sowie später G. W ä s t l u n d mit L. H a l l b j ö r n [11] betrachteten in ihren Beiträgen nur den Bruchzustand, für den sie die Gleichgewichtsbedingungen ansetzten und die Richtung der Bruchrisse mit Hilfe des Prinzips vom Minimum der Formänderungsarbeit erhielten.

Erst Th. B a u m a n n [12, 13] gelang es 1972 eine befriedigende Lösung anzugeben. Er verwendet sowohl die Gleichgewichts- wie die Verträglichkeitsbedingungen bzw. das Gesetz vom Minimum der Formänderungsarbeit. Er unterscheidet dabei den Zustand mit Stahlspannungen im elastischen Bereich $\sigma_e < \beta_S$ und den Bruchzustand mit $\sigma_e > \beta_S$ (Streckgrenze der Bewehrung ist überschritten) und erhält für beide Zustände unterschiedliche Rißneigungen. Die folgenden Ausführungen folgen den Beiträgen von Th. Baumann.

Im allgemeinen Fall können ein-, zwei- oder dreibahnige Bewehrungen zur Aufnahme schief gerichteter Kräfte angeordnet werden, wobei bei zwei- und dreibahnigen Bewehrungen die zwischen den Scharen auftretenden Winkel beliebig sein können. In den folgenden Abschnitten sollen zunächst zweibahnige r e c h t w i n k l i g e Bewehrungen behandelt werden. Für die schief zueinander liegenden dreibahnigen Bewehrungen wird auf die Arbeiten [12, 13] von Th. Baumann verwiesen.

1.2 Scheiben mit rechtwinkligem Bewehrungsnetz

1.2.1 Kräfte und ihr Gleichgewicht am Scheibenelement

Wir betrachten ein rechteckiges Element einer Scheibe mit einem engmaschigen, rechtwinkligen Bewehrungsnetz in ihrer Mittelebene (Bild 1.2). Die Kanten des Scheibenelementes sind den Richtungen der Hauptspannungen σ_I und $\sigma_{II} = k \cdot \sigma_I$ parallel, während die Bewehrung dazu schiefwinklig angeordnet ist. Zur Kennzeichnung der Winkel werden 2 rechtwinklige Koordinatensysteme eingeführt:

a) mit den Achsen (1) und (2) entsprechend den Richtungen der Hauptspannungen σ_I und σ_{II}, Zug positiv, Druck negativ;

b) Mit den Achsen x und y entsprechend den Richtungen der Bewehrungen f_{ex} und f_{ey}.

σ_I sei hier immer eine Zugspannung und größer als σ_{II}, so daß $k \leq 1$ gilt. Der Winkel zwischen der Achse (1) und der x-Achse wird mit α bezeichnet, und es wird vereinbart, daß das x-y-Achsensystem so gelegt ist, daß $\alpha \leq 45°$ bleibt.

Die Scheibe sei mit parallelen und annähernd geraden Rissen im Abstand a_m durchsetzt, deren Richtung um den zunächst unbekannten Winkel φ von der Bewehrungsrichtung y abweiche.

Die angreifenden Kräfte, auf die Längeneinheit 1 bezogen, sind

$$N_1 = \sigma_I\, d \cdot 1 \qquad \text{und} \qquad N_2 = \sigma_{II}\, d \cdot 1 = k \cdot N_1 \qquad (1.1)$$

1.2 Scheiben mit rechtwinkligem Bewehrungsnetz

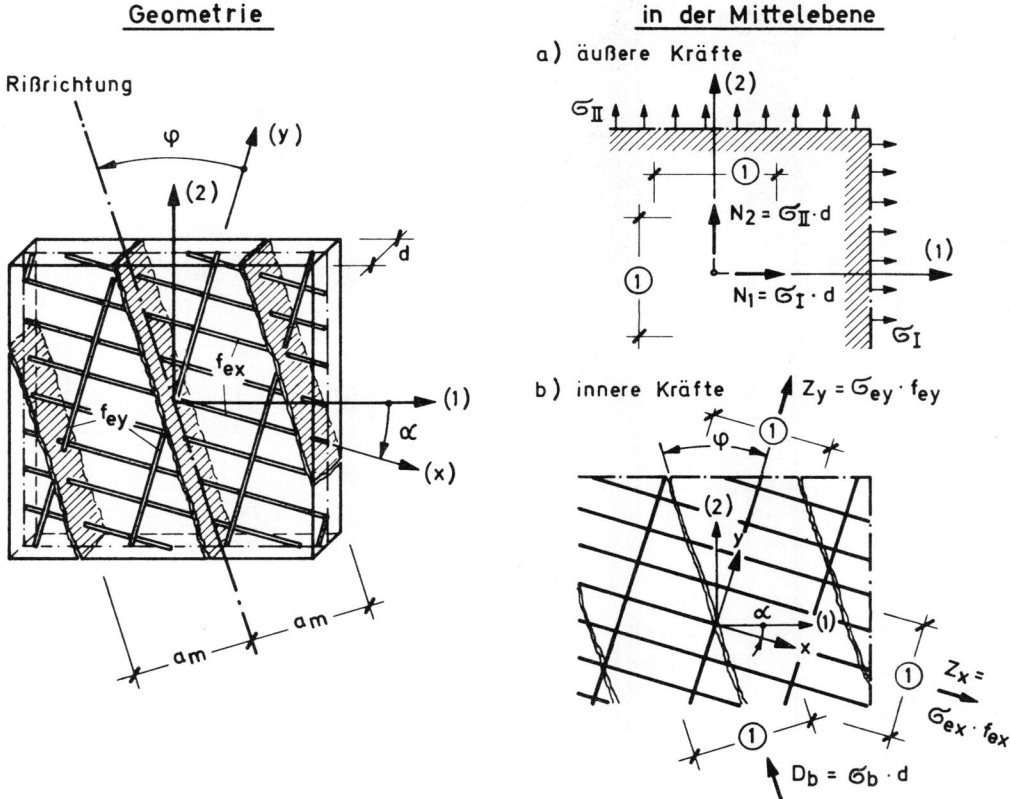

Bild 1.2 Geometrie und Kräfte am Scheibenelement mit rechteckigem Bewehrungsnetz

In den Betonstreifen zwischen den Rissen werden gleichmäßig verteilte Druckspannungen σ_b angenommen, die einer mittigen Druckkraft D_b entsprechen

$$D_b = \sigma_b \, d \cdot 1 \qquad (1.2)$$

Wenn die Risse und die eine Bewehrungsrichtung nicht rechtwinklig zur Richtung (1) der σ_I sind, also α und φ nicht gleich Null sind, können in den Rissen unter gewissen Umständen Schubkräfte H wirken. Solange die Rißbreiten klein sind, können diese Schubkräfte über die Verzahnung der Rißufer durch grobe Zuschläge und zusätzlich über die Dübelwirkung der die Risse kreuzenden Bewehrungsstäbe übertragen werden (Bild 1.3). Die Schubkräfte H bedeuten, daß die Druckkräfte D_b benachbarter Betonstreifen unterschiedlich groß sind, oder daß D_b leicht gegenüber dem Riß geneigt, und damit eine kleine Querzugspannung im Beton vorhanden ist (Bild 1.4).

Auch die Verzahnungs- und Dübelkräfte verursachen Zugspannungen im Beton, die für die Tragfähigkeit nicht in Rechnung gestellt werden sollen. Die Schubkraft H muß auch mit größer werdender Rißbreite und örtlichen Betonzerstörungen in den Verdübelungsbereichen abnehmen und kann mit Ausnahme restlicher Dübelkräfte verschwinden. Deshalb wird bei den folgenden Ableitungen zu gunsten einer sicheren Bemessung H = 0 gesetzt.

1. Bewehrung schiefwinklig zur Richtung der Beanspruchung

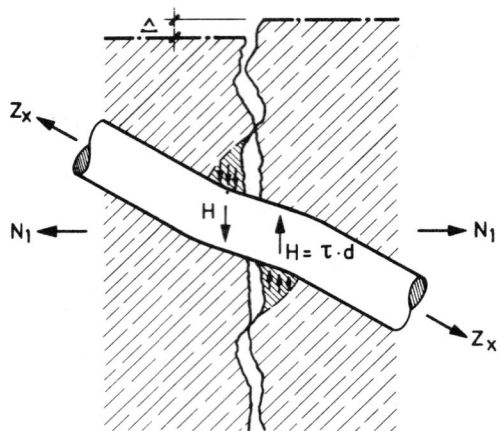
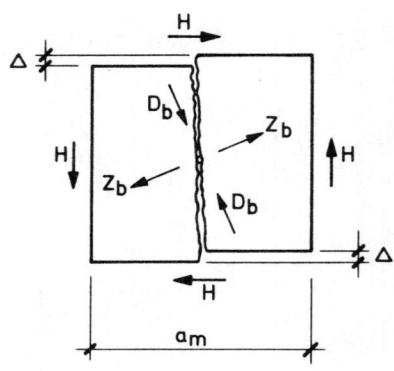

Bild 1.3 Eine Schubkraft im Riß wird durch Verzahnung der Rißufer und Dübelwirkung der Bewehrungsstäbe aufgenommen

Bild 1.4 Am Riß gelegenes Scheibenelement mit der durch die Verschiebung Δ schief gerichteten Druckkraft D_b und zugehöriger Querzugkraft Z_b

Bezeichnet man die Bewehrungsquerschnitte je Längeneinheit mit f_{ex} und f_{ey}, dann sind ihre Zugkräfte je Längeneinheit

$$Z_x = \sigma_{ex} \cdot f_{ex} = \sigma_{ex} \cdot \mu_x \cdot d$$
$$Z_y = \sigma_{ey} \cdot f_{ey} = \sigma_{ey} \cdot \mu_y \cdot d$$

mit $\mu_{x,y} = \dfrac{f_{ex,y}}{d}$.

Sind die Hauptspannungen σ_I und σ_{II} (bzw. N_1 und N_2) sowie die Bewehrungen f_{ex} und f_{ey} bekannt, dann bleiben 4 unbekannte Größen:

σ_{ex}, σ_{ey}, σ_b (bzw. Z_x, Z_y, D_b) und der Winkel φ für die Richtung der Risse. Mit den Gleichgewichtsbedingungen können aber nur 3 Größen ermittelt werden. Als Überzählige wird der Winkel φ gewählt, er ist aus Verträglichkeitsbedingungen zu bestimmen.

Nimmt man zunächst an, der Winkel φ sei bekannt, dann läßt sich für das Gleichgewicht an einem Schnitt parallel zu einem Riß das Krafteck nach Bild 1.5 zeichnen. Aus ihm folgen die Gleichungen

$$N_1 b_1 - Z_x b_x \cos \alpha - Z_y b_y \sin \alpha = 0$$
$$N_2 b_2 - Z_y b_y \cos \alpha + Z_x b_x \sin \alpha = 0.$$

Die Breiten b_1 bis b_y, auf die die Kräfte N_1 bis Z_y wirken, lassen sich ebenfalls in Funktion von φ und α ausdrücken, (s. Bild 1.5). Damit ergeben sich aus diesen Gleichungen die Kräfte Z_x und Z_y

$$Z_x = N_1 \cos^2 \alpha \,(1 + \tan\alpha \, \tan\varphi) + N_2 \sin^2 \alpha \,(1 - \cot\alpha \, \tan\varphi)$$
$$Z_y = N_1 \sin^2 \alpha \,(1 + \cot\alpha \, \cot\varphi) + N_2 \cos^2 \alpha \,(1 - \tan\alpha \, \cot\varphi)$$

(1.3)

Betrachtet man nun einen Schnitt von der Länge 1 rechtwinklig zu den Rissen, wie in Bild 1.6 angegeben, so erhält man ein Krafteck, das auch die Betondruckkraft D_b enthält. Da jetzt Z_x und Z_y bereits nach Gl. (1.3) bekannt sind, kann man D_b wie folgt ausdrücken:

$$D_b = -N_1 b_1 \sin(\varphi - \alpha) - N_2 b_2 \cos(\varphi - \alpha) + Z_x b_x \sin\varphi + Z_y b_y \cos\varphi$$

1.2 Scheiben mit rechtwinkligem Bewehrungsnetz

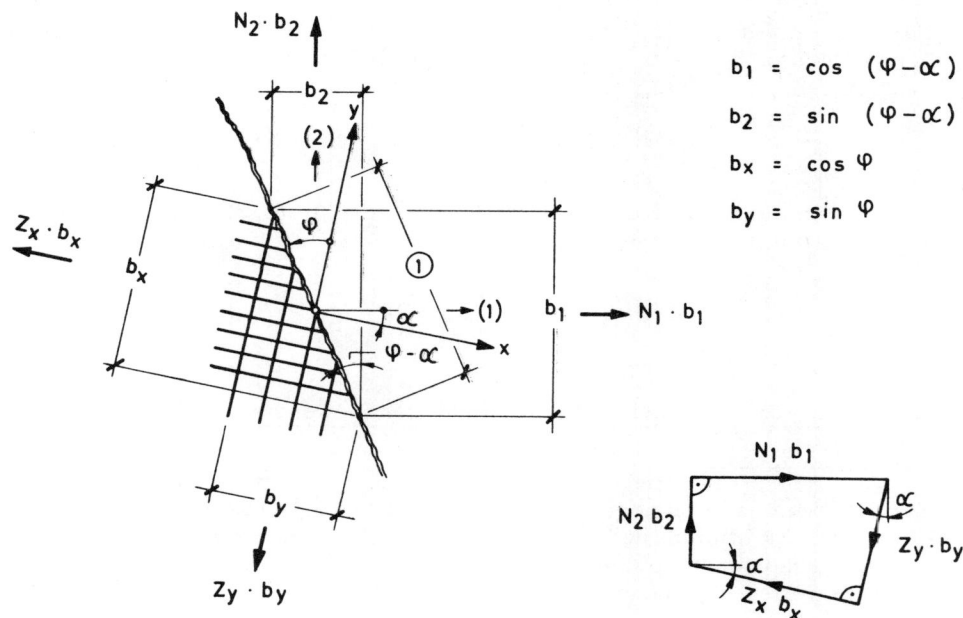

$b_1 = \cos(\varphi - \alpha)$
$b_2 = \sin(\varphi - \alpha)$
$b_x = \cos \varphi$
$b_y = \sin \varphi$

Bild 1.5 Kräfte, die über eine Rißlänge 1 im Gleichgewicht stehen und zugehöriges Krafteck (Schubkraft H im Riß zu null angenommen)

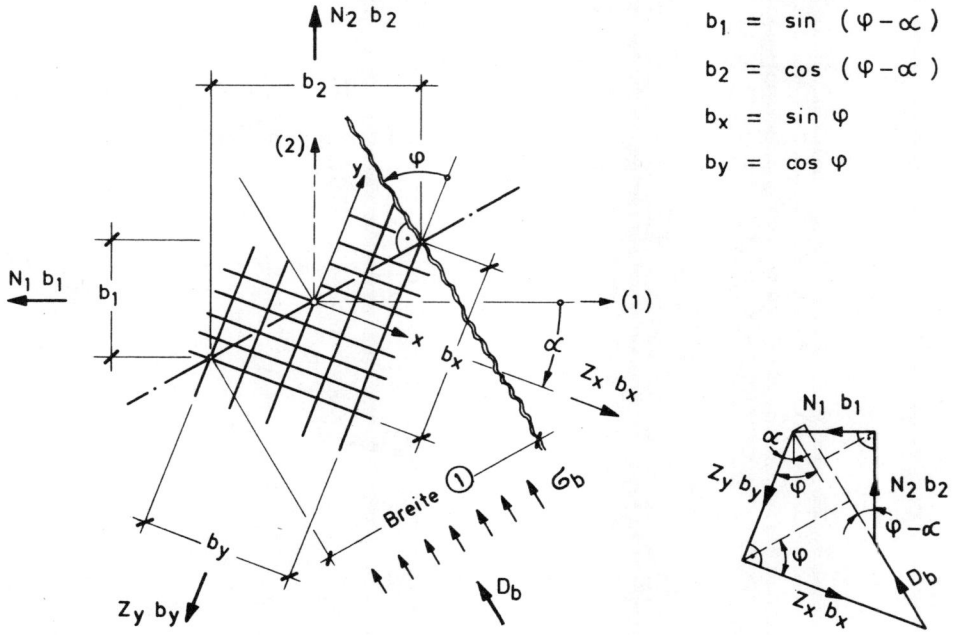

$b_1 = \sin(\varphi - \alpha)$
$b_2 = \cos(\varphi - \alpha)$
$b_x = \sin \varphi$
$b_y = \cos \varphi$

Bild 1.6 Kräfte, die für die Breite 1 einer Druckstrebe zwischen 2 Rissen im Gleichgewicht stehen und zugehöriges Krafteck (Schubkraft H im Riß zu null angenommen)

Nach Einsetzen von Z_x und Z_y aus Gl. (1.3) und der in Bild 1.6 angegebenen Breiten b_1 bis b_y ergibt sich nach einigen trigonometrischen Umrechnungen

$$D_b = (N_1 - N_2) \frac{\sin 2\alpha}{\sin 2\varphi} \qquad (1.4)$$

Bildet man die Summe der inneren Kräfte aus Gl. (1.3) und (1.4), dann erhält man eine weitere Gleichung, die eine leichte Rechenkontrolle erlaubt

$$Z_x + Z_y - D_b = N_1 + N_2 \qquad (1.5)$$

1.2.2 Rißneigung φ bei Beanspruchung der Bewehrung im elastischen Bereich ($\sigma_e < \beta_S$)

Zur Bestimmung der noch unbekannten Rißneigung φ kann entweder das Gesetz vom Minimum der Formänderungsarbeit oder die Verträglichkeitsbedingung der Verformungen im Scheibenelement verwendet werden. Beide Wege sollen hier gezeigt werden.

1.2.2.1 Lösung mit dem Minimum der Formänderungsarbeit

Die Formänderungsarbeit eines Körperelementes aus elastischem Material ist nach den Regeln der Mechanik bei Außerachtlassung von Schubverformungen und der Querdehnung in den Druckstreben

$$A = \frac{E}{2}(\epsilon_x^2 + \epsilon_y^2 + \epsilon_z^2) = \frac{1}{2E}(\sigma_x^2 + \sigma_y^2 + \sigma_z^2).$$

Mit den Größen der auf die Längeneinheit bezogenen Kräfte und Stahlquerschnitte gilt für das Volumen $\mu_x d \cdot 1$ bzw. $d \cdot 1$

$$A = \frac{Z_x^2}{2 E_e \mu_x d} + \frac{Z_y^2}{2 E_e \mu_y d} + \frac{D_b^2}{2 E_b d}.$$

Zur Vereinfachung wird eingeführt

$$\lambda = \frac{f_{ex}}{f_{ey}} = \frac{\mu_x}{\mu_y}; \quad \nu = \mu_x \cdot \frac{E_e}{E_b} = n\mu_x; \quad k = \frac{N_2}{N_1}.$$

Damit wird

$$A \cdot 2 E_e \mu_x d = Z_x^2 + \lambda Z_y^2 + \nu \cdot D_b^2 \qquad (1.6)$$

Die rechte Seite der Gleichung enthält in jedem Glied den unbekannten Winkel φ. Man erhält das Minimum der Arbeit bzw. einen zur Berechnung von φ geeigneten Ausdruck, wenn man Gl. (1.6) nach φ differenziert und gleich Null setzt:

$$\frac{\partial A}{\partial \varphi} 2 E_e \mu_x N_1^2 = 0 = 2 \frac{Z_x}{N_1} \frac{\partial \left(\frac{Z_x}{N_1}\right)}{\partial \varphi} + 2\lambda \frac{Z_y}{N_1} \frac{\partial \left(\frac{Z_y}{N_1}\right)}{\partial \varphi} + 2\nu \frac{D_b}{N_1} \frac{\partial \left(\frac{D_b}{N_1}\right)}{\partial \varphi} \qquad (1.7)$$

1.2 Scheiben mit rechtwinkligem Bewehrungsnetz

Mit den Gl. (1.3) und (1.4) können die einzelnen Differentialfaktoren wie folgt ausgedrückt werden

$$\frac{\partial\left(\frac{Z_x}{N_1}\right)}{\partial \varphi} = (1-k)\frac{\sin\alpha\,\cos\alpha}{\cos^2\varphi} \quad ; \quad \frac{\partial\left(\frac{Z_y}{N_1}\right)}{\partial \varphi} = (1-k)\frac{\sin\alpha\,\cos\alpha}{\sin^2\varphi}$$

$$\frac{\partial\left(\frac{D_b}{N_1}\right)}{\partial \varphi} = (1-k)\sin\alpha\,\cos\alpha\,\left(\frac{1}{\cos^2\varphi} - \frac{1}{\sin^2\varphi}\right) \; .$$

Nach Einsetzen dieser Größen und Division mit den gemeinsamen Faktoren $(1-k)\,2\sin\alpha\,\cos\alpha$ erhält man den rechten Teil der Gl. (1.7) in folgender Form

$$\frac{Z_x}{N_1}\cdot\frac{1}{\cos^2\varphi} - \lambda\,\frac{Z_y}{N_1}\cdot\frac{1}{\sin^2\varphi} + \nu\,\frac{D_b}{N_1}\left(\frac{1}{\cos^2\varphi} - \frac{1}{\sin^2\varphi}\right) = 0 \qquad (1.8)$$

Nach Multiplikation mit $\frac{N_1}{Z_x}\sin^2\varphi$ ergibt sich daraus ein Ausdruck für das Verhältnis der Stahlspannungen σ_{ey} und σ_{ex}

$$\frac{\lambda Z_y}{Z_x} = \frac{\sigma_{ey}}{\sigma_{ex}} = \tan^2\varphi + \nu\,\frac{D_b}{Z_x}(\tan^2\varphi - 1)$$

oder

$$\frac{\sigma_{ey}}{\sigma_{ex}} = \tan^2\varphi\,\left[1 + \nu\,\frac{D_b}{Z_x}(1 - \cot^2\varphi)\right] \qquad (1.9)$$

Multipliziert man andererseits Gl. (1.8) mit $\cos^2\varphi$, so erhält man

$$\frac{Z_x}{N_1} - \lambda\,\frac{Z_y}{N_1}\cot^2\varphi + \nu\,\frac{D_b}{N_1}(1 - \cot^2\varphi) = 0 \qquad (1.10)$$

und nach einigen weiteren Rechengängen und Einsetzen der Größen Z_x, Z_y und D_b aus Gl. (1.3) und (1.4) die Bestimmungsgleichung für den Winkel φ:

$$\cot^4\varphi + \cot^3\varphi\,\frac{\tan\alpha + k\cdot\cot\alpha}{1-k} - \cot\varphi\,\frac{\cot\alpha + k\cdot\tan\alpha}{\lambda(1-k)} - \frac{1}{\lambda} =$$

$$= \frac{\nu}{\lambda}(1 - \cot^4\varphi) \qquad (1.11)$$

Der Winkel der dieser Gleichung genügt, wird mit φ_1 bezeichnet. Er führt ohne Inanspruchnahme der Betonzugfestigkeit bei Stahlspannungen σ_{ex} und $\sigma_{ey} < \beta_S$ zum Minimum der Formänderungsarbeit. Wird dieser Winkel φ_1 in den Gl. (1.3) und (1.4) für φ eingesetzt, dann liefern sie die zugehörigen Kräfte in den Bewehrungen und im Beton.

1.2.2.2 Lösung mit Hilfe der Verträglichkeit der Verformungen

Betrachtet man am Riß eine Strecke der Länge 1 und trägt die zugehörigen Richtungen der Bewehrungen an, dann entsteht das in Bild 1.7 mit ausgezogenen Linien dargestellte rechtwinklige Dreieck.

Infolge der Druckkraft D_b verkürzt sich die Strecke "1" des Betonstreifens um $\epsilon_b = \frac{\sigma_b}{E_b}$; gleichzeitig verlängern sich die Bewehrungen bzw. die Katheten des Dreiecks um die Dehnungen $\epsilon_x = \frac{\sigma_{ex}}{E_e}$ und $\epsilon_y = \frac{\sigma_{ey}}{E_e}$.

Da keine Schubkraft am Riß in Rechnung gestellt werden soll, also auch keine Verschiebung parallel zum Riß zu berücksichtigen ist, bildet sich infolge der Verformungen das in Bild 1.7 gestrichelt gezeichnete Dreieck. Die Seitenlängen ergeben sich aus den geometrischen Beziehungen.

Außeracht gelassen wurden hier die Verringerung der Stahldehnungen durch Mitwirkung des Betons sowie die zur Betonkürzung ϵ_b gehörende Querdehnung des Betons.

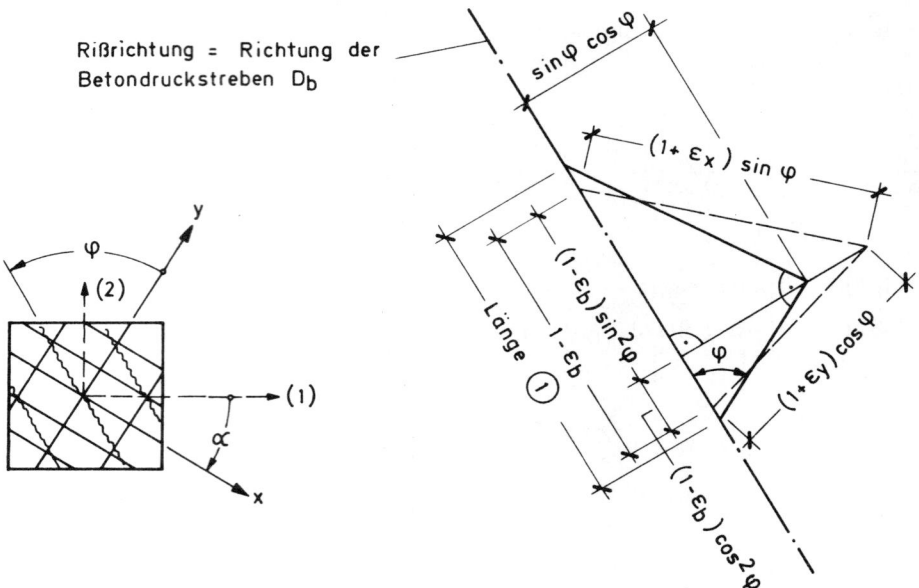

Bild 1.7 Verformungen in einem Scheibenelement, ausgehend von der Länge 1 in der Druckstrebe

Die Verformungen sind miteinander verträglich, wenn sich aus beiden Teilen des Dreiecks die gleiche neue Höhe ergibt, was durch folgende Gleichung ausgedrückt werden kann

$$[(1 + \epsilon_x) \sin \varphi]^2 - [(1 - \epsilon_b) \sin^2 \varphi]^2 = [(1 + \epsilon_y) \cos \varphi]^2 - [(1 - \epsilon_b) \cos^2 \varphi]^2 .$$

Löst man diese Gleichung nach ϵ_y/ϵ_x auf, so erhält man nach einigen Umformungen und bei Vernachlässigung der Glieder 2. Ordnung

$$\frac{\epsilon_y}{\epsilon_x} = \tan^2 \varphi \left[1 + \frac{\epsilon_b}{\epsilon_x} (1 - \cot^2 \varphi) \right] .$$

Werden nun die Dehnungen durch Spannungen mit $\epsilon_y/\epsilon_x = \sigma_{ey}/\sigma_{ex}$ bzw. $\frac{\epsilon_x}{\epsilon_b} = \frac{Z_x}{\nu \cdot D_b}$ ersetzt, so ergibt sich wie vorher

$$\frac{\sigma_{ey}}{\sigma_{ex}} = \tan^2 \varphi \left[1 + \nu \frac{D_b}{Z_x} (1 - \cot^2 \varphi) \right] \tag{1.9}$$

1.3 Scheiben mit nur einer Bewehrungsschar

Die beiden in Abschn. 1.2.2.1 und 1.2.2.2 eingeschlagenen Wege führen also zum gleichen Ergebnis, d. h. der aus dem Minimum der Formänderungsarbeit in Gl. (1.11) gefundene Wert für den Winkel φ_1 der Rißneigung erfüllt auch die Verträglichkeitsbedingung.

Danach wird in der Regel $\varphi_1 \neq \alpha$ sein, also der Riß nicht rechtwinklig zur Richtung der (größten) Hauptzugspannung verlaufen. Wohl werden sich die ersten Risse so bilden, aber mit steigender Beanspruchung werden die weiteren Risse die Neigung φ_1 annehmen. Dies wurde auch in Versuchen beobachtet.

1.2.3 Rißneigung φ nach Erreichen der Streckgrenze ($\epsilon_e > \beta_S / E_e$)

Gerät eine Stabschar der Bewehrung ins Fließen, dann ändern sich die Verformungen so, daß weitere Risse mit einer veränderten Rißneigung $\varphi_2 \neq \varphi_1$ entstehen müssen, um die Verträglichkeit zu erhalten. Je nach den Gegebenheiten können nach entsprechenden plastischen Stahldehnungen auch beide Stabscharen mit $\sigma_e = \beta_S$ beansprucht werden.

Für die Bemessung sollte man die Zustände mit $\epsilon_e > \beta_S / E_e$ nicht ausnützen, so daß die neue Rißneigung φ_2, die nach Baumann in vielen Fällen erheblich von φ_1 abweicht, hier nicht interessiert.

1.3 Scheiben mit nur einer Bewehrungsschar

Ist die kleinere Hauptspannung σ_{II} eine Druckspannung ausreichender Größe, dann kann auf die 2. Bewehrungsschar verzichtet werden. Für einen solchen Fall zeigt Bild 1.8 die Kräfte auf die Länge 1 entlang einem Riß mit der Richtung φ_{oy} gegenüber der Achse (1). Das im Bild angegebene Krafteck führt zur Gleichgewichtsbeziehung

$$-\frac{N_2 b_2}{N_1 b_1} = k \cdot \tan(\varphi_{oy} - \alpha) = \tan \alpha .$$

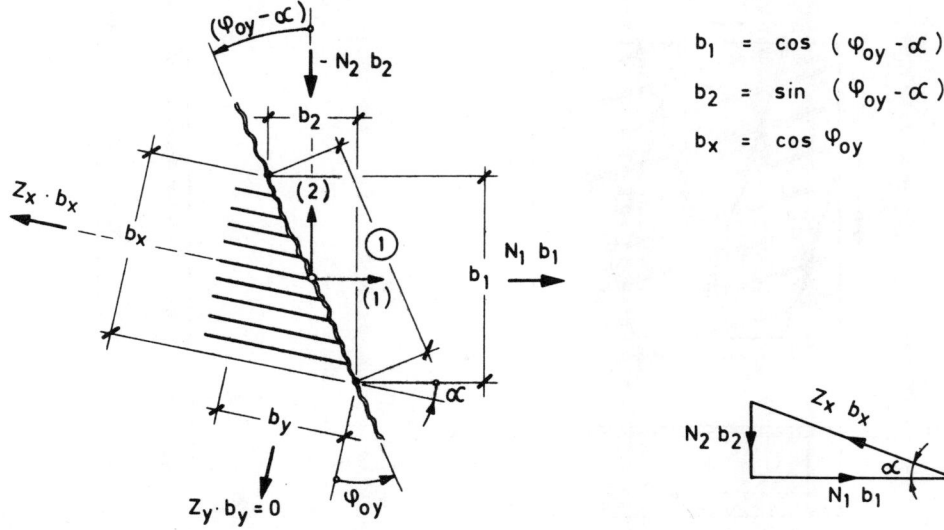

Bild 1.8 Kräfte bei einbahniger Bewehrung (σ_{II} bzw. N_2 = Druck) und Ermittlung der zugehörigen Rißneigung φ_{oy}

Aus dieser Winkelbeziehung folgt nach Umformung für die Rißneigung φ_{oy}:

$$\cot \varphi_{oy} = \frac{\tan \alpha + k \cot \alpha}{k - 1} \qquad (1.12)$$

Mit diesem Winkel ergeben Gl. (1.3) und (1.4) die zugehörigen Größen Z_x und D_b bei nur einer Bewehrungsschar.

1.4 Platten mit rechtwinkligen Bewehrungsnetzen

Im allgemeinen Fall wird ein Element einer Platte durch die auf die Längeneinheit bezogenen Hauptmomente m_1 und $m_2 = k \cdot m_1$ beansprucht.

Im folgenden wird unter m_1 immer das dem Betrag nach größere der beiden Hauptmomente verstanden. Erzeugt m_2 nicht an den gleichen Plattenseiten Biegedruck und Biegezug wie m_1, dann gilt es als negativ (k<0). Ein solches Moment m_2 erzeugt in der Biegedruckzone (aus m_1) Zugspannungen und in der Biegezugzone (aus m_1) Druckspannungen. Die Biegezugzone liegt dort, wo m_1 Zug erzeugt, die Biegedruckzone dort, wo m_1 Druck erzeugt.

Die Biegezugzone kann als Scheibe nach Abschn. 1.2 oder 1.3 behandelt werden, wenn man die Längskräfte über einen mittleren Hebelarm aus den Momenten errechnet und auf die Scheibe wirken läßt (Bild 1.9):

$$N_1 = \frac{m_1}{z_m} \; ; \quad N_2 = \frac{m_2}{z_m} = k \cdot N_1 .$$

Für z_m kann man mit Näherungswerten rechnen, z.B.

$$z_m \approx 0,9 \, \frac{h_x + h_y}{2} .$$

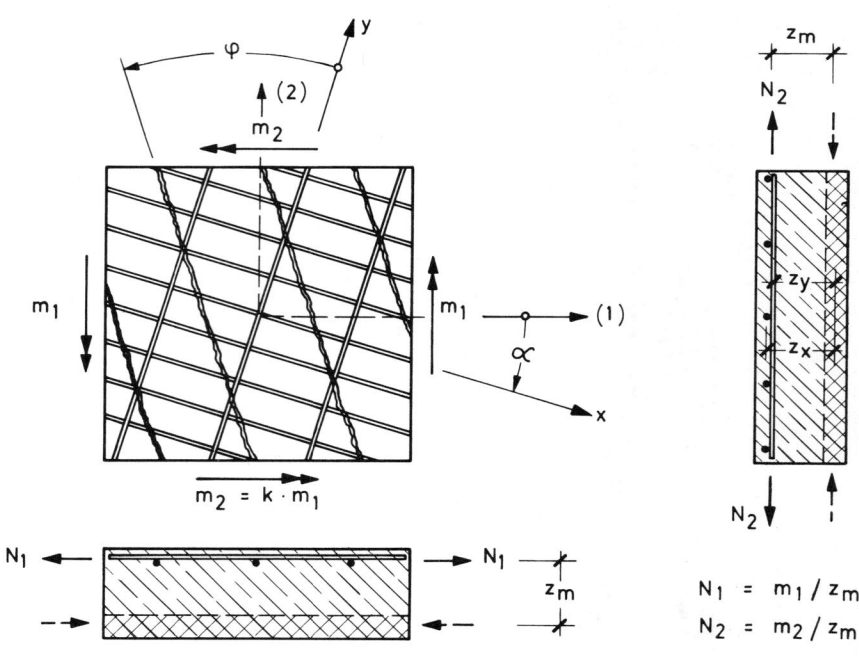

Bild 1.9 Beanspruchung einer Platte durch die Momente m_1 und m_2; Rißbildung in der Biegezugzone

1.4 Platten mit rechtwinkligen Bewehrungsnetzen

Diese Annahmen berechtigen uns in Analogie zu Gl. (1.3) und (1.4) anzuschreiben:

$$m_x = Z_x \cdot z_x = m_1 \cos^2\alpha\,(1+\tan\alpha\,\tan\varphi) + m_2 \sin^2\alpha\,(1-\cot\alpha\,\tan\varphi)$$

$$m_y = Z_y \cdot z_y = m_1 \sin^2\alpha\,(1+\cot\alpha\,\cot\varphi) + m_2 \cos^2\alpha\,(1-\tan\alpha\,\cot\varphi) \qquad (1.13)$$

$$D_b \cdot z_m = (m_1 - m_2)\,\frac{\sin 2\alpha}{\sin 2\varphi}$$

Dabei gelten für α und φ die in Abschnitt 1.2 getroffenen Vereinbarungen. Ist k negativ ($k<0$), dann ist in der Biegedruckzone neben der Druckkraft $N_{2D} = -m_1/z_m$ auch eine Zugkraft $N_{1D} = -m_2/z_m$ wirksam, die eine Zugbewehrung in dieser Druckzone erfordert. Die Gl. (1.3) und (1.4) gelten dann entsprechend, wenn man diese Kraft N_2 nun als Zugkraft (anstelle von N_1) einsetzt und die Rechnungen konsequent weiter ausführt mit $k_D = 1/k$.

Die Nachweise zur Verträglichkeit der Verformungen können ebenfalls aus Abschn. 1.2 und 1.3 übernommen werden, wobei der Einfluß der unterschiedlichen Hebelarme und Dicken der Druckzonen zu berücksichtigen ist. Es werden dazu eingeführt:

$$\lambda = \frac{f_{ex} \cdot z_x}{f_{ey} \cdot z_y} \approx \frac{f_{ex} \cdot h_x}{f_{ey} \cdot h_y}$$

und bei grober Annahme für die Höhe der Druckzone $\sim z_m/3$ und $z_m \sim 0{,}9\,h_x$

$$\nu = 3{,}3\,\mu_x\,\frac{E_e}{E_b} = 3{,}3\,n\,\mu_x\;.$$

Bei Anwendung der für Scheiben gewonnenen Beziehungen für Kräfte und Winkel auf Platten wurde damit gleichzeitig die dortige Bedingung übernommen, daß weder in der Biegedruckzone noch in der Biegezugzone eine Übertragung von Schubkräften über die Risse hinweg zugelassen wird, d.h. daß auch bei der Bemessung von Platten nach diesem Verfahren keine sekundären Betonzugspannungen in Rechnung gestellt werden. Man bleibt also auf der sicheren Seite.

1.5 Bemessungsregeln

1.5.1 Allgemeines

Wir beschränken die Bemessung auf den elastischen Bereich der Stahlspannungen $\sigma_e < \beta_S$ und benützen daher die Herleitungen in Abschnitt 1.2.1 und 1.2.2.

Die Ermittlung des Winkels φ_1 für die Rißrichtung läßt sich aber noch stark vereinfachen, wenn man die beiden Bewehrungsscharen in x- und y-Richtung so bemißt, daß sie beide gleich ausgenützt sind. Damit wird für Gebrauchslast

$$\sigma_{ex} = \frac{\beta_S}{1,75} \quad ; \quad \sigma_{ey} = \frac{\beta_S}{1,75} \; . \tag{1.14}$$

Aus Gl. (1.9) erhält man mit $\sigma_{ex} = \sigma_{ey}$ bei Vernachlässigung des nur geringen Beitrages aus $\nu \cdot D_b/Z_x$ die einfache Beziehung:

$$\frac{\sigma_{ey}}{\sigma_{ex}} = 1 = \tan^2 \varphi_1$$

woraus folgt: $\quad\quad\quad\quad \varphi_1 = \pi/4 = 45° \tag{1.15}$

Dieser Winkel $\varphi_1 = 45°$ ist also der wirtschaftlichsten Lösung zugeordnet: beide Bewehrungsscharen werden mit zulässiger Spannung ausgenützt. Würde man eine Bewehrungsaufteilung anstreben, bei der $\sigma_{ex} < \sigma_{ey}$ ist, - was unsinnig wäre, weil dann die der größten Zugspannung nächstgelegene Bewehrung unnötig großen Stahlquerschnitt haben müßte -, dann würde φ größer, im umgekehrten Fall (was sinnvoll sein kann, wie noch gezeigt wird) wird φ kleiner als $45°$.

Für den Beton muß nachgewiesen werden, daß die Druckspannungen aus D_b nicht das zulässige Maß überschreiten. Nach DIN 1045 könnte gelten:

$$\sigma_b = \frac{D_b}{d} \leq \frac{\beta_R}{2,1}$$

Dabei wäre aber nicht berücksichtigt, daß die Druckstreben durch die sie quer durchdringenden Bewehrungsstäbe gestört sind und Querzugspannungen infolge Dübelwirkung und Verbund erfahren (vgl. Bild 1.3 und 1.4). Aus den Untersuchungen über die Festigkeit des Betons bei Zug-Druckbeanspruchung geht hervor, daß hier nur mit einer effektiven Festigkeit von rund 80 % von β_R gerechnet werden sollte. Demgemäß ist unter Gebrauchslasten zu fordern

$$\text{zul } \sigma_b = \text{zul } \frac{D_b}{d} \leq \frac{0,8 \, \beta_R}{2,1} \tag{1.16}$$

1.5.2 Bemessung von Scheibentragwerken bei Bewehrungen schiefwinklig zu den Hauptspannungen

Setzt man den in Gl. (1.15) angegebenen Winkel $\varphi_1 = \pi/4$ für die Rißrichtung in Gl. (1.3) und (1.4) ein, dann erhält man vereinfachte Gleichungen zur Bestimmung der inneren Kräfte bei <u>zweibahnigen, rechtwinkligen Bewehrungsnetzen</u> (beide Richtungen ausgenützt) <u>für Gebrauchslast</u>

$$Z_x = N_1 + \frac{N_1 - N_2}{2} \sin 2\alpha \, (1 - \tan \alpha)$$

$$Z_y = N_2 + \frac{N_1 - N_2}{2} \sin 2\alpha \, (1 + \tan \alpha) \tag{1.17}$$

$$D_b = (N_1 - N_2) \sin 2\alpha$$

1.5 Bemessungsregeln

Aus diesen Kräften ergeben sich die erforderlichen Bewehrungen zu

$$f_{ex} = \frac{Z_x}{\beta_S / 1,75} \quad ; \qquad f_{ey} = \frac{Z_y}{\beta_S / 1,75} \tag{1.18}$$

und die Betondruckspannung wird

$$\text{vorh } \sigma_b = \frac{D_b}{d} \leq \frac{0,8\,\beta_R}{2,1} \tag{1.16}$$

In allen Fällen gilt zur Rechenkontrolle

$$Z_x + Z_y - D_b = N_1 + N_2 \tag{1.5}$$

Für $k \leq 0,2$ kann sich bei kleinen Winkeln α aus den für $\varphi_1 = \pi/4$ geltenden Bemessungsgleichungen (1.17) und (1.18) unter Umständen $f_{ey} < 0,2\, f_{ex}$ ergeben. Nach DIN 1045 muß aber in der Regel $f_{ey} \geq 0,2\, f_{ex}$ sein. In solchen Fällen ist $\sigma_{ey} < \sigma_{ex}$ und der die Verträglichkeitsbedingung Gl. (1.9) erfüllende Winkel φ muß kleiner als $45°$ werden.

Mit $\sigma_{ex} = Z_x/f_{ex}$ und $\sigma_{ey} = Z_y/f_{ey} = Z_y/0,2\, f_{ex}$ erhält man aus Gl. (1.9) bei gleichzeitiger Vernachlässigung des Anteils aus $\nu D_b/Z_x$ als Bestimmungsgleichung für den nun $\varphi_{0,2}$ genannten Winkel

$$\frac{\sigma_{ey}}{\sigma_{ex}} = \frac{Z_y \cdot f_{ex}}{0,2\, f_{ex} \cdot Z_x} = \tan^2 \varphi_{0,2}$$

und daraus

$$\tan^2 \varphi_{0,2} \cdot \frac{Z_x}{Z_y} = 5 \;.$$

Setzt man die Größen Z_y und Z_x aus den Gleichgewichtsbedingungen nach Gl. (1.3) ein, so erhält man nach einigen Umformungen folgende Beziehung:

$$(1-k)\tan^4 \varphi_{0,2} + \tan^3 \varphi_{0,2}(\cot \alpha + k \tan \alpha) - 5 \tan \varphi_{0,2}(\tan \alpha + k \cot \alpha) = 5(1-k) \tag{1.19}$$

In Bild 1.10 sind für einige Verhältnisse $k = N_2/N_1$ diese Winkel $\varphi_{0,2}$ in Abhängigkeit vom Neigungswinkel α aufgetragen. Daraus ist erkennbar, daß im allgemeinen der Winkel $\varphi_1 = 45°$ (für $\sigma_{ex} = \sigma_{ey}$) nach Gl. (1.15) und nur bei jeweils relativ kleinem α und kleinem Verhältnis k der Winkel $\varphi_{0,2} < 45°$ (für $f_{ey} = 0,2\, f_{ex}$) nach Gl. (1.19) anzuwenden ist.

Mit den im Bild 1.10 dargestellten Winkeln φ_1 und $\varphi_{0,2}$ hat Th. Baumann zweckmäßige Bemessungsdiagramme aufgestellt, die hier in Bild 1.11 wiedergegeben sind.

Die Diagramme erlauben das einfache Ablesen der bezogenen Bewehrungsquerschnitte f_{ex}/f_1 und f_{ey}/f_1 sowie der bezogenen Druckkraft im Beton D_b/N_1. Die Bezugsgröße f_1 ist die bei $\alpha = 0$ zur Aufnahme von N_1 erforderliche Bewehrung

$$f_1 = \frac{N_1}{\beta_S / 1,75}$$

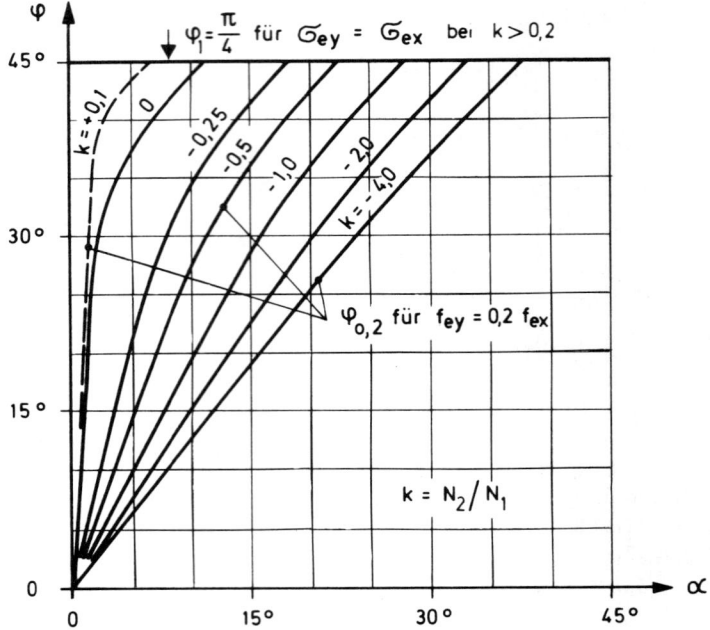

Bild 1.10 Winkel φ, die für 2-bahnige, rechtwinklige Bewehrungsnetze verwendet werden

Die Bewehrungen f_{ex} und f_{ey} erhält man also über die Ansätze

$$f_{ex} = \frac{N_1}{\beta_S/1,75}\left(\frac{f_{ex}}{f_1}\right), \qquad f_{ey} = \frac{N_1}{\beta_S/1,75}\left(\frac{f_{ey}}{f_1}\right) \qquad (1.20a)$$

Die auftretende Betondruckspannung ist entsprechend

$$\text{vorh } \sigma_b = \frac{N_1}{d}\left(\frac{D_b}{N_1}\right) \qquad (1.20b)$$

1.5.3 Bemessung von biegebeanspruchten Platten bei Bewehrung schiefwinklig zu den Richtungen der Hauptmomente

Die in Abschn. 1.5.2 für Scheiben angegebenen Gleichungen und Diagramme des Bildes 1.11 können unmittelbar zur Bemessung von Platten, die durch die Hauptmomente m_1 und $m_2 = k \cdot m_1$ beansprucht sind, verwendet werden. Dazu ist nur anstelle der Gl. (1.20a) anzusetzen:

$$f_{ex} = \frac{m_1}{z_x \beta_S/1,75}\left(\frac{f_{ex}}{f_1}\right) \text{ bzw. } f_{ey} = \frac{m_1}{z_y \beta_S/1,75}\left(\frac{f_{ey}}{f_1}\right) \qquad (1.21)$$

1.5 Bemessungsregeln

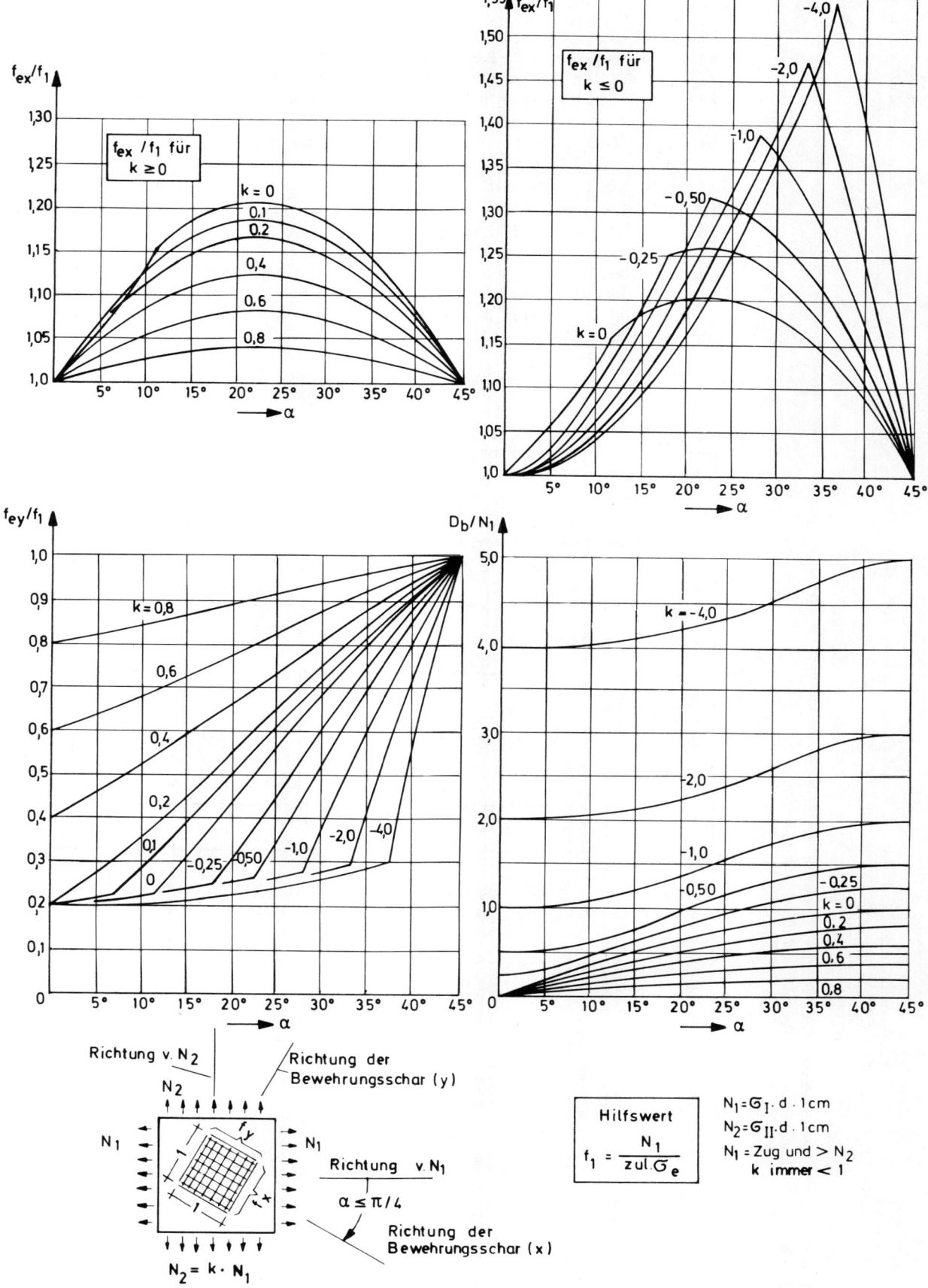

Bild 1.11 Diagramme zur Ermittlung der erforderlichen Bewehrungen f_{ex} und f_{ey} und der auftretenden Druckkraft D_b bei rechtwinkligen Bewehrungsnetzen [12] und [13]

Der Nachweis, daß die zulässige Druckbeanspruchung nicht überschritten wird, ist wegen der in Abschn. 1.5.1 nach Gl. (1.16) angegebenen Einschränkung der Rechenfestigkeit β_R auf 80 % mit den üblichen Bemessungshilfen nur schwer möglich. Th. Baumann hat deshalb seinem Bemessungsdiagramm eine Tafel mit k_h-Werten beigefügt (vgl. dazu Vorlesung I. Teil, Abschn. 7.2.2.4). Es werden darin - (Tab. 1.1) - Grenzwerte $\bar{k}_h$ angegeben, die nicht unterschritten werden dürfen und zwar für 2 geschätzte Größen von $z_m/h_m = 0,8$ bzw. $= 0,9$, für 2 Stahlgüten (B St III und B St IV mit zul $\sigma_e = 2400$ und ~ 2800 kp/cm^2) und für die Betongüten Bn 250 bis Bn 550 (Nachweis in [12]).

Zu beachten ist, daß bei gleichgerichteten Momenten, also $k = m_2/m_1 \geq 0$ (positiv) der Wert vorh $k_h = h_m/\sqrt{m_1}$ zu ermitteln ist. Dagegen ist bei gegensinnig wirkenden Momenten, also $k = m_2/m_1 < 0$ (negativ) auszugehen von

$$\text{vorh } k_h = \frac{h_m}{\sqrt{m_1 - m_2}} \, .$$

$z_x/h_x = z_y/h_y = z_m/h_m$		$\beta_S/1{,}75$ [kp/cm²]	$\bar{k}_h$ für			
			Bn 250	Bn 350	Bn 450	Bn 550
Für $k = m_2/m_1 \geq 0$	$\leq 0{,}8$	2400	5,7	5,0	4,6	4,4
		2800	5,9	5,2	4,8	4,5
$k_h = h_m/\sqrt{m_1}$ ¹⁾ max $\sigma_{bU} \leq \beta_R$	$\leq 0{,}9$	2400	8,4	7,3	6,7	6,4
		2800	8,1	7,1	6,5	6,2
Für $k = m_2/m_1 < 0$	$\leq 0{,}8$	2400	6,4	5,6	5,2	4,9
		2800	6,6	5,8	5,3	5,0
$k_h = h_m/\sqrt{m_1 - m_2}$ ¹⁾ max $\sigma_{bU} \leq 0{,}8\,\beta_R$	$\leq 0{,}9$	2400	9,4	8,2	7,6	7,5
		2800	9,1	7,9	7,3	6,9
¹⁾ h_m in cm ; m_1 und m_2 in Mpm/m						

Tabelle 1.1 Tabelle der zulässigen Kleinstwerte $\bar{k}_h$ zum Nachweis, daß Betondruckspannungen in zulässigen Grenzen bleiben [13]

2. Wandartige Träger, Konsolen, Scheiben

2.1 Definition

Scheiben (disks) sind plattenartige Tragwerke, die in ihrer Ebene belastet oder beansprucht werden. Scheiben, die wie Balken gelagert sind, sind wandartige Träger oder kurz Wandträger (deep beams). Die Abgrenzung zwischen schlanken Balken und wandartigen Trägern wurde nach dem Verlauf der Dehnungen ϵ_x getroffen, der bei Schlankheiten von $\ell/d \geqslant 2$ bei Einfeldbalken, $\ell/d \geqslant 3$ bei Innenfeldern von Durchlaufbalken noch etwa geradlinig ist, so daß die σ_x mit Hilfe der technischen Biegelehre (Bernoulli-Navier) berechnet werden können. Nach DIN 1045, Abschnitte 17.1.2 und 23.3 wurden die in Bild 2.1 gezeigten Schlankheiten als Bereiche der wandartigen Träger vereinbart. Konsolen (corbels, brackets) sind kurze Kragträger (cantilevers) mit $\ell_k/d \leqq 1$. Bei großen Bauteilen (Wandscheiben über mehrere Geschosse) kommen auch Schlankheiten $\ell_k/d < 0,5$ vor - man spricht dann von "konsolartigen Wandscheiben".

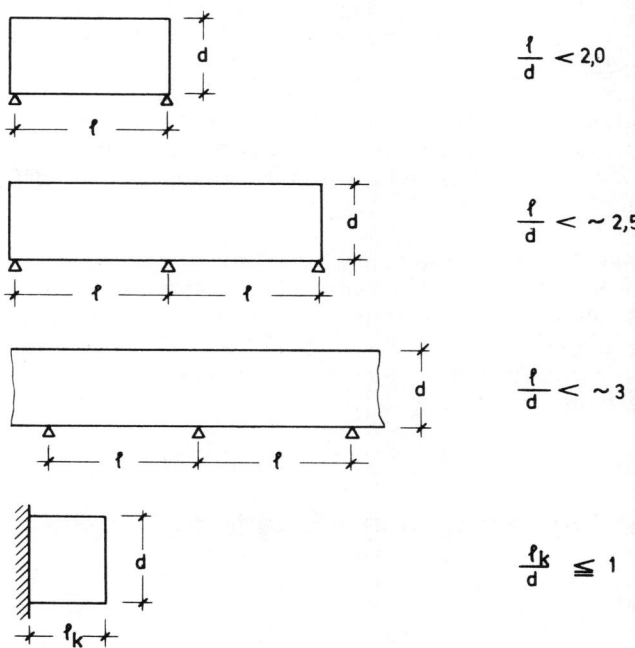

Bild 2.1   Grenzschlankheiten wandartiger Träger

2.2 Verfahren zur Ermittlung der Spannungen im Zustand I

Die technische Biegelehre mit σ_x = M/W usw. ist bei wandartigen Trägern und Konsolen nicht mehr anwendbar, weil bei Belastung die Querschnitte nicht eben bleiben (Hypothese von Bernoulli, geradliniges ϵ-Diagramm) und deshalb selbst bei ideal-elastischem Baustoff die Spannungen σ_x nicht geradlinig verlaufen. Auch sind die von äußeren Kräften ausgehenden Spannungskomponenten σ_y und die Schubspannungen τ_{xy} nicht mehr vernachlässigbar. Daher müssen die Spannungen in Scheiben und wandartigen Trägern unter Beachtung aller Gleichgewichts- und Verträglichkeitsbedingungen der inneren Kräfte ermittelt werden.

Folgende Verfahren stehen zur Verfügung:

1. Die Scheibentheorie mit der Airy'schen Spannungsfunktion, dargestellt in [14, 15, 16],

2. Finite Elementmethoden, bevorzugt mit dreieckigen Scheibenelementen [17, 18],

3. Modellstatik [19]

   3.1 Spannungsoptik, die für Scheibenprobleme besonders geeignet ist

   3.2 Araldit-Modelle mit Dehnungsrosetten

   3.3 Mikrobeton-Modelle,

4. Für wandartige Träger hat W. Schleeh gefunden, daß das Spannungsbild für Lasten durch Überlagerung der reinen Scheibenspannungen infolge Krafteinleitung mit den nach der Biegelehre gerechneten Biege- und Schubspannungen infolge der Schnittkräfte M und Q gefunden werden können [20, 21, 22, 23].

Alle diese Verfahren setzen in der Regel homogenen isotropen und rein elastischen Baustoff voraus. Mit finiten Elementen kann auch ein von der Geraden abweichendes σ-ϵ-Verhalten und (in Ansätzen) auch schon Rißbildung verfolgt werden.

Für praktische Zwecke genügt zur Bemessung von Scheiben aus Stahlbeton eine näherungsweise Kenntnis der Spannungen im Zustand I, insbesondere Richtung und Größe der Hauptspannungen. Für die Bemessung der Bewehrungen genügen sogar Faustformeln und Regeln für ihre Verteilung, die aus umfangreichen Versuchen an Stahlbetonkörpern mit Belastung bis zum Bruch gewonnen wurden [24].

2.3 Schnittgrößen und Spannungen in wandartigen Trägern

2.3.1 Allgemeines

Die Schnittgrößen werden für wandartige Träger in gleicher Weise berechnet wie für andere Tragwerke. Bei statisch unbestimmt gelagerten Trägern ist zu beachten, daß schon sehr geringe lotrechte Verformungen (auch elastische!) der Lager die Stützkräfte infolge der großen Steifigkeit der Wandträger stark verändern können, so daß bei der Bemessung Zuschläge zu den errechneten Schnittgrößen zu empfehlen sind. Auch ist zu beachten, daß die Feldmomente größer, die Stützmomente kleiner werden als bei schlanken Balken konstanter Biegesteifigkeit.

2.3 Schnittgrößen und Spannungen in wandartigen Trägern

Der Ort des Lastangriffes und die Art der Lagerung haben erheblichen Einfluß auf die Spannungen, so daß z. B. Last von oben, angehängte Last, unmittelbare oder mittelbare Lagerung usw. für die Bemessung und Bewehrungsführung unterschieden werden müssen.

Von den Spannungen in wandartigen Trägern und damit vom inneren Kräfteverlauf und der Tragwirkung bekommt man am besten anhand von Beispielen eine Vorstellung. Dabei werden sowohl Spannungskomponenten σ_x, σ_y und τ_{xy}, Trajektorien der Hauptspannungen σ_I und σ_{II} und resultierende Zugkräfte dargestellt.

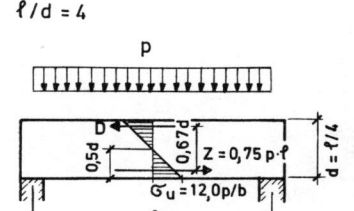

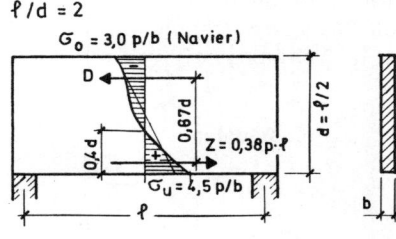

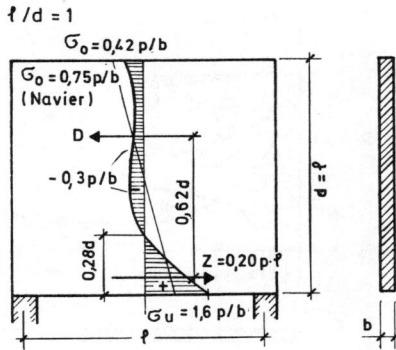

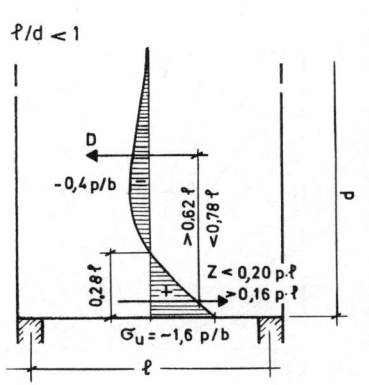

2.3.2 Spannungen in einfeldrigen Wandträgern

2.3.2.1 Gleichmäßig verteilte Lasten

Die Abhängigkeit des Verlaufes der Spannungskomponente σ_x von der Schlankheit ℓ/d unmittelbar gelagerter Wandträger zeigt Bild 2.2. Die resultierenden Zug- und Druckkraft-Komponenten in x-Richtung Z_x und D_x, kurz Z und D genannt, sind nach Größe und Lage eingezeichnet; ihre Veränderlichkeit mit ℓ/d ist in Bild 2.3 dargestellt. Zum Vergleich sind die Werte nach der technischen Biegelehre (Navier) dünn eingetragen. Die Abweichungen für den Hebelarm z beginnen spürbar bei $\ell/d = 2$. Für $\ell/d \leq 1$ ändern sich trotz weiter abnehmendem Hebelarm die Werte von Z nur noch wenig, d. h. nur der untere Teil der Wand mit einer Höhe $\sim \ell$ trägt, der darüber liegende Teil wirkt wie eine gleichmäßig verteilte Last.

Für den Wandträger mit $\ell/d = 1$ zeigt Bild 2.4 den Einfluß unterschiedlicher Lasteintragung auf die Spannungen und die Spannungstrajektorien. Die σ_x und τ_{xy} bleiben bei beiden Lastarten gleich, lediglich die σ_y sind verschieden und sie verändern den Verlauf der σ_I und σ_{II} und damit das Tragverhalten grundlegend.

Bild 2.2 Spannungen σ_x, Größe und Lage der daraus resultierenden Kräfte in Feldmitte von einfeldrigen, von oben gleichmäßig belasteten Trägern im Zustand I bei verschiedenem ℓ/d und $c/\ell = 0,1$ (c = Auflagerbreite)

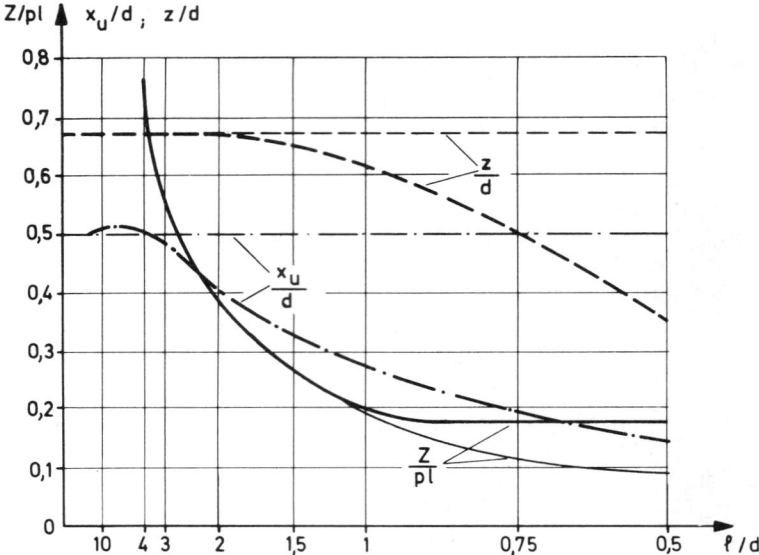

Bild 2.3 Bezogene Größen der Zugkraft $Z/p \cdot \ell$, des inneren Hebelarmes z/d und des Abstandes x_u/d der Nullinie vom unteren Rand in Einfeldscheiben mit rechteckigem Querschnitt nach Navier (dünne Linien) und nach Scheibentheorie (kräftige Linien) in Abhängigkeit von der Schlankheit ℓ/d

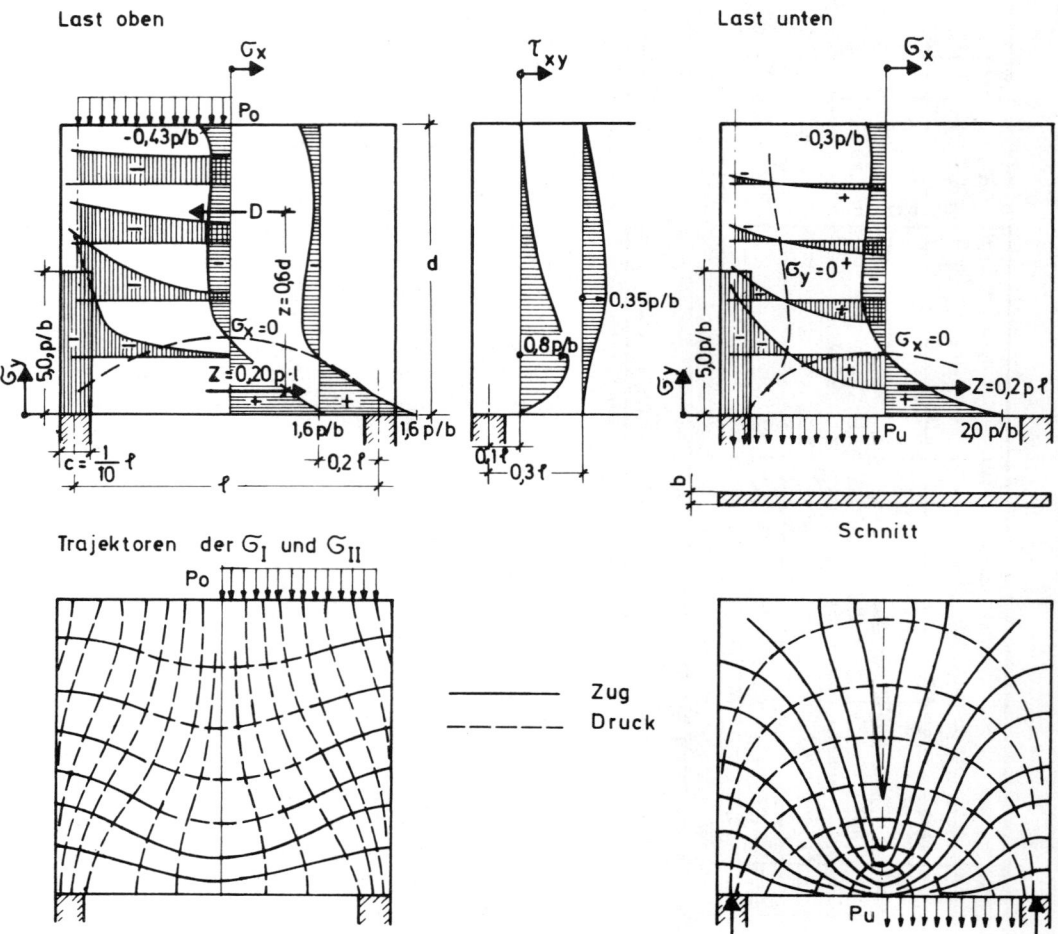

Bild 2.4 Verlauf der Spannungskomponenten σ_x, σ_y, τ_{xy} und Hauptspannungstrajektorien beim einfeldrigen wandartigen Träger mit $\ell/d = 1$ und $c/\ell = 0,1$ unter Last von oben bzw. Last von unten

2.3 Schnittgrößen und Spannungen in wandartigen Trägern

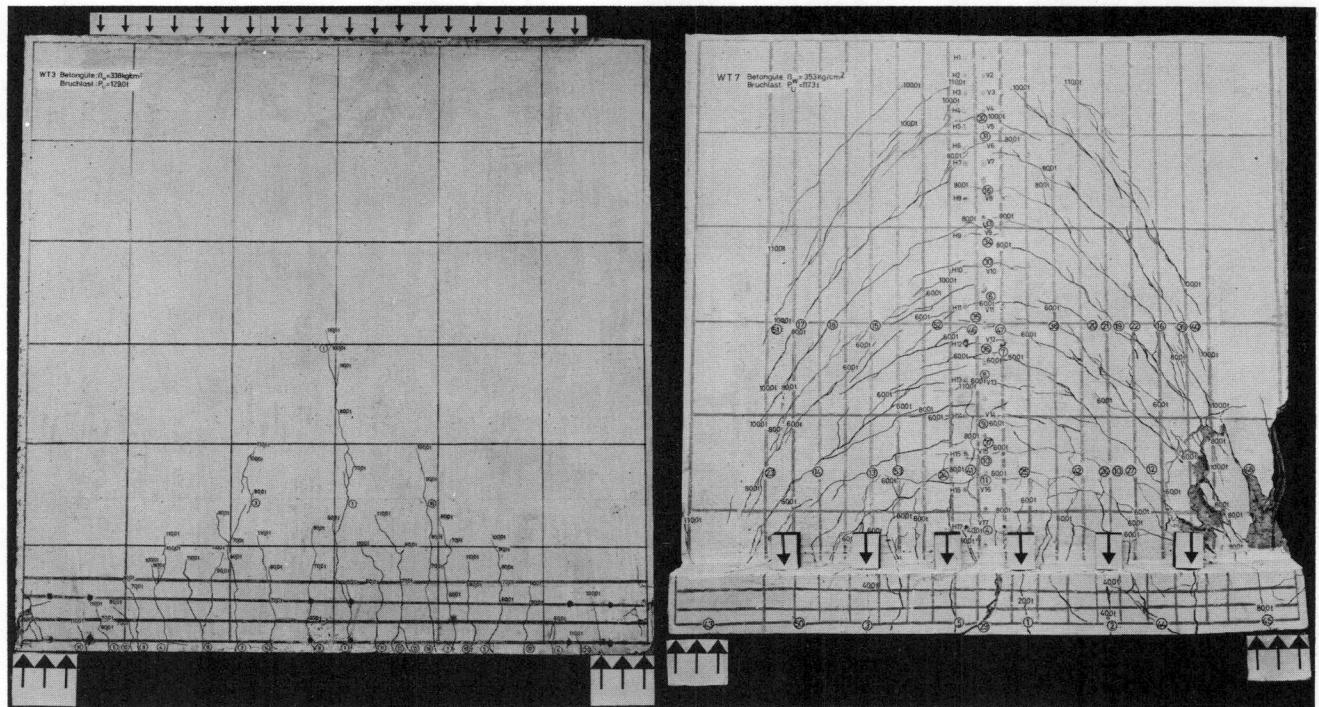

Bild 2.5 Die Rißbilder kurz vor dem Bruch bestätigen die Aussagekraft der Hauptspannungstrajektorien für das Tragverhalten

Die Rißbilder (Bild 2.5) bestätigen den Verlauf der Hauptspannungen. Bei Last von oben sind Zugspannungen nur unten und sehr flach geneigt. Bei angehängter Last sind die Zugspannungen steil und reichen fast über die ganze Wandhöhe. Die Last muß mit lotrechter Bewehrung in die Druckgewölbe eingehängt werden, wie dies für alle unten an Trägern hängenden Lasten gilt.

Das Eigengewicht der Wand führt zu einem Spannungsverlauf, der zwischen den beiden Fällen des Bildes 2.4 liegt, d. h. daß im unteren Bereich lotrecht positive σ_y Zug erzeugen. Der Wandteil etwa unterhalb einer Parabel durch die Auflagerpunkte mit dem Stich $y = 1,5\ x_u$ (1,5 · Nullinienhöhe von unten) muß daher angehängt werden, so daß eine leichte lotrechte Bewehrung stets nötig ist (Bild 2.6).

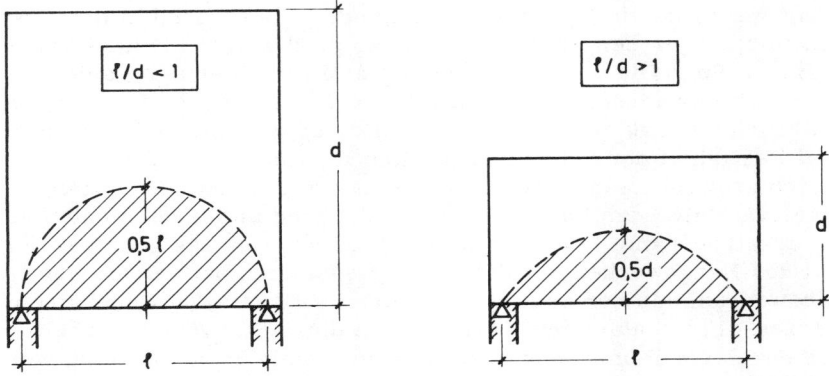

Bild 2.6 Das Eigengewicht der Scheibe unterhalb des Halbkreises bzw. der Parabel muß an den oberen Scheibenteil angehängt werden

Bei den Darstellungen in Bild 2.2 bis 2.4 erstreckte sich die Last p auf die theoretische Spannweite ℓ. Wird die ganze Länge L des Wandträgers belastet, dann vergrößert sich Z und die Druckspannung am oberen Rand wird kleiner, weil die Lastteile an den Rändern Zug erzeugen (Bild 2.7).

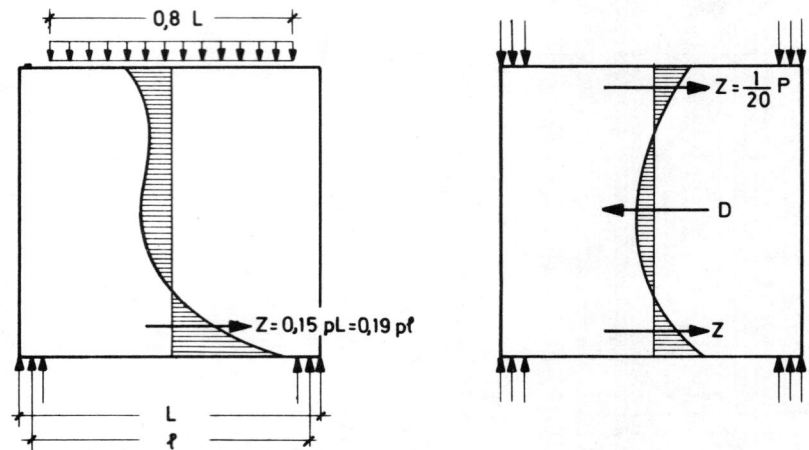

Bild 2.7   Einfluß von Lasten p unmittelbar über den Stützen auf die Schnittkräfte in Feldmitte (bei ℓ/d = 1 und c/ℓ = 0,1)

2.3.2.2 Einzellasten

Für eine Einzellast am oberen Trägerrand erhalten wir nach H. Bay [16] für den Schnitt in Feldmitte bei ℓ/d = 1 eine Verteilung der σ_x-Spannungen nach Bild 2.8. Unter der Last entstehen Spaltspannungen wie wir sie in Abschn. 3 aus der Einleitung von Kräften kennenlernen. Bei $\ell/d > 1,2$ wird die Spaltspannung mit zunehmender Schlankheit mehr und mehr von den Biegedruckspannungen σ_x überdrückt. Bei sehr hohen Wandträgern, z.B. ℓ/d = 0,5, bildet sich nach der Einleitung der Einzellast eine Zone gleichmäßiger Lastverteilung mit konstantem σ_y. Ab $d = \ell$ gleicht dann das Spannungsbild dem beim oben gleichmäßig belasteten Wandträger an.

Für eine Einzellast im Mittelpunkt der Scheibe ergibt sich der in Bild 2.9a dargestellte Verlauf der Hauptspannungsrichtungen (nach S. El-Behairy [25]). Unterhalb der Last bilden sich zunächst steile Druckstreben aus, die sich dann zum Auflager hin krümmen. Über der Last entsteht ein radiales Hängewerk, das in Druckgewölben hängt. Die σ_y sind in der Lastlinie unmittelbar über der Last (Zug) fast so groß wie unter der Last (Druck) (Bild 2.9b). Die σ_x zeigen in der Lastlinie unter der Last die typischen Spaltzugspannungen (Bild 2.9c) - vgl. Abschn. 3. Hier ist aber erneut zu beachten, daß dieses Spannungsbild nur gilt, wenn die Dehnsteifigkeit und Festigkeit der Scheibe nach allen Richtungen für Zug und Druck gleich groß ist, was ja bei Beton nicht der Fall ist. Nach dem ersten Querriß hinter der Last hängt die Aufteilung in den nach unten gehenden Druckstrebenanteil und den Anteil des Hängewerkes ganz von der Steifigkeit des Hängewerkes ab, die in der Regel auch bei reichlicher Aufhängebewehrung kleiner sein wird als die Steifigkeit des Druckstreben-Sprengwerkes. Für Stahlbetonträger müssen diese Steifigkeitsverhältnisse, die durch die Bemessung beeinflußt werden können, beachtet werden.

2.3 Schnittgrößen und Spannungen in wandartigen Trägern

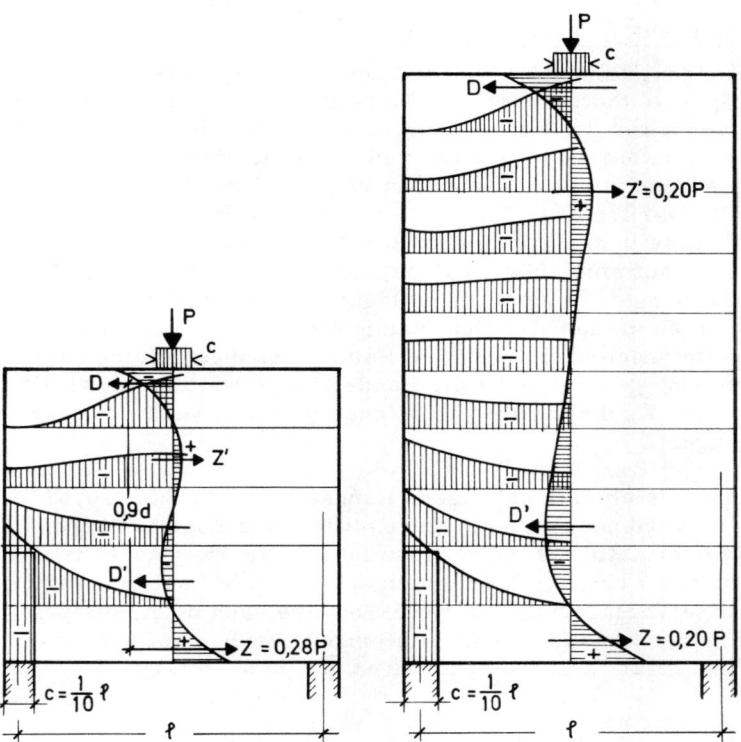

Bild 2.8 Verlauf der Spannungen σ_x in Feldmitte und σ_y in verschiedenen waagerechten Schnitten bei oben angreifender Einzellast auf Scheiben mit $\ell/d = 1$ und $\ell/d = 0,5$ ($c/\ell = 0,1$)

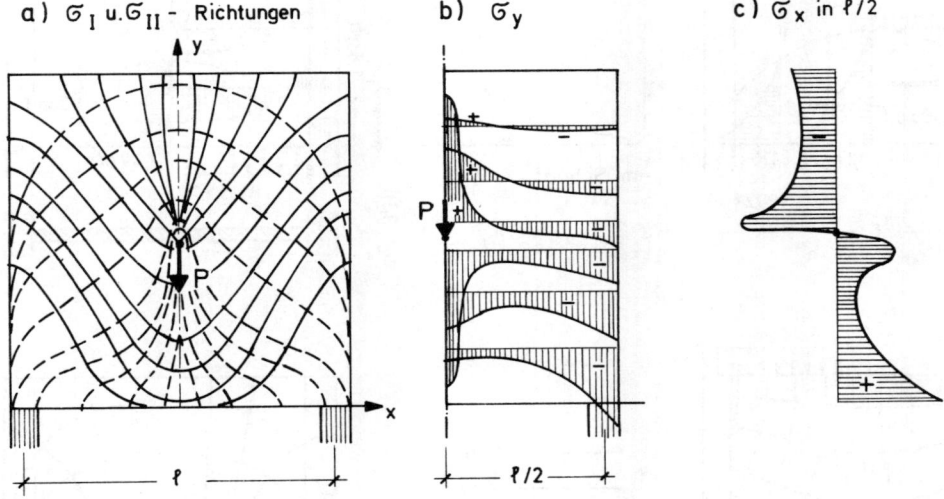

Bild 2.9 Hauptspannungstrajektorien und Spannungskomponenten σ_y und σ_x bei einer quadratischen Scheibe mit im Innern angreifender Einzellast [25]

2.3.2.3 Einfluß von Auflagerverstärkungen

Auflagerverstärkungen, Randstützen oder Lisenen, wie sie bestehen, wenn ein Wandträger an Stützen oder an Querwänden angeschlossen wird, beeinflussen je nach ihrer Steifigkeit den Spannungsverlauf stark, indem die Wandträger innerhalb ihrer Höhe Last an die Randstützen abgeben. Bild 2.10 zeigt den Verlauf der Spannungen und resultierende Zugkräfte für mittelstarke Randstützen bei $\ell/d = 1$ für Belastungen von oben und von unten. Die Nullinie in $x = \ell/2$ liegt wesentlich höher, die Zuggurtkräfte verteilen sich auf eine größere Höhe, zum Ausgleich werden die maximalen Zugspannungen kleiner. In Auflagernähe ($x = 0,1\,\ell$) sind die Schubspannungen unten kleiner als ohne Randstütze, sie erstrecken sich aber auch hier weiter nach oben, d.h. die Hauptspannungen bleiben am Rand auf größere Höhe geneigt, weil die Randstütze schon im oberen Bereich Lasten von der Wand abnehmen muß (bedingt durch Verträglichkeit der ϵ_y-Verformungen).

Bild 2.11 zeigt das Gleiche für kräftigere Randstützen und $\ell/d = 0,67$. Die Zugzone der σ_x wird noch höher, die resultierende Zugkraft wird aber nur wenig kleiner. Auf die ganze Höhe ist mit Querzug zwischen Wand und Randstütze zu rechnen. Bei unten angehängter Last bewirken die Randstützen eine Verlagerung der Druckgewölbe nach oben, die positiven σ_y reichen höher hinauf. Die Darstellungen beruhen auf den Arbeiten von H. Linse [26], S. Rosenhaupt [27] und H. Bay [28].

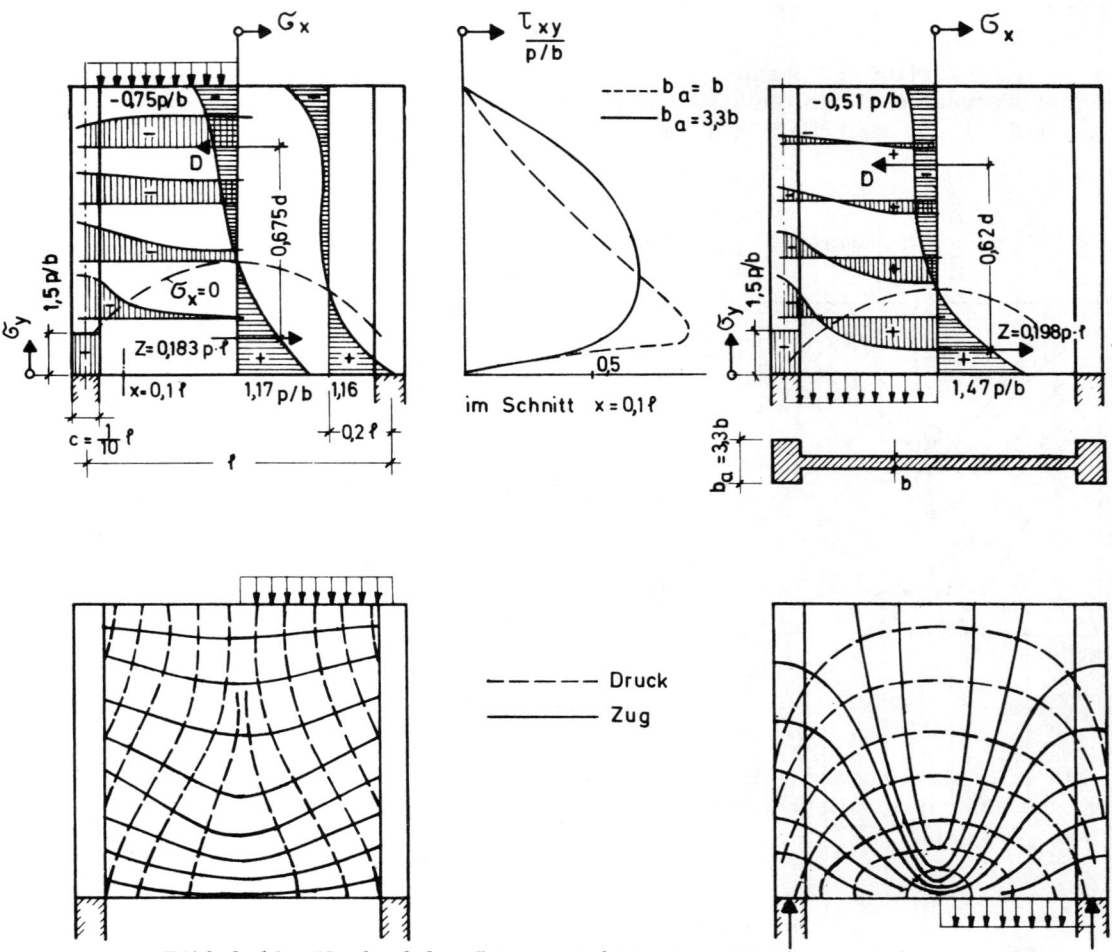

Bild 2.10 Verlauf der Spannungskomponenten σ_x, σ_y und τ_{xy} und Hauptspannungstrajektorien bei einfeldrigen durch Randstützen mit $b_a = 3,3\,b$ verstärkten wandartigen Trägern mit $\ell/d = 1$ und $c/\ell = 0,1$ unter Last von oben bzw. Last von unten (vgl. Bild 2.4).

2.3 Schnittgrößen und Spannungen in wandartigen Trägern

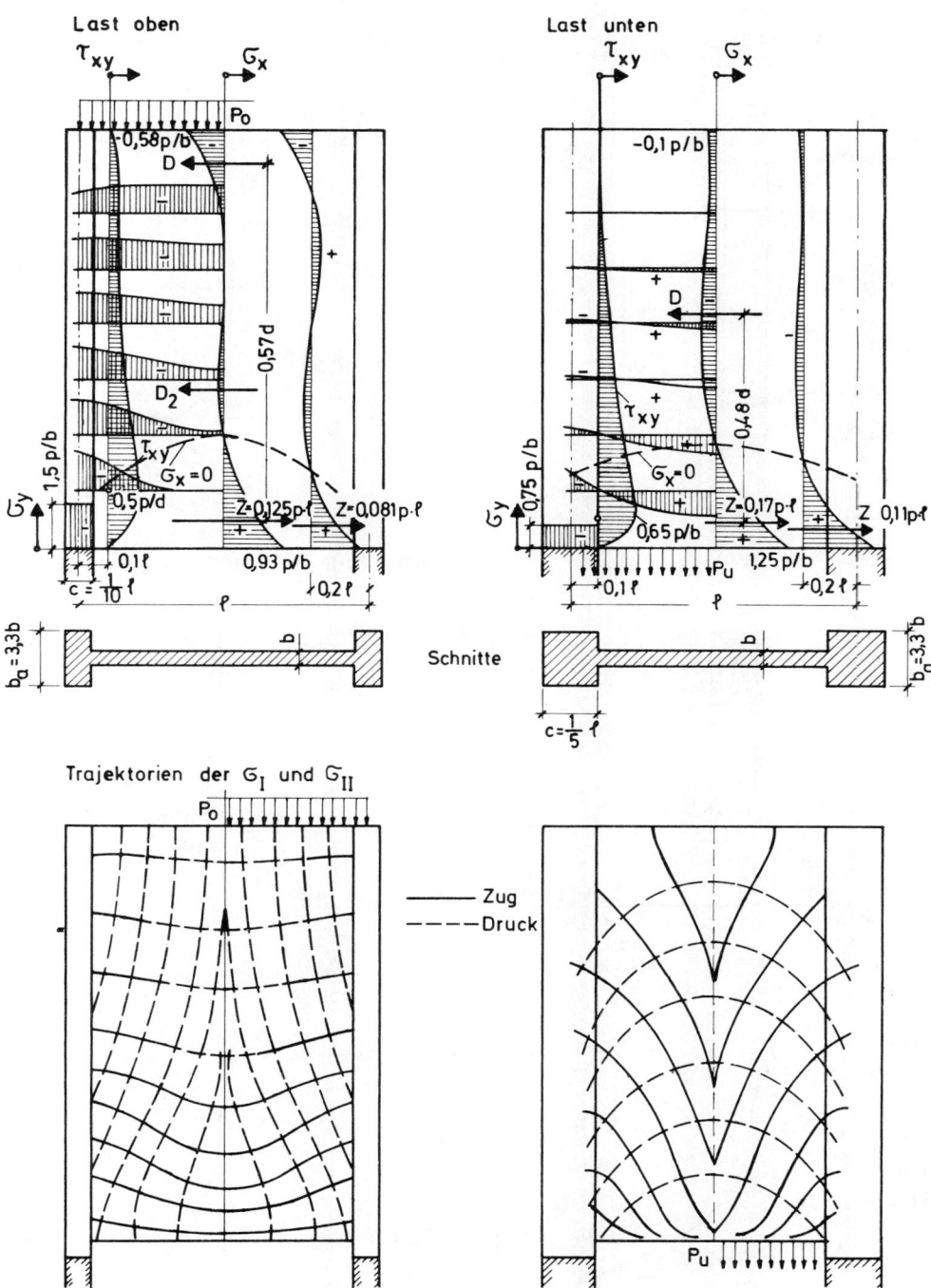

Bild 2.11 Spannungen und Hauptspannungstrajektorien wie Bild 2.10, jedoch an Trägern mit $\ell/d = 0{,}67$ und Randstützen mit $b_a = 3{,}3\,b$ und $c/\ell = 0{,}1$ und $0{,}2$

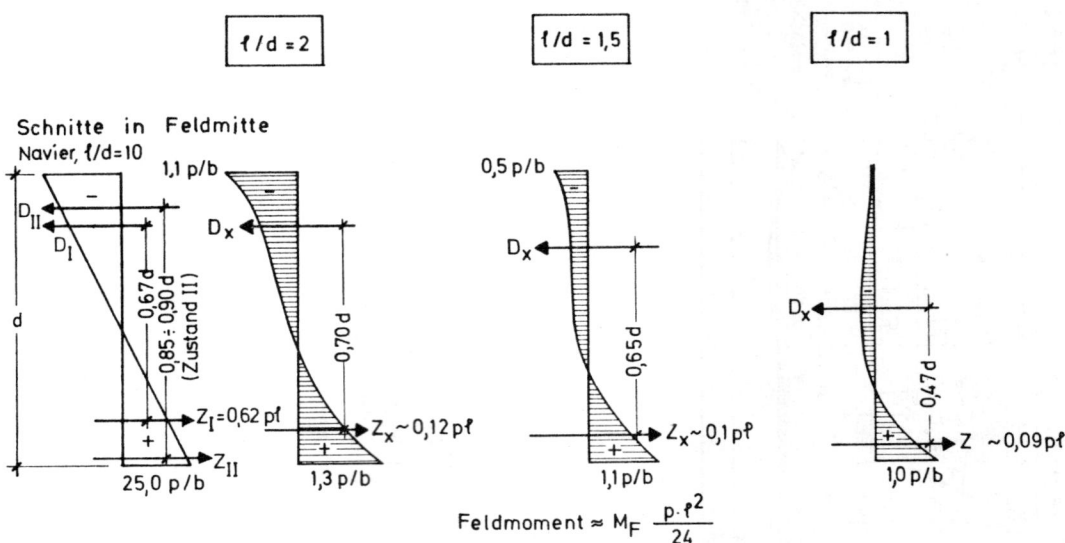
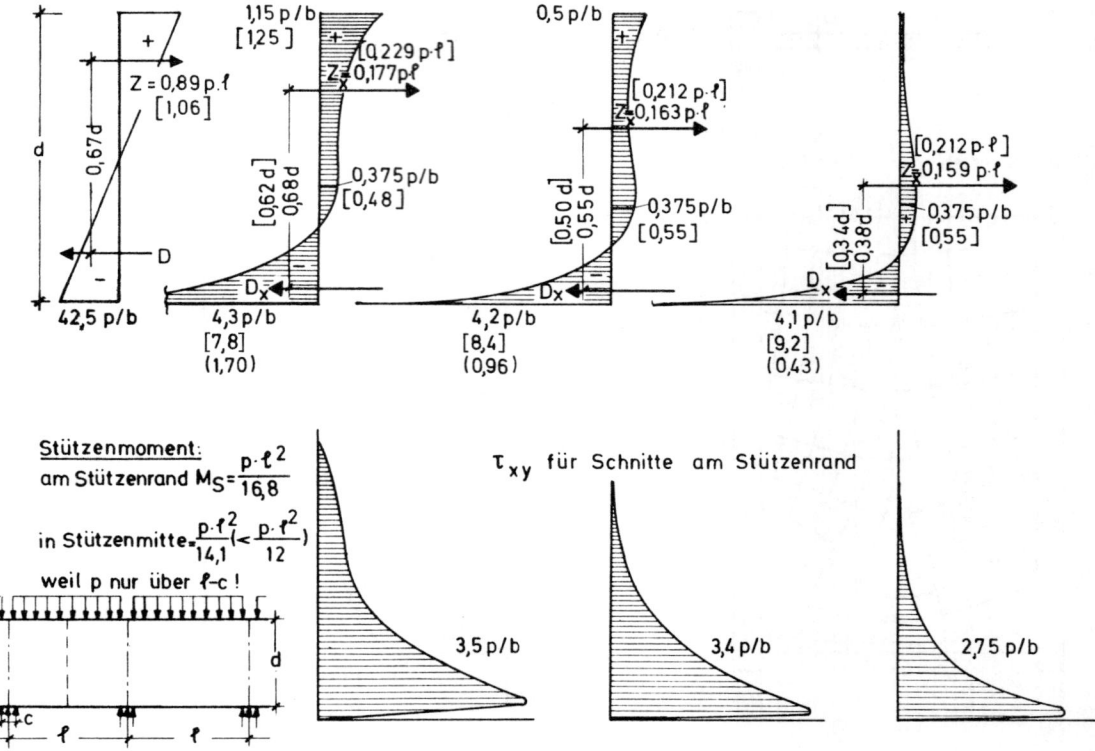

Bild 2.12 a Spannungskomponenten σ_x und τ_{xy} sowie Größe und Lage der inneren Kräfte in Feldmitte und am Stützenrand im Innenfeld von durchlaufenden wandartigen Trägern unter gleichmäßiger Last von oben für verschiedene Schlankheiten ℓ/d ($c/\ell = 0,1$)

2.3 Schnittgrößen und Spannungen in wandartigen Trägern

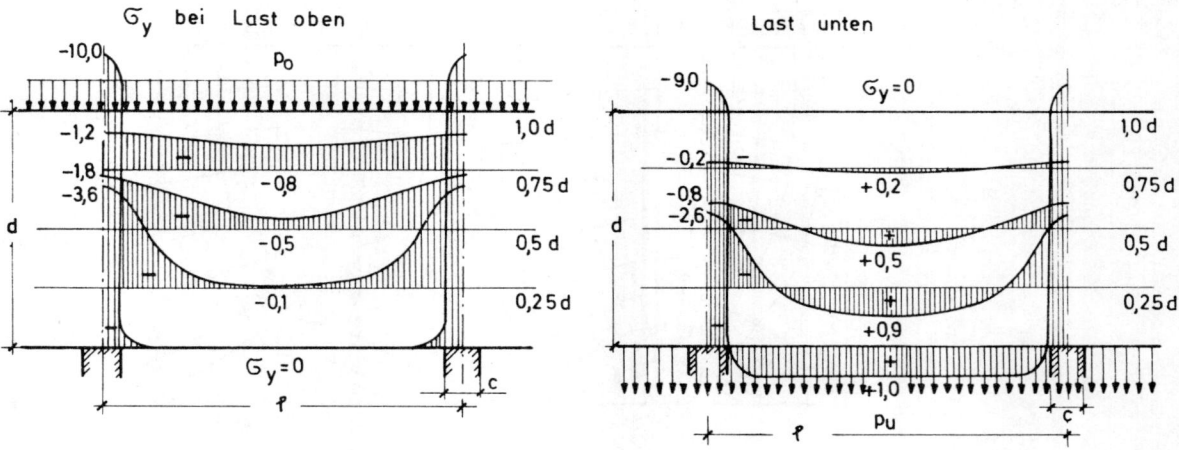

Bild 2.12 b Spannungen σ_y zu Bild 2.12 a von durchlaufenden wandartigen Trägern für $\ell/d = 1,5$ mit Last von oben bzw. Last von unten

2.3.3 Spannungen in mehrfeldrigen Wandträgern

2.3.3.1 Gleichlast

Bei mehrfeldrigen Wandträgern (starre Auflager vorausgesetzt) haben wir im Feld, je in $\ell/2$, ähnliche Spannungsbilder wie beim einfeldrigen Träger. Über der Stütze zeigt sich eine mit abnehmender Schlankheit zunehmende Konzentration der Biegedruckzone mit hohen Druckspannungen σ_x und σ_y. Auch die Schubspannungen drängen sich in der Auflagerzone zusammen, so daß die Hauptspannungen nur dort größere Neigung (bei Last von oben $\alpha_{Zug} \approx 30°$) haben. Bild 2.12 zeigt für ein Innenfeld eines vielfeldrigen Trägers der Reihe nach die σ_x, τ_{xy}, σ_y und die resultierenden Z_x und D_x-Kräfte mit den inneren Hebelarmen für verschiedene ℓ/d.

Bild 2.13 veranschaulicht den Verlauf der Hauptspannungen für $\ell/d = 1$ bei Gleichlast von oben und unten. Die Darstellungen beruhen im wesentlichen auf der Arbeit von R. Thon [29].

An Zwischenauflagern mehrfeldriger Scheibenträger kommt es also auf die max. Druckspannungen am Auflager an, die in Stützenachse mit

$$\max \sigma_{II} \approx \sigma_y = \frac{\ell \cdot p}{c \cdot b}$$ ihren Größtwert erreichen. Die Länge c des Auflagers und die Scheibendicke b müssen also so gewählt werden, daß dort der Beton auf Druck genügend Sicherheit hat. Die Zugzone über der Stütze erstreckt sich auf einen großen Teil der Trägerhöhe, sie hat ihre maximale Zugspannung unterhalb d/2, wenn $\ell/d \leq 1,5$ ist. Dies muß bei der Verteilung der Biegebewehrung beachtet werden.

2.3.3.2 Einzellasten

Für Einzellasten in Feldmitte ermittelte F. Dischinger [15] die in Bild 2.14 dargestellten σ_x-Diagramme für die Feldmitte bei verschiedenen ℓ/d. Sie gelten mit umgekehrten Vorzeichen für den Schnitt in der Stützenachse, wenn $c = c'$ ist.

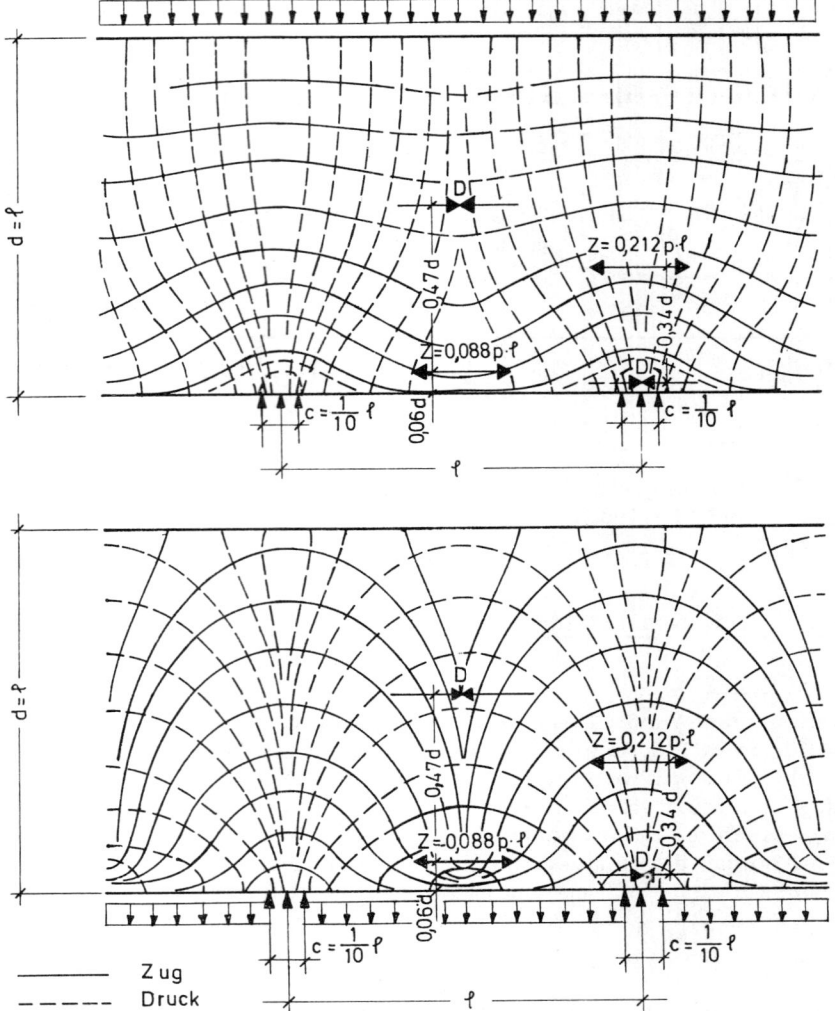

Bild 2.13 Hauptspannungstrajektorien im Innenfeld eines durchlaufenden wandartigen Trägers mit $\ell/d = 1$ und $c/\ell = 0,1$ für Gleichlast von oben bzw. von unten [29]

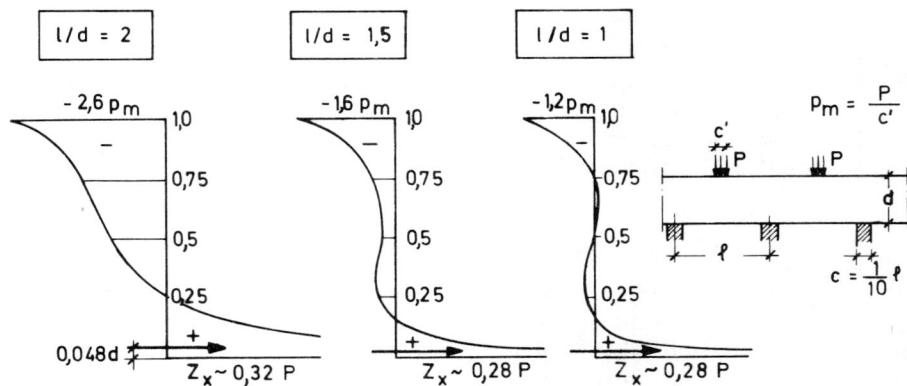

Bild 2.14 Spannungskomponenten σ_x sowie Lage und Größe der Zugkräfte Z_x in Feldmitte von durchlaufenden wandartigen Trägern mit verschiedenem Verhältnis ℓ/d unter Einzellasten oben in Feldmitte. (Für den Spannungsverlauf in der Stützenachse sind die Diagramme umzukehren) [15]

2.3 Schnittgrößen und Spannungen in wandartigen Trägern

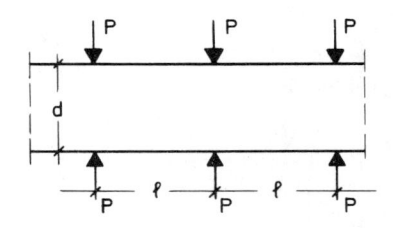

Bild 2.15 Wandartiger Träger, der durch gegenüberliegende Einzellasten beansprucht wird.

Eine Belastung durch gegenüberliegende Einzelkräfte kommt vor, wenn Stützenlasten durch Wände hindurchgeführt werden sollen (Bild 2.15). Dabei entstehen Querzugkräfte, die als Spaltkräfte aus Einleitung von Kräften nach Abschn. 3 ermittelt werden können. F. Dischinger [15] gibt den Verlauf der Querzugspannungen σ_x für $c/\ell = 0{,}05$ für verschiedene ℓ/d an. Daraus kann Grösse und Lage der erforderlichen Querbewehrung ermittelt werden (Bild und Tabelle 2.16).

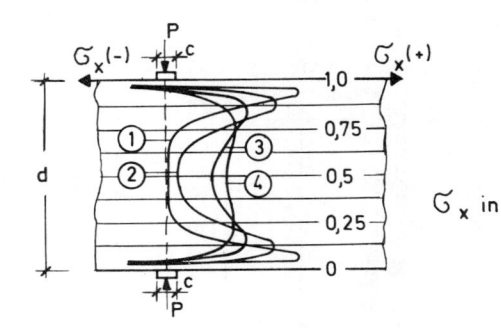

ℓ/d	1/4	1/2	1	2
Linie	①	②	③	④
1,0 d	−76,00	−38,00	−19,09	−9,98
0,875 d	+0,72	+0,93	+0,66	+0,47
0,75 d	+0,08	+0,40	+0,56	+0,56
0,625 d	+0,01	+0,14	+0,44	+0,51
0,5 d	+0,00	+0,08	+0,40	+0,49

σ_x in $\dfrac{P}{bd}$

Bild 2.16 Verlauf der Querzugspannungen σ_x in wandartigen Trägern mit gegenüberliegenden Einzellasten bei verschiedenen Verhältnissen ℓ/d und $c/\ell = 0{,}05$ [15]

2.3.3.3 Einfluß von Auflagerverstärkungen

Auflagerverstärkungen mit durchgehenden Stützen oder Lisenen nehmen auch bei mehrfeldrigen Wandträgern der Wand schon innerhalb der Trägerhöhe umsomehr Last ab, je größer der relative Stützenquerschnitt ist. G. Pfeiffer [30] gibt hierzu nützliche Kurven an, die den Verlauf des Anteils der Stützenlast P_L von der Gesamtlast $P = p\ell$ über die Trägerhöhe bei verschiedenen d/ℓ ablesen lassen (Bild 2.17). Aus diesen Werten kann man die Reduktion der schiefen Hauptdruckspannung in der Scheibe am unteren Rand herleiten, die ohne solche Lisenen leicht kritisch wird. Bei unten angehängter Last erstreckt sich die Lastübernahme auf einen kürzeren Bereich. Bild 2.18 zeigt an den Trajektorien der Hauptspannungen anschaulich den großen Einfluß des relativen Stützenquerschnittes.

2.3.3.4 Zur Ermittlung der Schnittgrößen in durchlaufenden Wandträgern

Zur Schnittkraftverteilung gibt eine Untersuchung von H. Bay [16] am zweifeldrigen Träger wertvolle Hinweise (Bild 2.19).
Die Stützmomente werden für $\ell/d \leq 1$ und Gleichlast nur etwa halb so groß wie bei schlanken Balken mit konstantem EJ. Die Feldmomente müssen aus der Gleichgewichtsbedingung heraus entsprechend größer werden. Bei den Querkräften ist der Unterschied kleiner. Ursache sind die Verformungen durch σ_y und τ_{xy} der kleineren und höher beanspruchten Biegedruckzone über der Zwischenstütze, die sich dadurch stärker verformt als die entsprechende Zone im Feld. Bei Stahlbetonträgern kann diese Abminderung der Stützmomente zu Lasten der Feldmomente je nach der Bemessung und Art der Bewehrung über der Stütze noch grösser werden. Diese Erscheinung ist bei der Bemessung mehrfeldriger Wandträger zu beachten. Insbesondere muß daran gedacht werden, daß Endauflager durchlaufender Scheiben höher belastet werden als die von schlanken Durchlaufträgern (vgl. Bild 2.19).

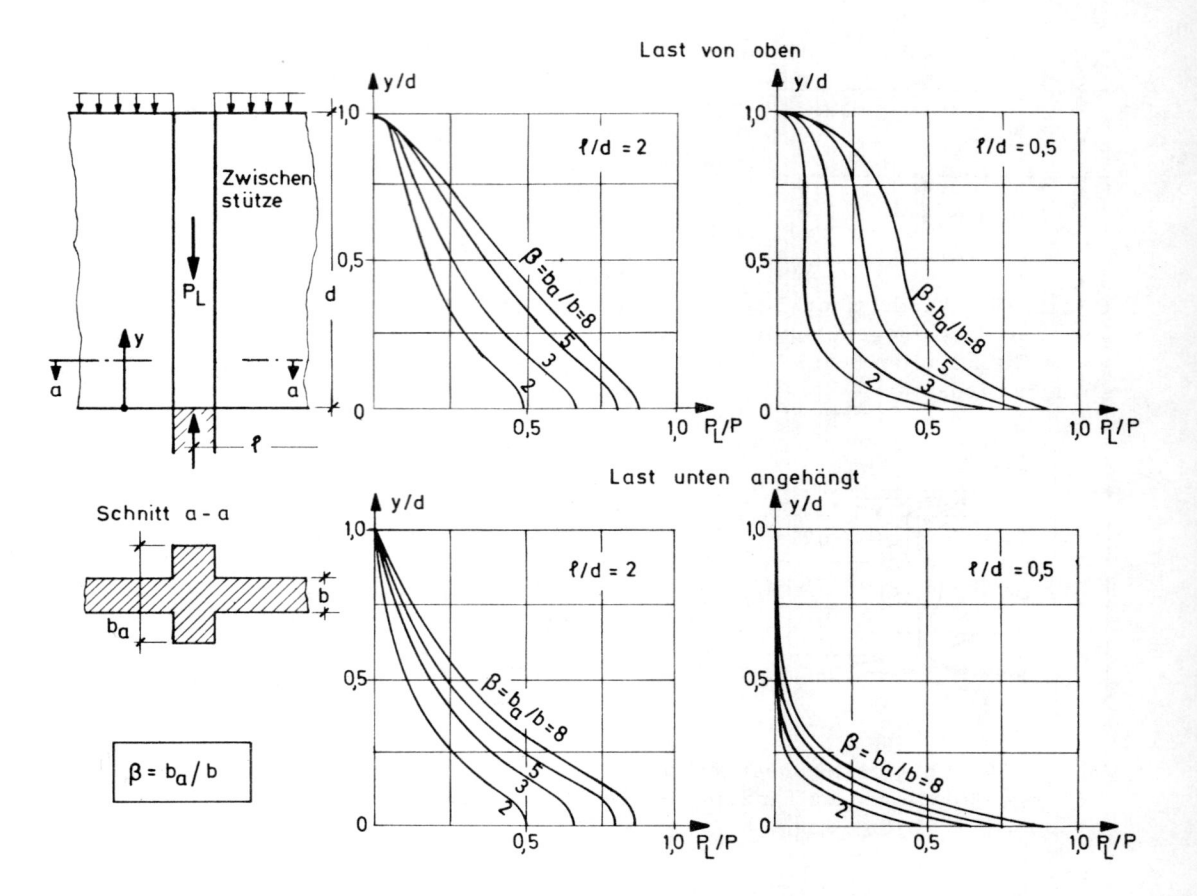

Bild 2.17 Lastanteil P_L, den die Lisenen von der Gesamtlast $P = p \cdot \ell$ in Abhängigkeit von der Schlankheit ℓ/d und dem Verhältnis $\beta = b_a/b$ der Lisenendicke zur Scheibendicke aufnehmen [30]

W. Schleeh hat die Einflüsse von τ_{xy} und σ_y für Zustand I näher verfolgt [22]. Dabei wird der Durchlaufträger nach den üblichen Regeln der Biegetheorie eines elastisch gelagerten Durchlaufträgers (5-Momenten-Gleichung in Anlehnung an die Gleichungen von Clapeyron) berechnet.

Die Tangentendrehwinkel (Stabdrehwinkel) müssen dabei die Einflüsse des Momentes und der Querkraft enthalten. Die Federzahlen der Stützpunkte ergeben sich aus den elastischen Zusammendrückungen der zwischen starrem Lager und Balkenachse liegenden Scheibenteile infolge der dortigen lotrechten Dehnungen

$$\epsilon_y = \frac{1}{E} (\sigma_y - \mu \sigma_x) .$$

Die gesamten EI-fachen Stabenddrehwinkel $\overline{\varphi}$ für $\overline{M} = 1$ und $\overline{Q} = \frac{1}{\ell}$ am Auflager A wirkend sind

$$E I \overline{\varphi}_a = \frac{\ell}{6} (2 + \xi)$$
$$E I \overline{\varphi}_b = \frac{\ell}{6} (1 - \xi)$$

mit $\xi = \varkappa (1 + \mu) \frac{1}{n^2}$; $n = \frac{\ell}{d}$.

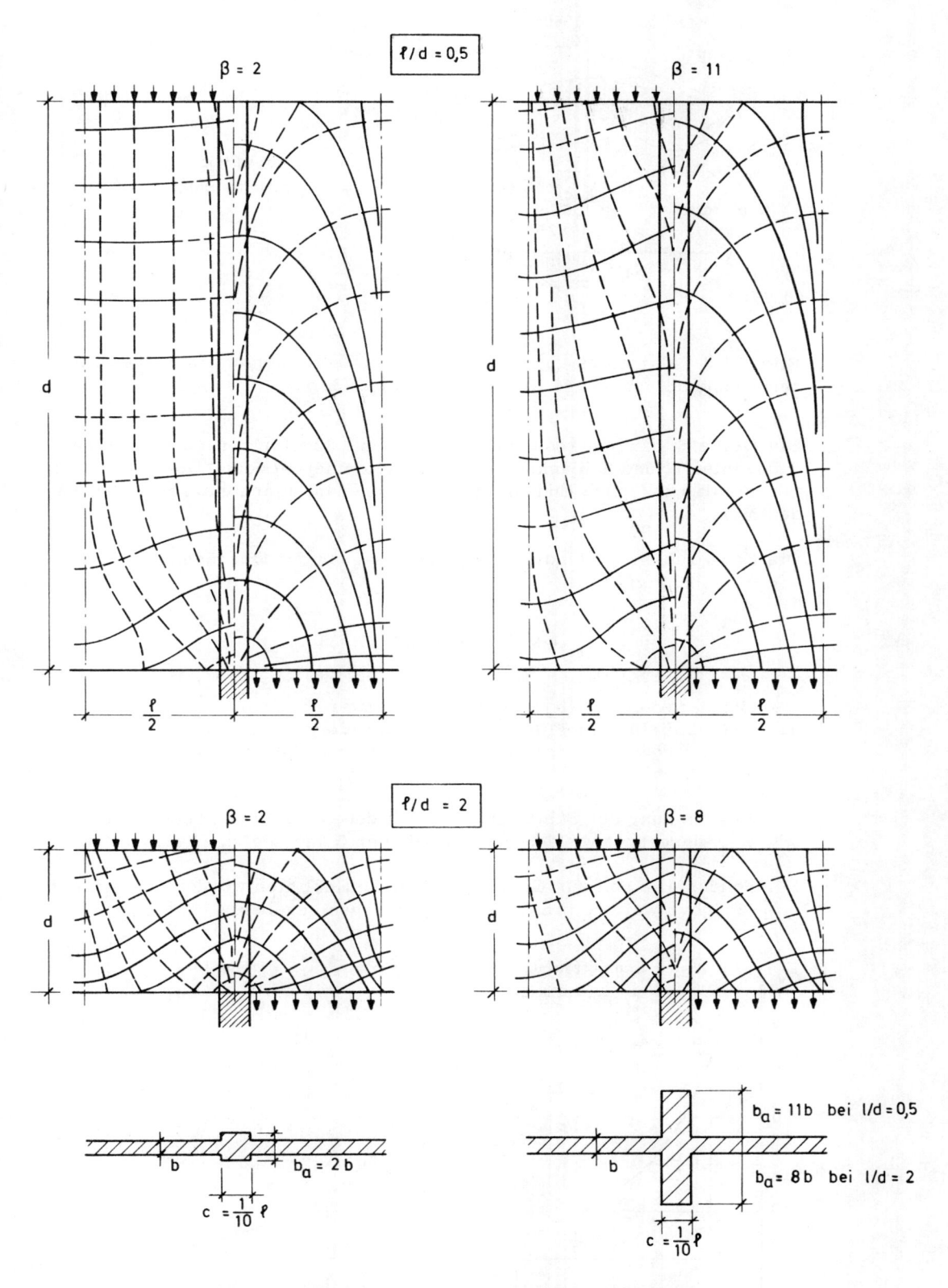

2.3 Schnittgrößen und Spannungen in wandartigen Trägern

Bild 2.18 Hauptspannungstrajektorien in durchlaufenden wandartigen Trägern mit $\ell/d = 0,5$ und $\ell/d = 2$ und verschiedenem $\beta = b_a/b$ für oben bzw. unten angreifende gleichmäßig verteilte Last [30]

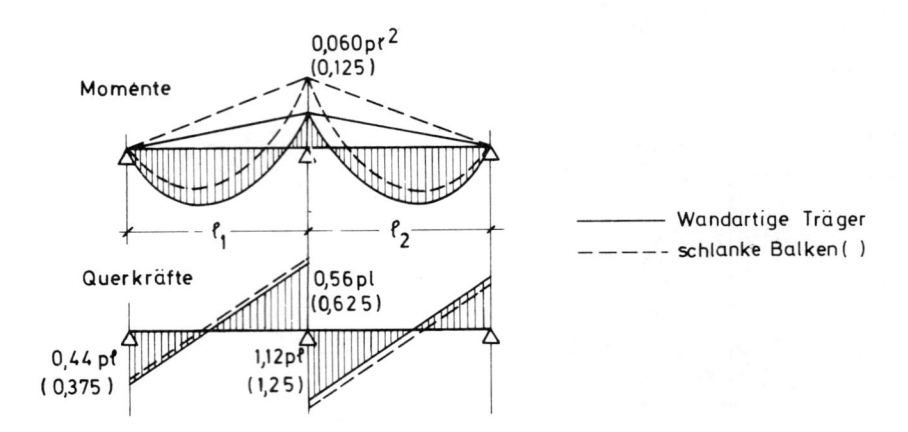

Bild 2.19 Momenten- und Querkraftbilder beim schlanken Balken und beim wandartigen Träger auf 3 Stützen mit $\ell/d \leq 1$ [16]

Die Werte ξ bzw. $\varkappa$ können der Tafel I in [22] für verschiedene Querdehnzahlen μ und Schlankheiten ℓ/d entnommen werden, wobei zu beachten ist, daß zwischen Endauflagern und Innenauflagern unterschieden werden muß.

Die Federzahlen $E\nu$ sind bei Vernachlässigung der Querdehnzahl μ nur von σ_y abhängig:

$$E\nu = \int_{-b}^{o} \sigma_y d_y.$$

Sie können mit den in [8] gegebenen Tafelwerten für σ_y berechnet werden. Für übliche Verhältnisse wurden die Integrale bereits ausgewertet, so daß die Größen $E\nu$ den Diagrammen (Bild 2.20) aus [22] entnommen werden können.

Zur Bestimmung der Schnittgrößen, aus denen die Balkenspannungen σ_x^o, τ_{xy}^o berechnet werden müssen, dienen 5-Momenten-Gleichungen.

Für Sonderfälle und zur Ermittlung von Einflußlinien werden von Schleeh in [22] noch weitere praktische Anweisungen gegeben.

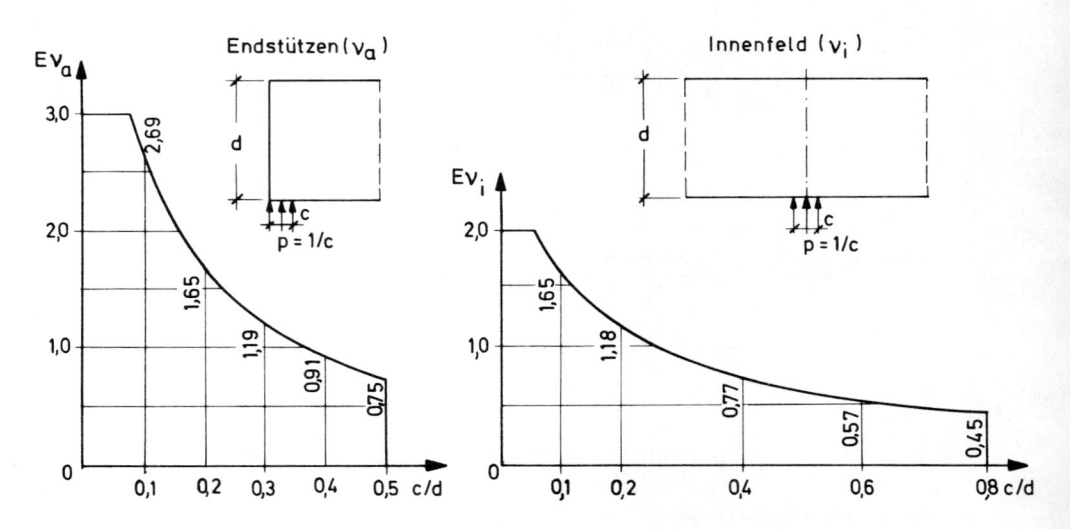

Bild 2.20 Federzahlen $E\nu$ für End- und Innenstützen in Abhängigkeit von der Auflagerlänge c/d [22]

2.3 Schnittgrößen und Spannungen in wandartigen Trägern

2.3.4 Ermittlung der Spannungen nach W. Schleeh

W. Schleeh [21] hat 1964 einen Weg angegeben, auf dem man die Spannungen in wandartigen Trägern oder Scheiben in einfacher Weise berechnen kann. Das Verfahren beruht auf der Erkenntnis, daß man den Spannungszustand in der Scheibe (σ_x, σ_y, τ_{xy}) aus einem Balken-Spannungszustand nach Navier und einem Zusatzspannungszustand ($\Delta\sigma_x$, σ_y, $\Delta\tau_{xy}$) zusammensetzen kann.

Der Balken-Spannungszustand erfüllt alle Rand- und Gleichgewichtsbedingungen. Er wird unabhängig von der Schlankheit ℓ/d nach den üblichen Regeln der Stab-Biegetheorie ermittelt, d.h. es wird geradlinige Verteilung der Spannungen σ_x^o, Vernachlässigung der Spannungen σ_y und parabolischer Verlauf der Schubspannungen τ_{xy}^o angenommen.

Die Zusatzspannungen stehen wie Eigenspannungen für sich allein im Gleichgewicht, sind nur vom Verlauf der Randbelastung abhängig und werden durch die Schlankheit ℓ/d nicht beeinflußt. Sie klingen nach dem Prinzip von de Saint-Venant im Abstand von etwa 1,5 d vom Angriffspunkt der Last auf Null ab.

Hinweise auf Tafelwerte von Schleeh

Schleeh gibt Tafelwerte dieser Zusatzspannungen für 3 ausgezeichnete Lastfälle an (vgl. Bild 2.21):

a) Von außen angreifende Last p an einer Scheibe, deren Länge mindestens 1,5 d beiderseits der Last beträgt (Tafel I für c/d = 0,1 und II für c/d = 0,2 in [21])

b) Last am Ende einer Scheibe (Ecke), deren Länge mindestens 1,5 d beträgt (Tafel II in [21])

c) Volle Gleichlast p auf dem Endbereich einer Scheibe mit einer Länge $\geq$ d (Tafel IV in [21])

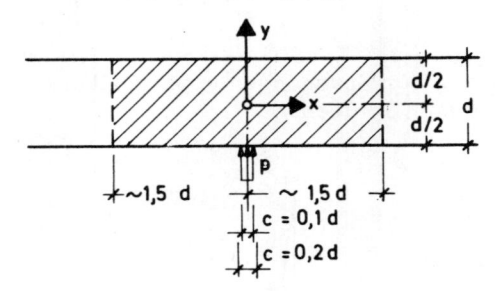

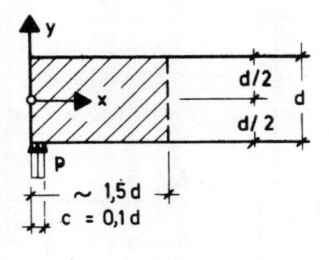

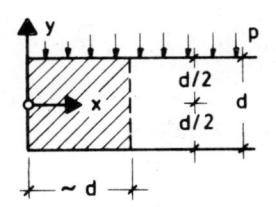

Bild 2.21 Bereiche von Scheiben, in denen Zusatzspannungen infolge Lasten p mit Tafeln von Schleeh in [21] ermittelt werden können.

Die Spannungswerte $\Delta\sigma_x$, σ_y und $\Delta\tau_{xy}$ werden für Rasterpunkte gegeben, die Abstände von 0,1 d aufweisen. Ein Beispiel für die Überlagerung der Spannungen zeigt Bild 2.22.

Ist die Scheibe jedoch seitlich der Last von geringerer Längenausdehnung als 1,5 d (Bild 2.23), so verbleiben am lotrechten Rand Restspannungen, die Korrekturen nach dem in [20] und [21], angegebenen Verfahren erfordern.

2. Wandartige Träger, Konsolen, Scheiben

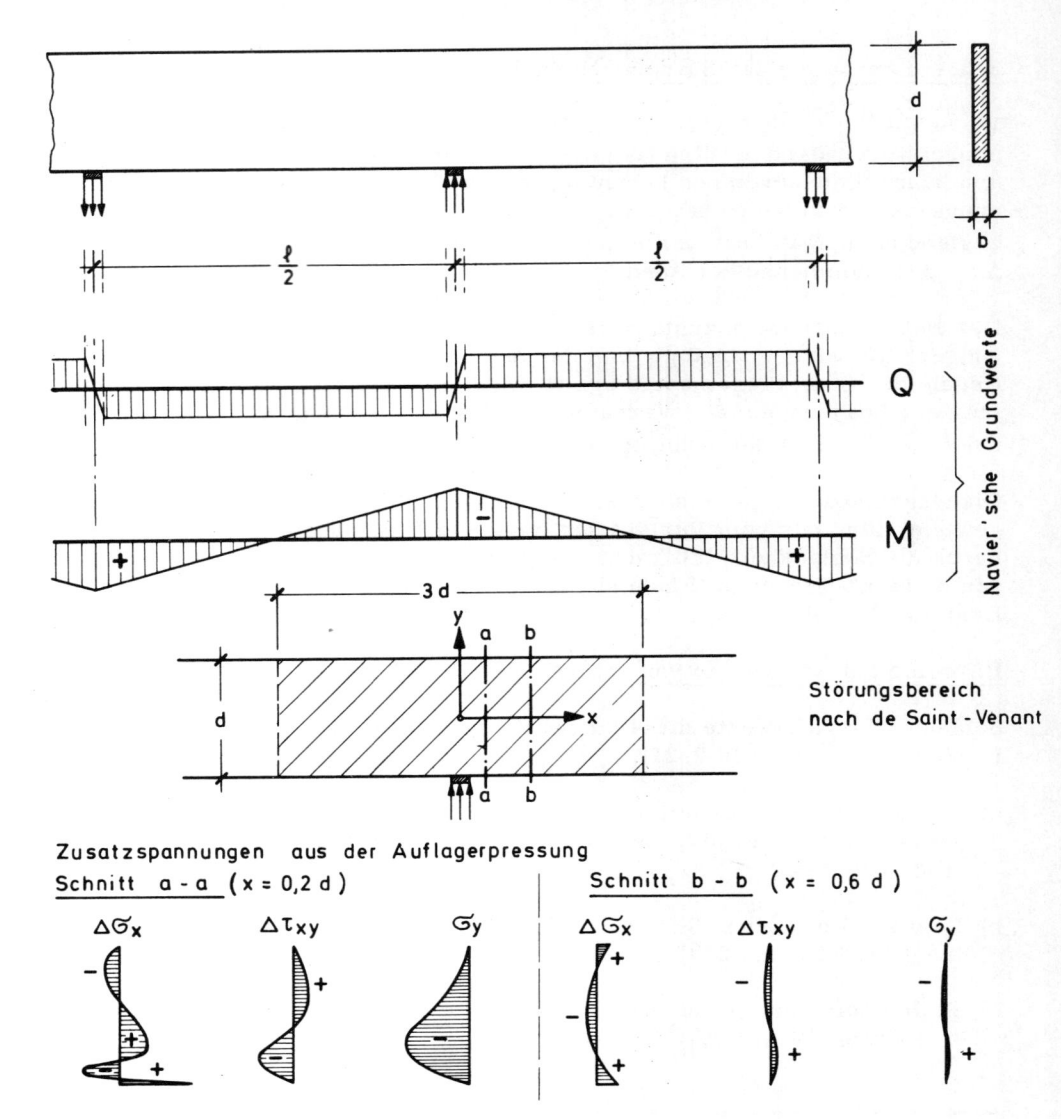

Bild 2.22 Beispiel für die Überlagerung der Spannungen eines Balkens nach Navier mit den Zusatzspannungen nach Schleeh

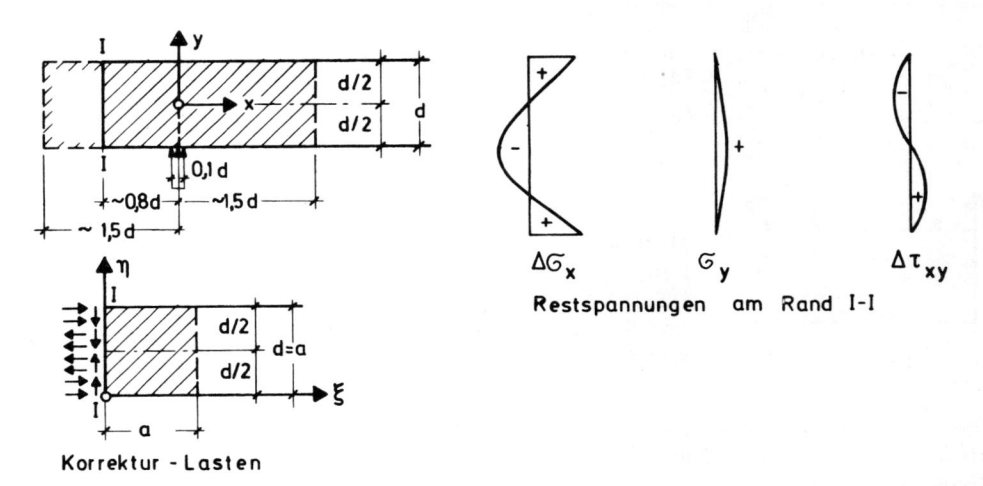

Bild 2.23 Weist eine Scheibe nicht die in Bild 2.21 angegebenen Mindestlängen auf, so müssen die am verkürzten Scheibenende (z. B. Rand I - I) verbleibenden Restspannungen aus [21] nach dem in [20] von W. Schleeh angegebenen Verfahren eliminiert werden.

2.4 Wandträger im Zustand II im Hinblick auf die Bemessung

2.4.1 Unmittelbar gelagerte Wandträger

Die Rißbildung in Stahlbeton-Wandträgern, die dadurch bedingte Veränderung der inneren Kräfte und damit die Sicherheit können nur durch Versuche geklärt werden. Über solche Versuche, besonders über die umfangreichen Stuttgarter Versuche wurde im Heft 178 des DAfStb. [24] berichtet. Die wesentlichen Ergebnisse sind folgende:

Die ersten Risse sind in der Regel Biegerisse, die vom Rand an der Stelle des größten Feldmomentes ausgehen und deren Richtung den Hauptspannungen entspricht (Bild 2.5). Bei Last von oben und gut verankerter und verteilter unterer Bewehrung zeigt sich fast keine Schrägneigung der Risse, also auch kein Schubriß und keine Schubbruchgefahr, so daß aufgebogene Stäbe oder sonstige Schubbewehrungen, wie sie früher üblich waren, sinnlos sind.

Die bei einigen Versuchen mit Randstützen aufgetretenen Scherrisse zwischen Wand und Stütze (Bild 2.24) beruhen auf unzulänglicher und nicht ausreichend verankerter Querbewehrung - sie sind leicht zu vermeiden, da die dortigen Querzugkräfte klein und nur leicht geneigt sind.

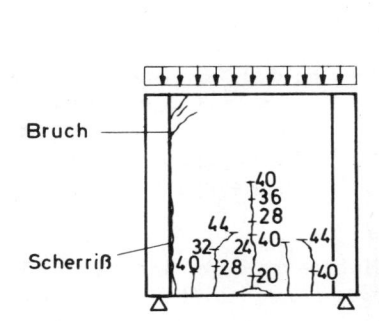

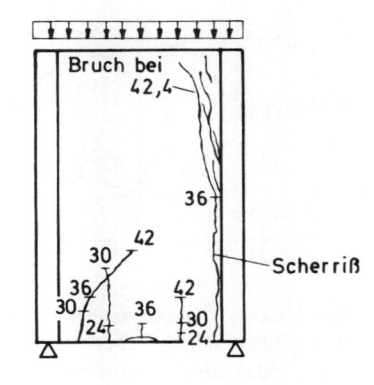

Bild 2.24 Charakteristische Riß- und Bruchbilder der Versuchskörper von Schütt mit nicht ausreichender Querbewehrung [54]

Auch bei Last von unten bilden sich zuerst Biegerisse, dann folgen den Hauptspannungen entsprechend gewölbeartige Risse, zunächst im unteren Bereich, danach infolge der Dehnung der Aufhängebewehrung zunehmend auch im oberen Bereich. Sie gehen am Rand in eine steile Neigung über.

Bei mehrfeldrigen Wandträgern treten zuerst die Biegerisse im Feld auf. Die Risse über den Zwischenstützen beginnen ziemlich tief in der Scheibe und zeigen, bei Einzellasten von oben, eine Neigung zur Last hin, besonders wenn die Zwischenstütze als Verstärkung auf die ganze Höhe durchgeht (Bild 2.25).

Brucharten

Wandträger können aus folgenden Ursachen versagen:

1. durch Überschreiten der Streckgrenze der Zuggurtbewehrung (Längsbewehrung). Die gemessenen Spannungen bleiben zwar unter den für Zustand I gerechneten, weil schon mit den ersten Biegerissen

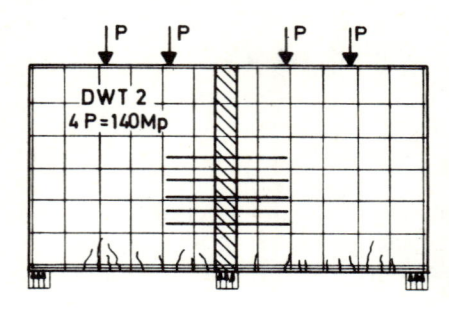

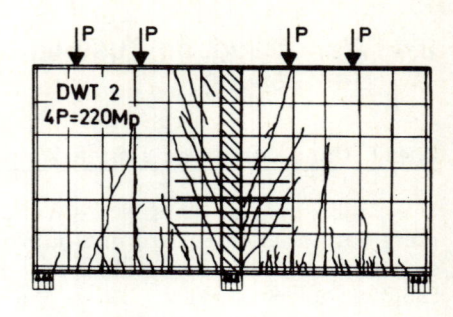

Bild 2.25 Rißbild (4 P = 140 Mp) und Bruchbild (4 P = 220 Mp) des zweifeldrigen Trägers DWT 2 mit Lisene über dem Innenauflager [24]

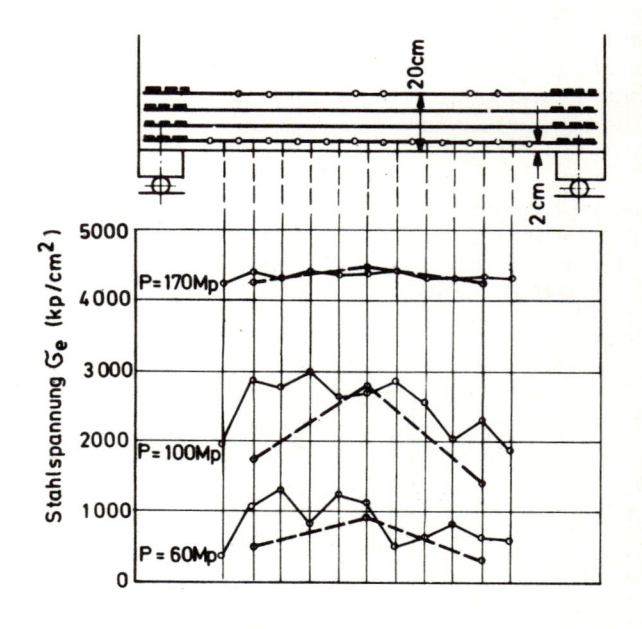

Bild 2.26 Stahlspannungen σ_e entlang der Gurtbewehrung des Trägers WT 4 (Gleichlast von oben, $\ell/d = 1$) mit $\mu = 0,268$ % [24]

die Nullinie nach oben wandert und der Hebelarm z der inneren Kräfte größer wird. Dennoch wird in der Regel zum Schluß die Gurtbewehrung vor dem Beton des Druckgurtes versagen, solange $\mu = F_e/bd$ nicht größer gewählt wird, als sich bei der Bemessung mit $\epsilon_e = 5$ ‰ und $\epsilon_b < 3,5$ ‰ ergibt. Die Bewehrung kann bis zu einer Höhe von 0,1 d verteilt sein, unter der Traglast werden dennoch alle Lagen voll ausgenützt (Bild 2.26).

2. durch <u>Versagen der Verankerung</u> der Gurtbewehrung. Man muß dabei beachten, daß die Zuggurtkraft bei hohen Belastungsgraden bis nahe zum Auflager fast konstant verläuft, also fast keine Abnahme entsprechend der Momentenlinie eintritt (Bild 2.26). Die Verankerung muß daher für die volle Stahlbeanspruchung des ungeschwächten Zugbandes innerhalb der Auflagerlänge ausreichen. Kurze Verankerungslängen bedingen dann meist eine Aufteilung der Gurtbewehrung in dünne Stäbe und in mehrere Lagen oder feste Ankerplatten.

3. durch <u>Überschreiten der Druckfestigkeit</u> des Betons in den geneigten Druckstreben nahe am Auflager. Diese Bruchart kann auch auftreten, wenn die Auflager durch Lisenen oder Stützen verstärkt sind. Die Versuche zeigten, daß diese Druckspannungen im Zustand II bis zu zweimal so groß werden können wie die für Zustand I gerechneten Hauptdruckspannungen. Die errechneten σ_{II} müssen daher mit einem Zuschlag versehen werden.

2.4 Wandträger im Zustand II im Hinblick auf die Bemessung

4. durch Versagen der zur Krafteinleitung nötigen Bewehrung, besonders der Aufhängebewehrung (Bügel) für angehängte Lasten, wenn diese zu schwach bemessen oder nicht genügend weit nach oben verankert war. Die gemessenen Bügelspannungen blieben jedoch stets im Rahmen der gerechneten.

5. durch Kräfteumlagerungen infolge ungleicher Nachgiebigkeit von Lagern bei statisch unbestimmter Lagerung.

Aus dem Bruchverhalten von Wandträgern kann man für die Bemessung folgende qualitative Regeln ableiten:

1. Die Zuggurtbewehrung wird bei den kleinen Schlankheiten relativ schwach - es ist daher nicht sinnvoll, sie durch Wahl des im Zustand II größeren Hebelarmes noch schwächer zu bemessen, man würde damit nur die Rißbreiten vergrößern und die Bedingungen für die Verankerung verschlechtern. Für die Bemessung genügen also grobe Faustformeln, wobei der Hebelarm z der Kräfte Z und D etwa nach Zustand I gewählt wird.

2. Die Gurtbewehrung muß ungeschwächt durchgeführt und für die volle Zugkraft innerhalb des Auflagerbereiches oder hinter dem Auflager verankert werden.

3. Die schiefen Hauptdruckspannungen müssen besonders in Auflagernähe vorsichtig begrenzt werden. Die Biegedruckspannungen σ_x werden in der Regel nicht kritisch, solange $b \geq \ell/20$ ist. Ist b kleiner $\ell/20$, dann wird in der Regel ein Druckflansch mit $b_D \geq \ell/20$ nötig, schon um den gedrückten Rand gegen Beulen oder Kippen zu sichern.

4. Aufhängebewehrungen für unten angreifende Lasten müssen für die vollen Lasten bemessen und ganz oben im Wandträger verankert werden.

5. Bei statisch unbestimmt gelagerten Wandträgern sind die Nachgiebigkeit der Lager und mögliche Zwangskräfte in ihrer Auswirkung auf die Schnittkräfte zu beachten. In der Regel sollten Zuschläge für mögliche Umlagerungen gemacht werden.

Vollständige Bewehrungsrichtlinien: siehe Vorlesung III. Teil, Abschn. 12.

2.4.2 Mittelbar gelagerte oder mittelbar belastete Wandträger

Bei Bauwerken mit tragenden Wänden kommt es gelegentlich vor, daß eine Wand über eine andere Wand auf gleicher Höhe abgestützt (indirekte oder mittelbare Lagerung) oder belastet wird. Durch Versuche wurde überprüft, wie sich Wandträger dabei verhalten (vergleiche hierzu [24], S. 113 ff.). Die Versuchskörper zeigt Bild 2.27.

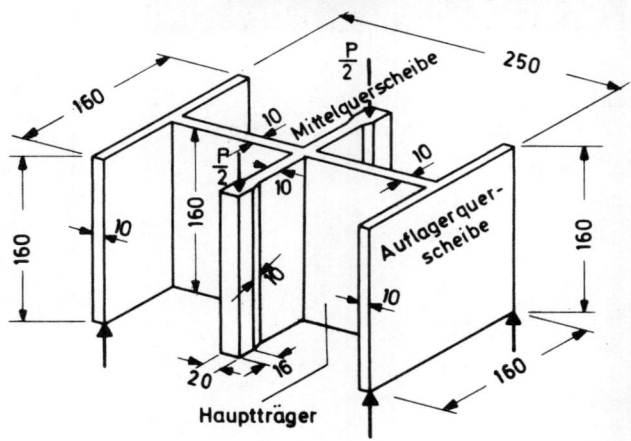

Bild 2.27 Ausbildung und Abmessungen der Versuchskörper von wandartigen Trägern mit mittelbarer Lasteintragung und mittelbarer Lagerung

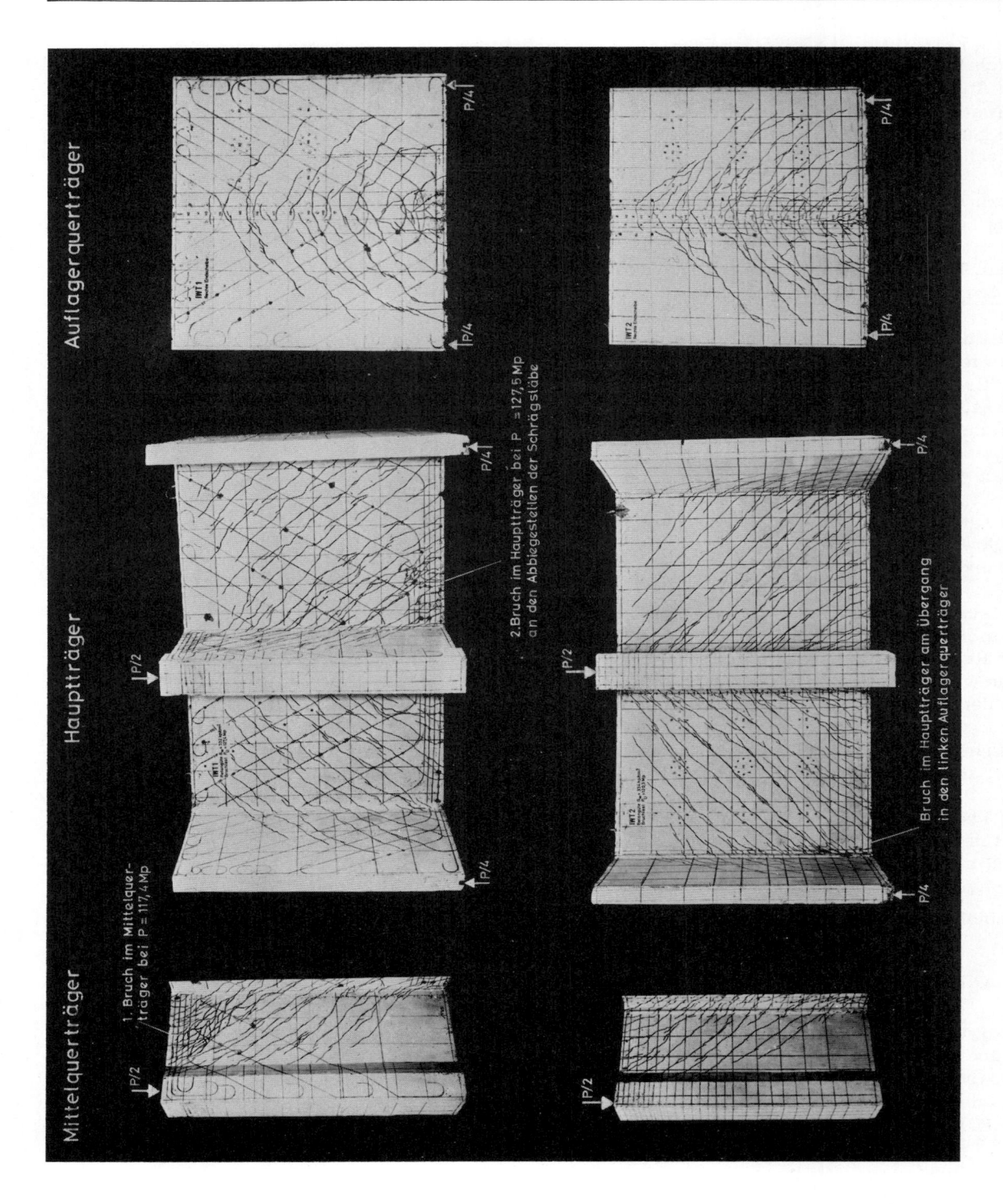

Bild 2.28 Versuchsträger IWT 1 mit aufgebogenen Stäben nach dem Bruch unter $P_U = 127,5$ Mp [24]

Bild 2.29 Versuchsträger IWT 2 mit nur geraden Stäben nach dem Bruch unter $P_U = 120$ Mp [24]

2.4 Wandträger im Zustand II im Hinblick auf die Bemessung

Die Bewehrung war bei IWT 1 orthogonal (x- und y-Richtung) mit einer erheblichen Zahl zusätzlicher unter $\sim 60^\circ$ aufgebogener Stäbe als Teil der nach Vorlesg. I. Teil, Abschn. 8.4.2.3) nötigen Aufhängebewehrung für die Knotenkraft.

Bei IWT 2 war die gesamte Bewehrung horizontal und vertikal, die Aufhängebewehrung bestand aus Bügeln.

Die Rißbilder (Bild 2.28 und 2.29) zeigen keinen großen Unterschied. Bei IWT 1 trat der Bruch an der Aufbiegestelle eines aufgebogenen Stabes $\emptyset$ 8 mm trotz Biegerollendurchmesser $d_B = 15\,\emptyset$ durch Spalten des Betons bei $P_U = 127,5$ Mp ein, was mit schrägen Bügeln leicht vermieden werden kann. Bei IWT 2 versagte die Hauptträgerscheibe unten am indirekten Auflager im Querträger bei $P_U = 120$ Mp auf Druck, weil die Druckstrebenkräfte lt. Fachwerkanalogie mit lotrechten Bügeln größer werden als bei schrägen Aufhängestäben.

Das wesentliche Ergebnis dieser Versuche ist aus den Rißbildern der Auflager-Querscheiben abzulesen, die ganz denen von Wandträgern mit unten angehängter Last gleichen. Die Risse sind gewölbeartig, in der Mitte also waagerecht. Dies bedeutet, daß der Hauptträger seine Last bevorzugt über die unteren Druckstreben an die Querscheibe abgibt und damit auch bei Wandträgern eine Aufhängebewehrung für die volle Last erforderlich ist.

Dieses Ergebnis rührt daher, daß Druckstrebensysteme viel steifer sind als Hängewerke und damit die Kräfte bevorzugt aufnehmen müssen. Um den großen Einfluß der Steifigkeiten anschaulich zu machen, vergleichen wir die Steifigkeiten der in Bild 2.30 dargestellten Spreng- und Hängewerke mit veränderlicher Schubschlankheit a/h.

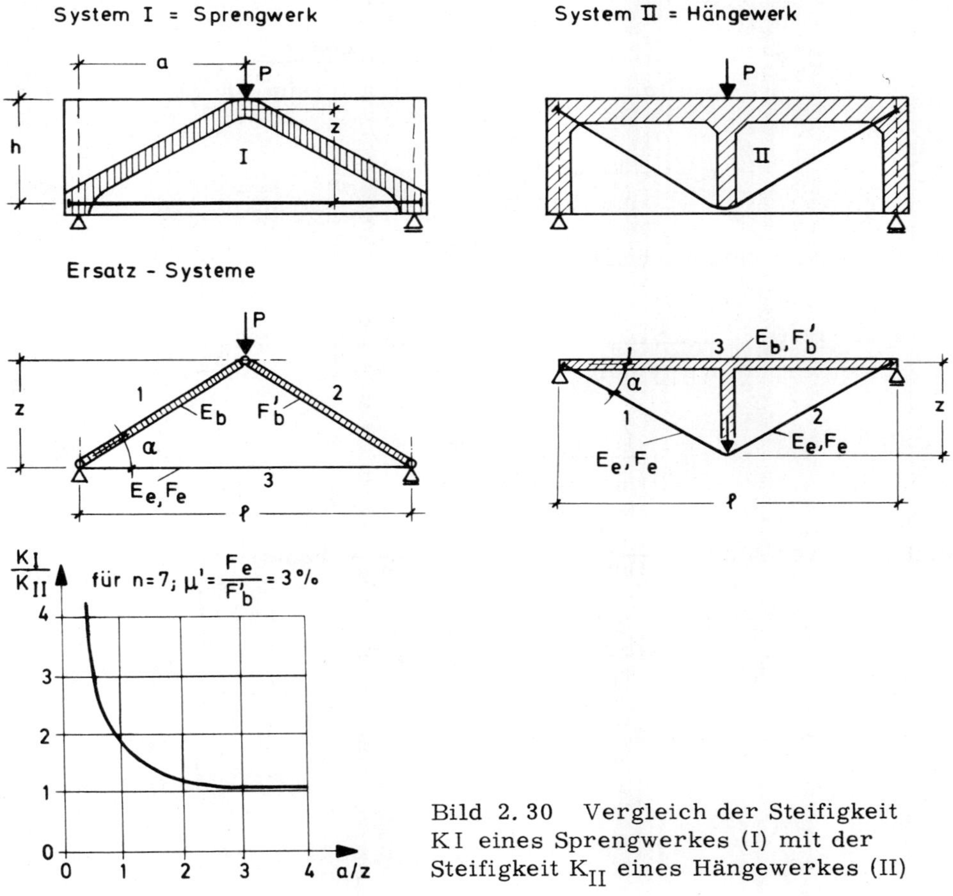

Bild 2.30 Vergleich der Steifigkeit K_I eines Sprengwerkes (I) mit der Steifigkeit K_{II} eines Hängewerkes (II)

Dabei wurde vorausgesetzt, daß die Querschnitte der Druckglieder (F_b') bzw. der Zugglieder (F_e) bei beiden Systemen jeweils gleich groß sind. Es wird eingeführt $\mu' = F_e/F_b'$. Die Rechnung wird kurz wiedergegeben:

Längen:

$$s_3 = \ell = 2z \cot \alpha \qquad a = \frac{1}{2} \cdot \ell$$

$$s_1 = s_2 = \frac{z}{\sin \alpha} \qquad \frac{a}{z} = \cot \alpha$$

Kräfte:

$$S_1^o = S_2^o = \frac{P}{2 \sin \alpha} ; \qquad S_1^1 = S_2^1 = \frac{1}{2 \sin \alpha}$$

$$S_3^o = \frac{P}{2} \cot \alpha \qquad S_3^1 = -\frac{1}{2} \cot \alpha .$$

Durchbiegung unter P (in System II ist Zusammendrückung des Pfostens unter P vernachlässigt)

$$\delta_P = \Sigma \frac{S^o \cdot S^1}{E \cdot F} \cdot s .$$

Für System I

$$\frac{\delta_P}{P} = 2 \cdot \frac{1}{4 \sin^2 \alpha} \cdot \frac{z}{\sin \alpha} \cdot \frac{1}{E_b F_b'} + \frac{1}{4} \cot^2 \alpha \cdot 2z \cot \alpha \cdot \frac{1}{E_e F_e}$$

$$\frac{2 \delta_P}{P \cdot z} E_b F_b' = \frac{1}{\sin^3 \alpha} + \frac{\cot^3 \alpha}{n \cdot \mu'} = \frac{1}{\sin^3 \alpha} + \frac{\cos^3 \alpha}{n \mu' \sin^3 \alpha}$$

$$\varphi_I = \frac{n \mu' + \cos^3 \alpha}{n \mu' \sin^3 \alpha}$$

Für System II entsprechend:

$$\frac{2 \delta_P}{P \cdot z} E_b F_b' = \frac{1}{n \mu' \sin^3 \alpha} + \cot^3 \alpha = \frac{1}{n \mu' \sin^3 \alpha} + \frac{\cos^3 \alpha}{\sin^3 \alpha}$$

$$\varphi_{II} = \frac{1 + n \mu' \cos^3 \alpha}{n \mu' \sin^3 \alpha}$$

Steifigkeitsverhältnis = $\dfrac{1}{\text{Durchbieg.-Verhältnis}}$ gesetzt:

$$\frac{K_I}{K_{II}} = \frac{\varphi_{II}}{\varphi_I} = \frac{1 + n \mu' \cos^3 \alpha}{n \mu' + \cos^3 \alpha} .$$

2.5 Bemessungsregeln für Wandträger

Die Auswertung für n = 7, $\mu' = 3\%$, $n\mu' = 0,21$ ($\mu' = 3\%$ entspricht etwa $\mu = \frac{F_e}{bh} \approx 1\%$) ergibt die Kurve in Bild 2.30, die recht gut mit experimentell gefundenem Verlauf übereinstimmt.

Bei indirekten Wandanschlüssen haben wir $a/d \approx 0,5$ zu betrachten, dafür wird $K_I/K_{II} \approx 4$, d.h. selbst mit kräftiger geneigter Bewehrung könnte nur rund 1/4 A der Auflagerkraft oben abgegeben werden, so daß die Aufhängebewehrung immer noch für 3/4 A bemessen werden müßte.

2.5 Bemessungsregeln für Wandträger

Die folgenden einfachen Bemessungsregeln ergeben zusammen mit den Bewehrungs-Richtlinien im III. Teil der Vorlesg. ausreichende Tragfähigkeit, ohne daß sonstige Spannungen nachgerechnet werden müßten. Insbesondere ist bei Wandträgern kein "Schubnachweis" wie bei schlanken Balken nötig, also auch keine Ermittlung τ, weil die aufnehmbaren Querkräfte durch die steilen Hauptdruckspannungen nahe an den Auflagern bestimmt werden, für die es genügt, mit Näherungswerten Grenzen einzuhalten. Die Bemessung kann jeweils für Gebrauchslast oder für erforderliche Traglast durchgeführt werden. Sie wird hier für die Traglast angegeben, wobei zur Ermittlung des Bewehrungsquerschnitts F_e der Stahl in der Regel mit seiner Streckgrenze jedoch mit nicht mehr als 4200 kp/cm² Festigkeit eingeführt werden sollte.

2.5.1 Ermittlung der Zuggurtkräfte

Einfeldrige wandartige Träger

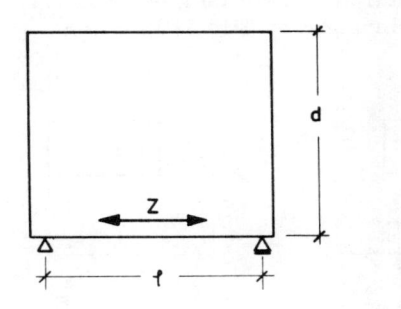

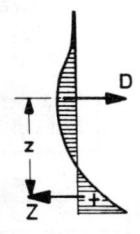

Bild 2.31 Bezeichnungen zur Anwendung der Näherungsgleichungen bei Einfeldträgern

$$Z_U = \frac{\max M_U}{z} \text{ mit max } M_U \text{ nach der Balkentheorie für } \nu\text{-fache Last.}$$

Für den Hebelarm gilt zur Anpassung an die von den Verhältnissen in schlanken Balken abweichenden Schnittgrößen

bei $2 > \ell/d > 1 : z = 0,15\, d\, (3 + \ell/d)$

$\ell/d \leq 1 : z = 0,6\, \ell$ (2.1)

Zweifeldrige wandartige Träger

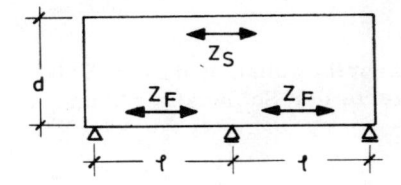

Bild 2.32 Bezeichnungen zur Anwendung der Näherungsgleichungen bei Zwei- und Mehrfeldträgern

$$Z_{F,U} = \frac{\max M_{F,U}}{z_F} \quad ; \qquad Z_{S,U} = \frac{\min M_{S,U}}{z_S}$$

mit $\max M_{F,U}$ und $\min M_{S,U}$ nach der Balkentheorie für ν-fache Last.

Für die Hebelarme z_F und z_S gilt einheitlich:

bei $2,5 > \ell/d > 1$: $\quad z_F = z_S = 0,10\, d\, (2,5 + 2\, \ell/d)$

$\ell/d \leq 1$: $\quad z_F = z_S = 0,45\, \ell$

(2.2)

Mehrfeldrige wandartige Träger:

Für **Endfelder** und die ersten Innenstützen gelten die für Zweifeldträger angegebenen Näherungen.

Für **Innenfelder** sind mit

$$Z_{F,U} = \frac{\max M_{F,U}}{z_F} \quad ; \qquad Z_{S,U} = \frac{\min M_{S,U}}{z_S}$$

nach Balkentheorie bei ν-fachen Lasten für die Hebelarme die Werte

bei $3 > \ell/d > 1$: $\quad z_F = z_S = 0,15\, d\, (2 + \ell/d)$

$\ell/d \leq 1$: $\quad z_F = z_S = 0,45\, \ell$

(2.3)

zu verwenden.

Für die je nach Schlankheit recht unterschiedliche Verteilung der aus Z_S über Zwischenstützen sich ergebenden Bewehrung gibt Bild 2.33 einen Anhalt.

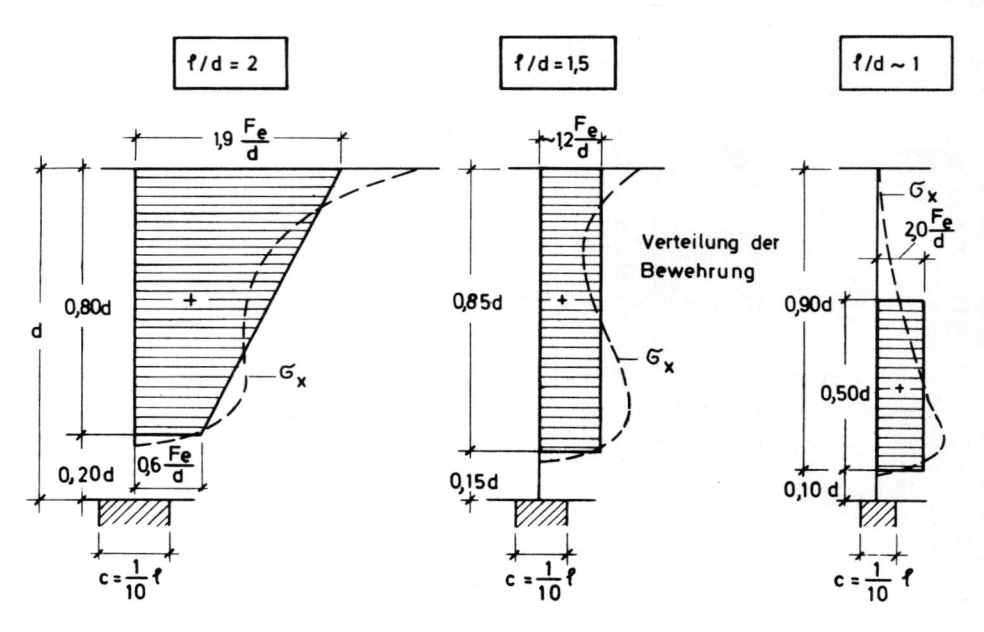

Bild 2.33 Anhalt für die Verteilung der Zuggurtbewehrung **ü b e r S t ü t - z e n** mehrfeldriger Träger. Für Zwischenwerte der Schlankheit kann grob interpoliert werden.

2.5 Bemessungsregeln für Wandträger

Einfluß von Stützenverstärkungen und von mittelbarer Stützung auf die Zuggurtkraft

Bei Wandträgern, die in Stützen, Lisenen oder Querwänden enden, wird die Größe der Gurtkraft im Feld je nach der Steifigkeit und Höhe des begleitenden Stützprofils bis zu etwa 30 % verkleinert, dafür wird die Höhe der Zugzone im Feld bis zu 70 % vergrößert. Es wird empfohlen, diese Zugbewehrung wie für unmittelbare Stützung zu bemessen, sie aber auf eine größere Höhe zu verteilen. Diese Bewehrungen müssen an Randstützen besonders gut verankert werden.

2.5.2 Begrenzung der Hauptdruckspannungen

Die theoretisch ermittelte Hauptdruckspannung σ_{II} kann in der Nähe der Auflager infolge der von der Richtung der σ_I abweichenden Bewehrungsrichtung und durch die bei Rißbildung entstehende Umlagerung innerer Kräfte erheblich überschritten werden.

Ein Nachweis der σ_{II} erübrigt sich, wenn bei unmittelbarer Lagerung die Auflagerpressung, gleichmäßig verteilt angenommen, für die 2,1-fache Gebrauchslast die folgenden Werte nicht überschreitet:

am Endauflager: $\quad p_U \leqq 0,8 \, \beta_R \qquad$ (2.4)

bei Innenstützen: $\quad p_U \leqq 1,2 \, \beta_R \quad$ (zweiachsiger Druck)

Voraussetzung ist, daß die Auflagerzone durch Bügel nahe am Auflager umschlossen ist und nicht durch Spaltwirkung stehender Haken oder dicker Stäbe gestört wird.

Die Pressung p_U ergibt sich aus dem ν-fachen Auflagerdruck, der im allgemeinen wie bei schlanken Balken ermittelt wird:

$$\text{vorh } p_U = \frac{2,1 \, A}{c \cdot b} \qquad (2.5)$$

mit c = Auflagerlänge und b = Scheibendicke. Die anzusetzende Auflagerlänge c darf aber nicht größer als 1/5 der kleineren benachbarten Stützweite eingesetzt werden. Ist zwischen Stütze und Wandscheibe eine Deckenplatte o. ä. vorhanden, dann darf in dieser zur Vergrößerung von c eine Kraftausbreitung unter 45° in Richtung der Scheibe (also nicht für die Breite b anwendbar) angenommen werden.

Sind Stützenverstärkungen (Lisenen) oder sonstwie mittelbare Lagerung vorhanden, dann ist p_U nach Gl. (2.5) kein Maß mehr für die Größe der in der Scheibe wirkenden Hauptdruckspannung σ_{II}. Zur Aufstellung einer Näherungslösung wird in solchen Fällen, die sich aus der Balkentheorie ergebende Querkraft Q_U herangezogen. Sie darf am Scheibenanschluß folgenden Wert nicht überschreiten:

$$\max Q_U = 0,19 \, d \, b \, \beta_R \, \frac{\ell}{\ell - c} \qquad (2.6)$$

Bei Schlankheiten $\ell/d < 1$ ist in Gl. (2.6) für d die Länge ℓ einzusetzen.

2.5.3 Aufhängebewehrung für unten angreifende Lasten

Werden Wandträger am unteren Rand oder in ihrer Fläche unterhalb der in Bild 2.6 gezeigten Begrenzungslinie mit dem Stich $0,5\,d < 0,5\,\ell$ durch Gleichlast p oder Einzellasten P beansprucht, dann müssen für diese Lasten $\nu \Sigma P$ Aufhängebewehrungen angeordnet werden. (Darin ist das unter der Begrenzungslinie anfallende Eigengewicht der Scheibe eingeschlossen.) - vgl. Bild 2.34.

Bei kleinen oder über die Länge ℓ gleichmäßig verteilten Lasten (Bild 2.34 a) wählt man lotrechte Bügelbewehrungen mit dem Querschnitt

$$\Sigma F_e = \frac{\Sigma P}{\beta_S / \nu} \qquad (2.7)$$

Für große Einzellasten (z.B. Last einer mittelbar gelagerten Wand) sind Bügel oder Schrägstäbe mit $\alpha = 50°$ bis $60°$ Neigung zweckmäßig (Bild 2.34 b). Für sie gilt

$$F_{e,re} = F_{e,li} = \frac{P}{2 \sin \alpha \, \beta_S / \nu} \qquad (2.8)$$

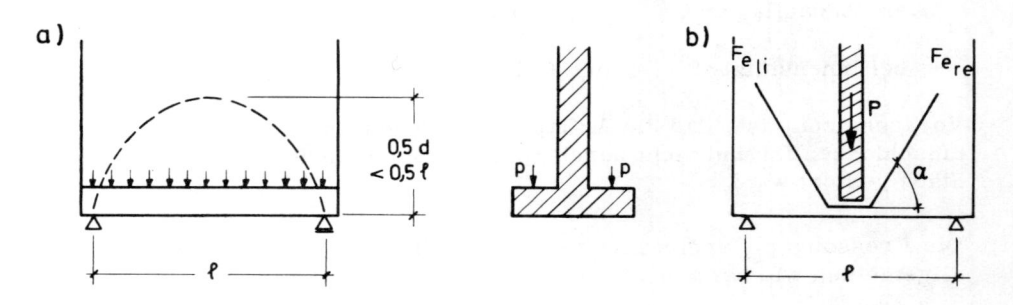

Bild 2.34 Lasten, die durch Aufhängebewehrung im oberen Teil der Wandscheibe verankert werden müssen

2.5.4 Netzbewehrung in der Scheibe

Die Wandträger sollen außerhalb der Zonen mit der nach vorstehenden Regeln bemessenen Bewehrungen nahe an beiden Scheibenflächen eine Netzbewehrung von wenigstens 0,15 % des Betonquerschnitts in jeder Richtung erhalten, um die durch die Gurtbewehrungen nicht voll erfaßten vorwiegend schief verlaufenden (geringeren) Zugspannungen aufzunehmen und um etwaige Risse fein zu halten.

2.5.5 Modellvorstellung und Bemessung nach Nylander, Schweden

Ausgehend von Beobachtungen an Versuchen beschreiben H. und J.O. Nylander (Stockholm) in [31] sehr klar die Wirkungsweise mehrfeldriger wandartiger Träger im Zustand II und machen für Durchlaufträger mit $\ell/d \geq 1$ folgenden Bemessungsvorschlag:

Die Lasten werden entsprechend den Systemen nach Bild 2.35 in 3 Bereichen abgetragen (vereinfachende Annahme).

Bereich 1   Lasten fließen direkt in die Stütze, im Einleitungsbereich der Auflagerkraft ist Spaltzugbewehrung erforderlich.

2.6 Spannungen in Konsolen und auskragenden Scheiben

Bereich 2 Sprengwerk ("Doppelkonsole") mit Zugband am oberen Rand

Bereich 3 Bogen mit unten liegendem Zugband (Feldbewehrung)

Bei unten angehängter Last sind in den Bereichen 2 und 3 Aufhängebügel bis zum oberen Rand anzuordnen.

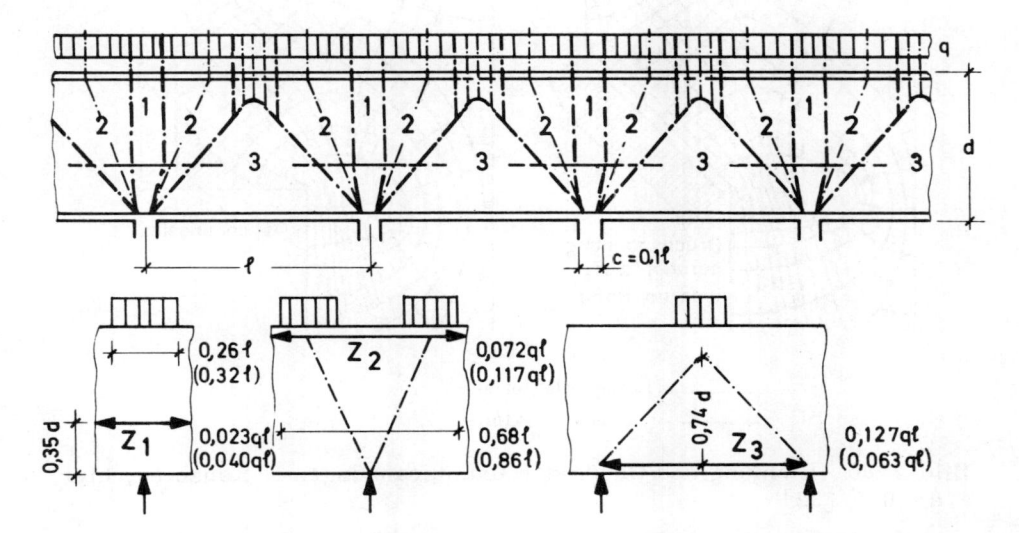

Bild 2.35 Gedankenmodell zur Lastabtragung bei wandartigen Durchlaufträgern nach H. und J.O. Nylander [31]; Beispiele für Gleichlast von oben bei $\ell/d = 1,5$ und $c/\ell = 0,1$. Zahlenangaben für Z_1 und Z_2 in Abhängigkeit vom gewählten $Z_3 = 0,127\,q\ell$ und (in Klammern) für $Z_3 = 0,063\,q\ell$.

Die Verteilung der Zugkräfte im Zustand II kann durch die Wahl von Größe und Lage der Bewehrungen stark beeinflußt werden. Die Ausdehnung der Bereiche 1 und 2 hängt dann von der Größe der gewählten Feldbewehrung (für Z_3) ab. In Bild 2.35 sind beispielhaft zwei mögliche Aufteilungen für den Fall Gleichlast von oben bei $\ell/d = 1,5$ und $c/\ell = 0,1$ angegeben.

Auch Nylander betont, daß eine Schubbewehrung, wie sie bei schlanken Balken anzuordnen ist, bei wandartigen Trägern nicht erforderlich ist.

2.6 Spannungen in Konsolen und auskragenden Scheiben

Konsolen sind in Karlsruhe von G. Franz und H. Niedenhoff [32] und anschließend von A. Mehmel und W. Freitag [33] theoretisch und experimentell untersucht worden. Daraus ist zu entnehmen:

Bei Stahlbetonkonsolen ist es zweckmäßig, die Höhe der Konsolen d größer zu machen als die Kragweite ℓ, deshalb wurden bevorzugt Konsolen mit $\ell : d = 0,6$ bis $0,5$ untersucht.

Die Trajektorien der Hauptspannungen der aus einer kräftigen Stütze ohne Auflast auskragenden Konsole mit einer Einzellast im Abstand $a = 0,5\,d$ zeigt Bild 2.36. Bei rechteckiger Form bleibt die äußere, untere Ecke der Konsole fast spannungslos, weil die Konsole die Last über einen Zuggurt und eine schräge Druckstrebe trägt.

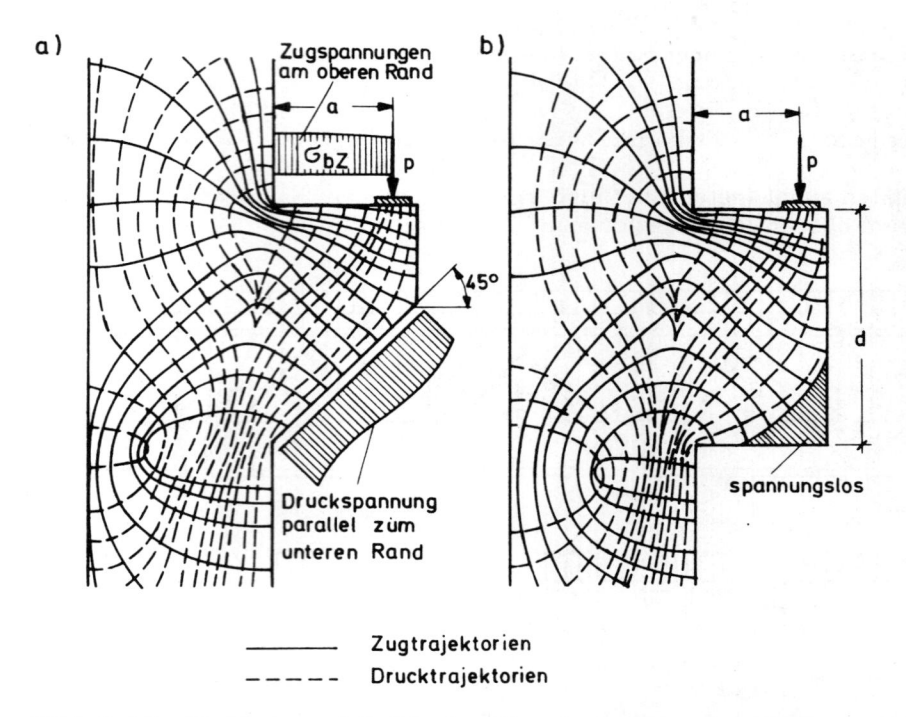

Bild 2.36 Richtung und Größe der Hauptspannungen in Konsolen, hier a/d = 0,5 [32]

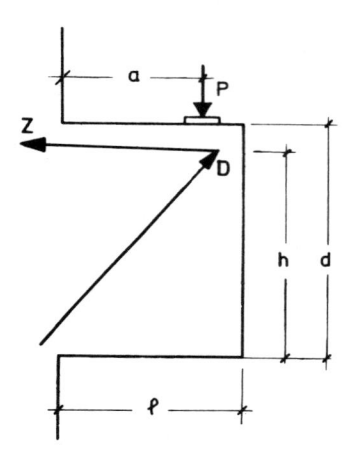

Bild 2.37 Die Hauptzug- und Hauptdruckspannungen können in Konsolen zu Kräften Z und D zusammengefaßt werden (gültig für 1 > a/d > 0,5)

Die Zugspannungen σ_x sind oben auf die ganze Länge a fast konstant, d.h. die Zuggurtkraft bleibt zwischen Lastangriff und Einspannstelle gleich groß. Die Druckstrebe drängt sich an der unteren Ecke zusammen, die σ_{II} sind stark geneigt, so daß dort die σ_x kein Maß der Beanspruchung geben und nur die Druckspannungen σ_{II} maßgebend sind; sie sind im Zustand I größer als die oberen Zugspannungen $\sigma_I \approx \sigma_x$. Die Hauptzug- und Hauptdruckspannungen können zu Kräften (Bild 2.37) zusammengefaßt werden.

In der unbelasteten Stütze entsteht an der Einspannstelle oben steiler Zug, weil die Stütze den Druckstreben-Verkürzungen folgen muß. Diese Zugspannungen werden in praktischen Fällen in der Regel von den Stützen-Druckspannungen infolge der Lasten über der Konsole überdrückt.

Eine dem Kraftfluß angepaßte Konsolform zeigt Bild 2.38. In der Regel werden jedoch aus gestalterischen Gründen und zur Vereinfachung der Herstellung rechteckige Konsolen gewählt.

2.6 Spannungen in Konsolen und auskragenden Scheiben

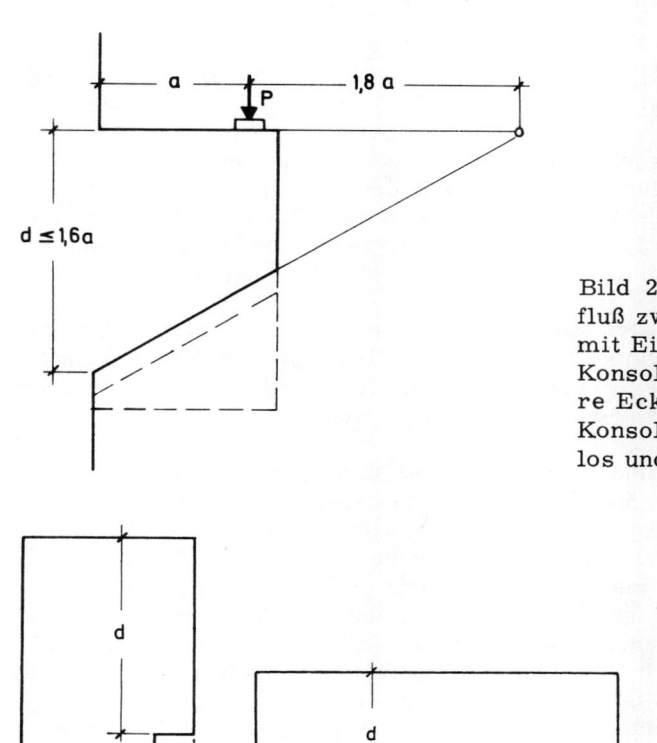

Bild 2.38 Für den Kraftfluß zweckmäßige Form einer mit Einzellast P belasteten Konsole. Die vordere untere Ecke einer rechteckigen Konsole ist fast spannungslos und damit ohne Wirkung.

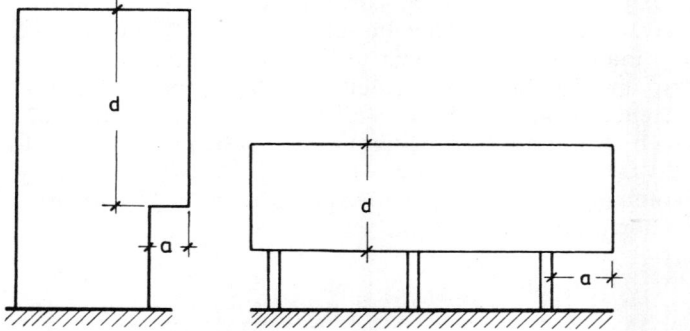

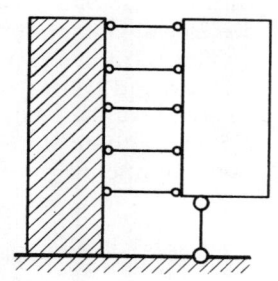

Bild 2.39 Verschiedene Arten im Hochbau vorkommender auskragender Wandscheiben

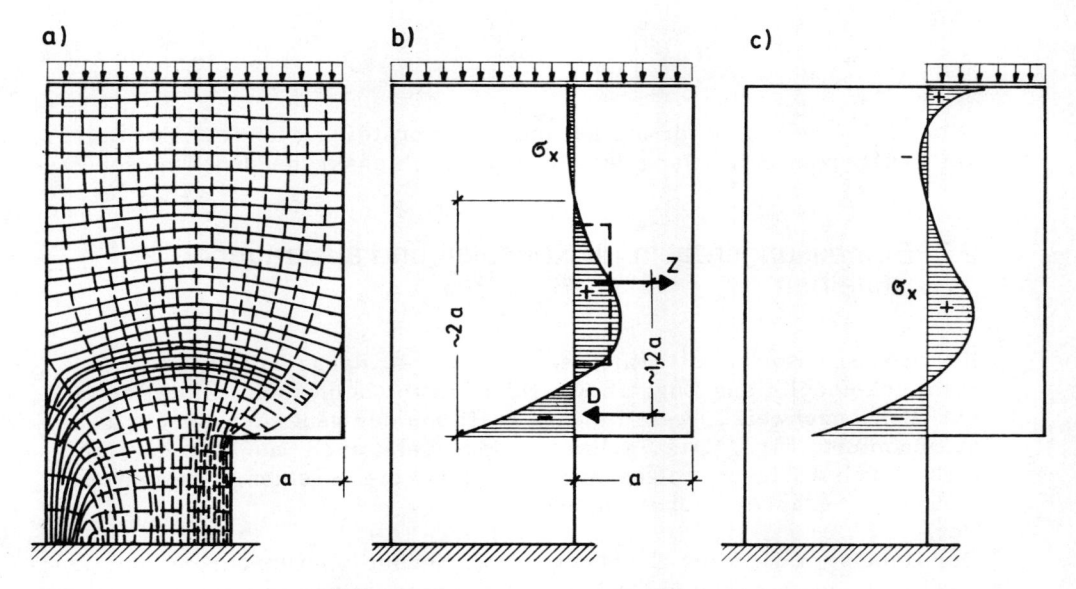

Bild 2.40 Hauptspannungstrajektorien in einer auskragenden hohen Wandscheibe unter Gleichlast q und Verlauf der Zugspannungen σ_x im Schnitt über der einspringenden Ecke bei Vollbelastung und bei Belastung, die sich auf den auskragenden Teil der Wand beschränkt.

Auskragende Scheiben gibt es mit unterschiedlicher Form und Art der Stützung (Bild 2.39), die natürlich Einfluß auf den Verlauf der inneren Kräfte haben.

Bild 2.40 zeigt die Trajektorien der Hauptspannungen einer im Boden starr eingespannten Scheibe mit auskragendem Wandteil und die Verteilung der σ_x, die derjenigen des mehrfeldrigen Wandträgers über einer Zwischenstütze ähnlich ist. Wird nur die Kragscheibe belastet, dann entsteht oben eine zweite Zugzone.

Die Zugzone erstreckt sich auf eine Höhe von rund 1,4 a über 0,6 a vom unteren Rand, d.h. nur eine Höhe $d' = 2 a$ beteiligt sich an der Aufnahme des Kragmomentes. Der Hebelarm der inneren Kräfte kann zur Bemessung von Z mit etwa 1,2 a angenommen werden, wenn $d > 2 a$ ist.

Für andere Stützungs- und Belastungsarten kann man sich den Verlauf der inneren Kräfte mit dem hier dargelegten Verhalten der Scheiben zurechtlegen und die Bemessung über Fachwerke, Gewölbe mit Zugband oder dergl. als Modellvorstellung genügend genau vorbereiten. Beispiele zeigt Bild 2.41. Dabei kann man die inneren Kräfte im Zustand II noch durch die Bewehrungsführung und die Bemessung der Bewehrung beeinflussen. Starke Bewehrungen ziehen Kräfte an. Die Verteilung der inneren Kräfte im Zustand II stellt sich so ein, daß das Gesetz vom Minimum der Formänderungsarbeit erfüllt ist. Dies zeigt der Norweger T. Hagberg in [34], der mit seiner Untersuchung half, den jahrelangen Streit zu klären, ob in Konsolen Schrägstäbe nötig sind oder nicht.

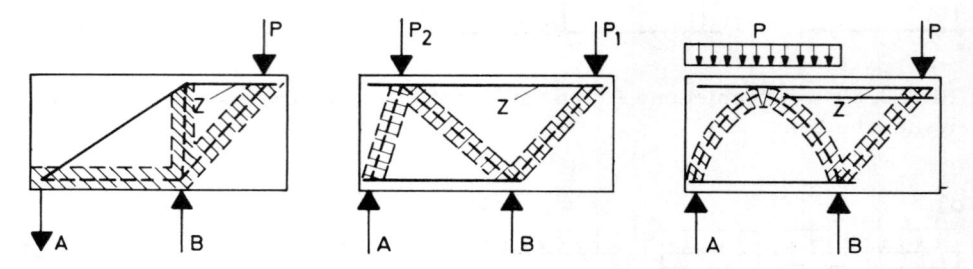

Bild 2.41 Beispiele für die gedankliche Vorstellung innerer Fachwerke zur genäherten Ermittlung der Zugkraft Z in auskragenden Wandscheiben

2.7 Bemessungsregeln für Konsolen und auskragende Scheiben

Konsolen werden mit Hilfe des in Bild 2.42 dargestellten einfachen Stabwerkmodells aus Zugstab und Druckstrebe bemessen. Damit entfällt ein "Schubnachweis", weil die Querkraft von der geneigten Druckstrebe aufgenommen wird. Das Fachwerkmodell zeigt auch, daß der Zugstab nicht durch Abbiegungen geschwächt und daß die zugehörige Bewehrung sorgfältig verankert werden muß.

Der Hebelarm wird zur Erhöhung der Sicherheit vom Innenrand der Druckstrebe als ungünstigstem Drehpunkt an gemessen und mit $z = 0,8 h$ etwas zu klein angenommen. Bei der Abschätzung von h ist zu beachten, daß im Zuggurt oft mehrere Bewehrungslagen vorhanden sind! Konsolen mit $d/a > 2$ sollten wie solche mit $d = 2 a$ bzw. $h \approx 2 a$ bemessen werden.

Aus Bild 2.42 ergibt sich mit $\tan \alpha = a/z = Z_P/P$

$$Z_{P,U} = \frac{\nu \cdot P \cdot a}{0,8 h} \geq \frac{\nu \cdot P}{1,6}.$$

2.7 Bemessungsregeln für Konsolen und auskragende Scheiben

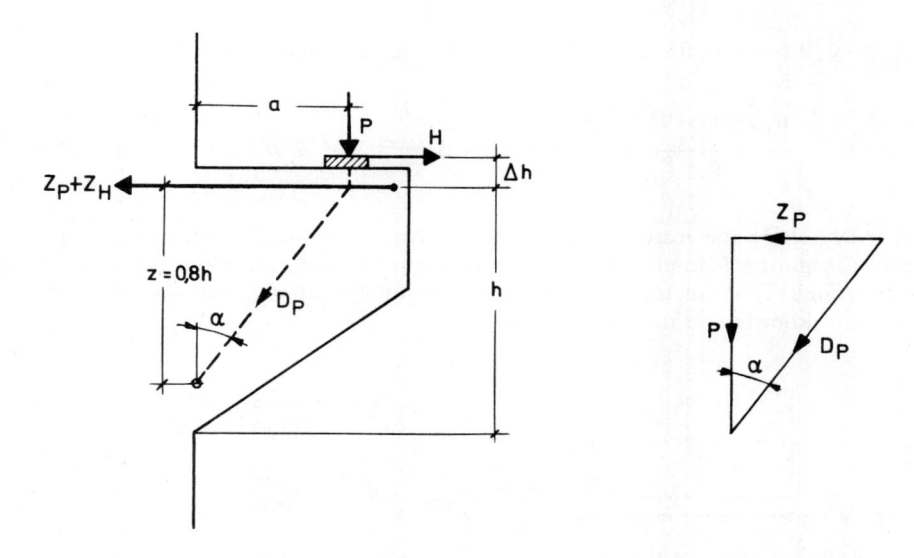

Bild 2.42 Bestimmung der Zugkraft Z_U einer Konsole mit Hilfe eines einfachen Stabfachwerkes

Dabei ist $\nu = 1,75$ einzusetzen (Stahlversagen).

An Konsol-Auflagern wirkt fast immer zusätzlich zur lotrechten Last P auch eine Horizontalkraft H aus Lagerwiderständen oder Zwang der aufgelagerten Träger. H greift ungünstigstenfalls mit einem um Δh vergrößerten Hebelarm an. Aus dem Krafteck folgt daraus

$$Z_{H,U} = \nu \cdot H \left(1 + \frac{\Delta h}{0,8\,h}\right).$$

Näherungsweise kann gesetzt werden:

$$Z_{H,U} = 1,1 \, \nu \cdot H$$

womit sich für gleichzeitig wirkende Gebrauchslasten P und H ergibt:

$$Z_U = 2,2 \, P \frac{a}{h} + 2,0 \, H \qquad (2.9)$$

Versuche zeigten, daß die im oberen Viertel von h angeordneten horizontalen Bügel auf die Gurtbewehrung aus Gl. (2.9) angerechnet werden können.

Die D r u c k s t r e b e kann aufgenommen werden, wenn die Dicke b der Konsole oder der Kragscheibe so bemessen ist, daß bei ν-facher Last der Beton nicht auf Druck versagt. Für diesen Nachweis nehmen wir an, daß die Betonspannung in der Druckstrebe die Größe $0,95 \, \beta_R$ bei Ansatz eines rechteckigen Spannungsblocks erreichen darf. Der Querschnitt der Druckstrebe wird zu $b \cdot c$ mit $c = 0,2\,h$ angenommen. Für die Ermittlung der Kraft D in der Druckstrebe verwenden wir das Krafteck nach Bild 2.43 mit $z = 0,9\,h$ und $\nu = 2,1$ für Betonbruch. (Hier wird also der Hebelarm z von der Mitte der Druckstrebe an gemessen und damit größer als in Bild 2.42). h darf auch hier nicht größer als 2 a eingesetzt werden.

Es ergibt sich

$$\nu D \cdot x = \nu P \cdot a + \nu H \cdot \Delta h.$$

Mit $_\mathrm{v}D \leq 0,2\,hb \cdot 0,95\,\beta_R$ und x aus Bild 2.43 erhält man

$$\text{erf } b \approx \frac{6,2\,(P + H\,\frac{\Delta h}{a})}{h \cdot \beta_R}\,(1,6 + a/h) \text{ mit } h \leq 2\,a \qquad (2.10)$$

Wird die Druckstrebe einer abgeschrägten Konsole durch horizontal eng und über die ganze Konsolenhöhe verteilte, rückwärts voll verankerte Bügel umschnürt, dann tritt kein schlagartiger Bruch ein und der Sicherheitsbeiwert könnte ermäßigt werden.

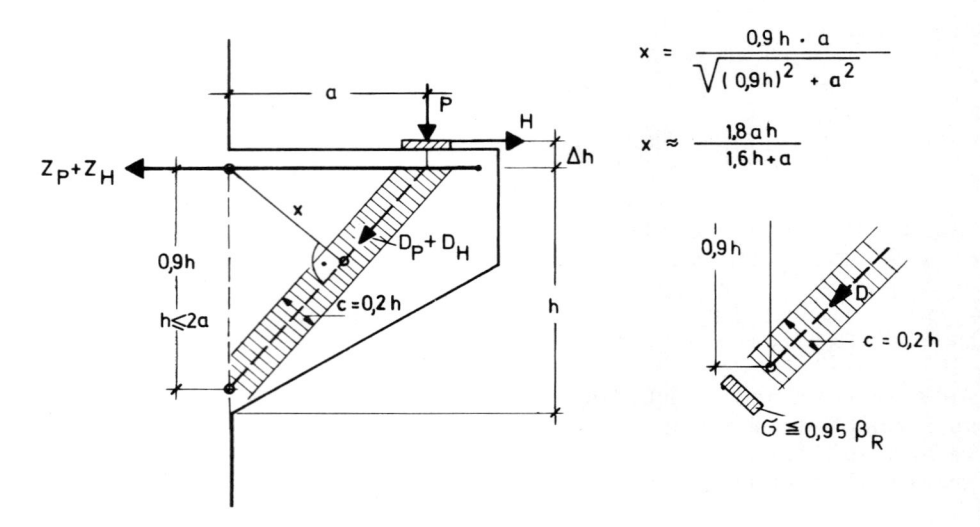

Bild 2.43 Annahmen über die Abmessung und Lage der Druckstrebe in einer Konsole

Aus Gl. (2.10) kann man mit $z \sim 0,85\,h$ eine fiktive "Schubspannung" bei Vernachlässigung von H anschreiben:

$$\tau = \frac{P}{b \cdot z} = \frac{\beta_R}{6,2\,(1,6 + a/h) \cdot 0,85}\,.$$

Für $a/h = 1$ ist $\tau = \beta_R/13,5$, für $a/h = 0,5$ ist $\tau = \beta_R/11$. Diese Werte lassen sich mit denen der Tafel 14 in DIN 1045 vergleichen. Sie liegen etwas niedriger als τ_{o2} (bei Bn 250 und Bn 350: $\tau_{o2} \sim \beta_R/10$). Es ist also auf keinen Fall vertretbar, Konsolen mit $\tau = P/bz$ bis zu τ_{o3} zu beanspruchen!

Mittelbar an der Konsole gelagerte oder unten angehängte Lasten bedingen eine Aufhängebewehrung, mit der Belastungszustände wie in Bild 2.42 und 2.44 hergestellt werden - siehe hierzu auch Bewehrungsrichtlinien für Konsolen in Vorlesung III. Teil.

Bei mittelbar eingetragenen Lasten kann bei größeren Abmessungen auch eine Schrägbewehrung sinnvoll sein. Für den in Bild 2.44 dargestellten Fall eines an einer Konsole mittelbar gelagerten Durchlaufträgers kann man 60 % der Auflagerreaktion A des Trägers mittels Aufhängebewehrung als oben aufgebracht betrachten. Damit ist die Aufhängebewehrung nach Bild 2.44 für 0,6 A und die Zuggurtbewehrung der Konsole für $P = 0,6\,A$ nach Gl. (2.9) zu bemessen. Zur Erhöhung der Sicherheit werden auch 60 % der Auflagerlast A als unten eingeleitet und durch Schrägbewehrung F_{eS} und eine waagerechte Druckstrebe D_W aufgenommen betrachtet. Aus dem zugehörigen Krafteck folgt:

2.7 Bemessungsregeln für Konsolen und auskragenden Scheiben

$$D_w = \frac{a}{0,8\,h} \cdot 0,6\,A \quad ; \quad Z_s = \sqrt{D_w^2 + (0,6\,A)^2} \quad ;$$

und damit

$$F_{es} = \frac{Z_s}{\beta_S/\nu} \sim 0,6\,A\sqrt{1 + 1,55\left(\frac{a}{h}\right)^2} \tag{2.11}$$

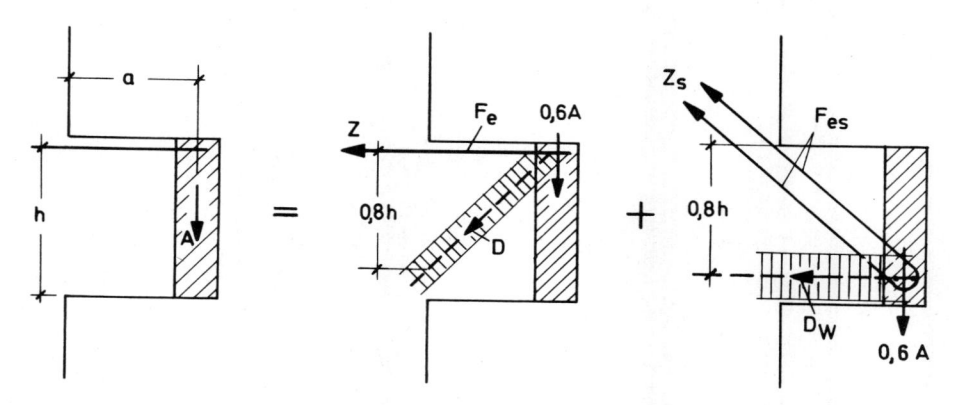

Bild 2.44 Bei Anordnung von Schrägbewehrung in Konsolen mit mittelbar gelagerten Trägern können zur Bemessung 60 % der Auflagerkraft des Trägers als "Last von oben" der horizontalen Zuggurtbewehrung und weitere 60 % der Last als "angehängt" der Schrägbewehrung zugewiesen werden.

3. Einleitung konzentrierter Lasten oder Kräfte

3.1 Beschreibung des Spannungsverlaufes

Konzentrierte (auf verhältnismäßig kleiner Fläche pressende) Lasten oder Kräfte wirken meist von außen auf die Tragwerke (Radlasten, Stützenlasten, Auflagerkräfte, Ankerkräfte bei Spanngliedern für Spannbeton usw.). Zur Kostenminderung werden dabei Lager- oder Ankerplatten klein gewählt unter Ausnützung hoher zulässiger Pressungen. Diese von außen angreifenden Pressungen p breiten sich im Körper des Tragwerkes aus und erzeugen ein System von Hauptspannungen σ_I, σ_{II} und σ_{III} mit quer zur Kraftrichtung wirkenden Zug- und Druckkomponenten, bis nach einer gewissen Einleitungslänge ℓ_e (in Kraftrichtung) eine geradlinige bzw. ebene Spannungsverteilung (geradlinige σ_x-Diagramme) auf den Querschnitt $b \cdot d$ des Körpers erreicht ist. Dieser Einleitungsbereich wird auch St.-Venant'scher Störbereich genannt; in ihm können Spannungen nicht mit den Regeln der technischen Biegelehre berechnet werden.

Der Spannungsverlauf wird am besten durch die Hauptspannungstrajektorien (Richtung der σ_I, σ_{II} und σ_{III}) veranschaulicht, wobei man sich auf Darstellungen in den x-z und x-y-Ebenen (Bild 3.1) beschränkt. Für Tragwerke aus Beton müssen dabei besonders die Zugspannungen quer zur Kraftrichtung beachtet werden, die **Spaltzugspannungen** (bursting stresses) genannt und aus denen resultierende **Spaltzugkräfte**, oder kürzer **Spaltkräfte**, ermittelt werden. Diese sind durch Bewehrung

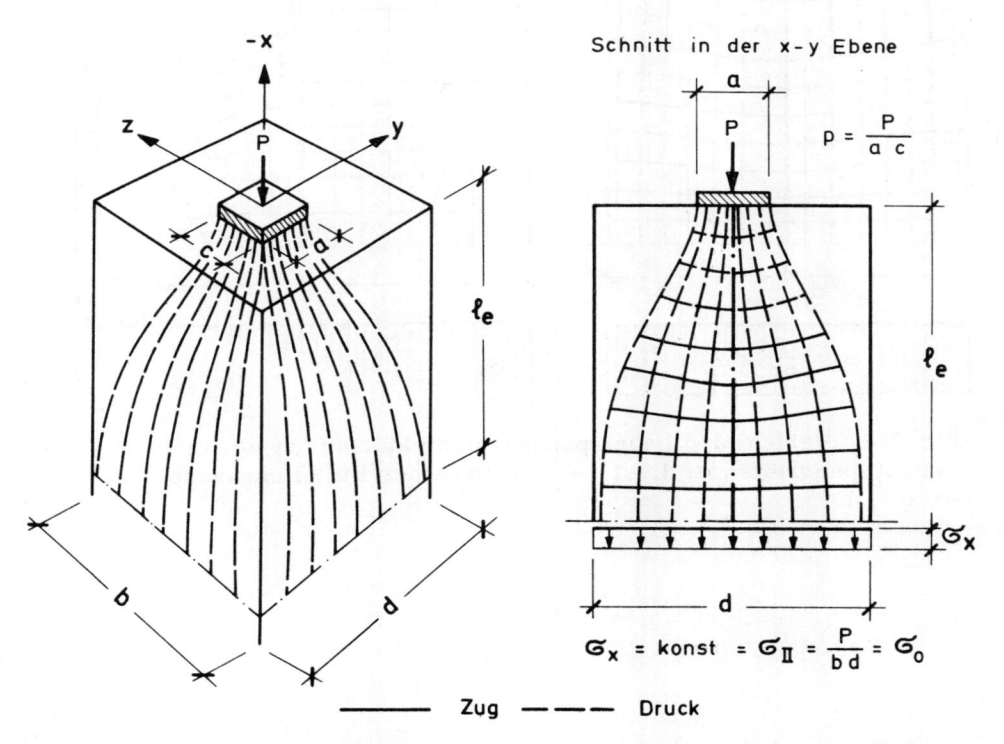

Bild 3.1 Bezeichnungen und genereller Verlauf der Hauptspannungen in einem Betonkörper unter konzentrierter Last

oder Querdruck oder Vorspannung aufzunehmen. Die Größe der Spaltzugkräfte hängt stark vom Verhältnis der Körperfläche $F = b \cdot d$ zur Lastfläche $F_1 = a \cdot c$ ab; je größer F/F_1 ist, d.h. je weiter die Last sich ausbreiten muß, bis die σ_x geradlinig verlaufen, umso größer sind die Spaltkräfte. Ist $b \approx d$ und die Lastfläche klein und etwa mittig, dann entstehen die Querzugspannungen radial in allen Richtungen und werden durch Ringzugspannungen (hoop stresses) im Gleichgewicht gehalten. Zur Vereinfachung der Bewehrung fassen wir in der Regel die Spaltkraft in nur zwei Richtungen y und z zusammen und bewehren nur in diesen beiden Richtungen, man kann sie jedoch gleichwertig auch mit einer Ringzugbewehrung (Wendelbewehrung) aufnehmen.

Außerhalb der Drucktrajektorien entstehen in den vermeintlich "toten Ecken" neben der Lastfläche schief gerichtete Zugspannungen und an den Außenflächen Randzugspannungen (spalling stresses) (Bild 3.2 und 3.3), die je nach Größe und Lage der Lastfläche zur übrigen Körperfläche, besonders bei ausmittigem Lastangriff, beachtliche Werte annehmen und auch Bewehrung bedingen. Diese Ecken könnten sonst abbrechen, was allerdings die Tragfähigkeit nicht beeinträchtigt; man kann die "toten Ecken" auch weglassen (Bild 3.4).

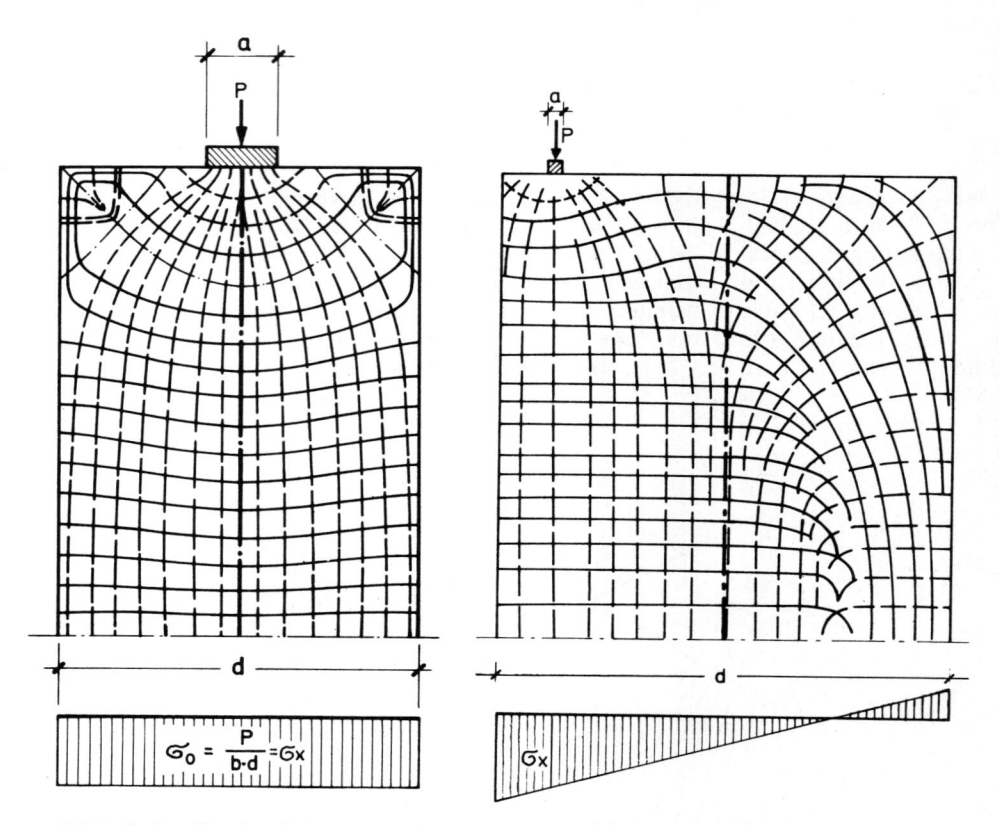

Bild 3.2 Verlauf der Hauptspannungstrajektorien bei mittig und bei ausmittig angreifender Last, σ_x am Ende der Einleitungszone etwa bei $x = d$

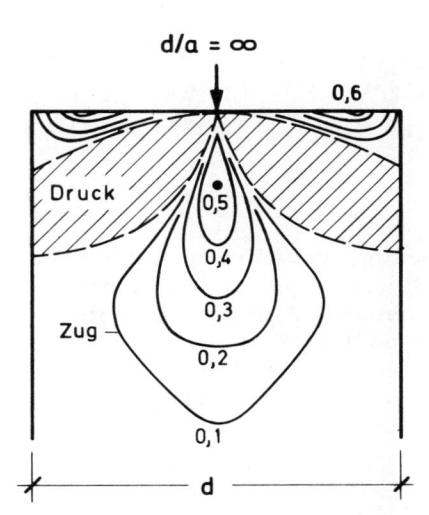

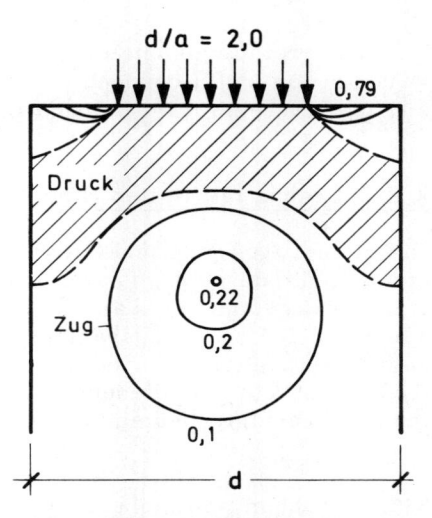

Bild 3.3   Isobaren der Spannungen σ_y bei punktförmiger und verteilter Lasteinleitung (Druckzonen schraffiert). Angegeben sind die Werte σ_y/σ_o mit $\sigma_o = P/bd$ [38]

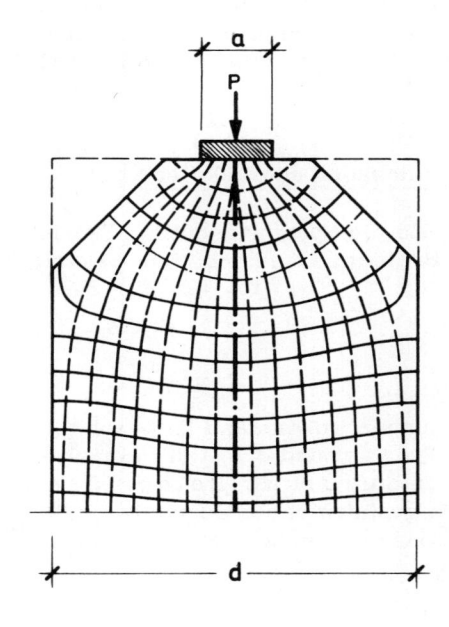

Bild 3.4   Hauptspannungen in einem Körper mit abgeschrägten Kanten zum Vergleich zu Bild 3.2 links

3.2 Methoden der Spannungsermittlung

3.2.1 Theoretische Lösung

Die strenge Lösung für den dreidimensionalen Körper ist K. T. Sundara Raja Jyengar [35, 36, 37] auf der Grundlage der dreidimensionalen Elastizitätstheorie gelungen, wobei er die Lösung in Form eines Galerkin-Vektors erhielt, dessen Komponenten in Doppel-Fourier-Reihen dargestellt wurden. Nicht voll befriedigende Lösungen hatten vorher Y. Guyon [38] und D. J. Douglas und N. S. Trahair [39] angegeben.

Für den zweidimensionalen Spannungszustand (Scheibenspannungszustand) waren schon früh Lösungen von Y. Guyon [38], S. R. Jyengar [40] und W. Schleeh [20] bekannt geworden.

3.2.2 Lösung mit finiten Elementen

Die vielseitigen Möglichkeiten der Methoden mit räumlichen finiten Elementen, die durch die großen Elektronen-Rechner geschaffen wurden, erlauben bei geeigneter Wahl der Eigenschaften und Kleinheit der finiten Elemente den Spannungsverlauf dreidimensional im Zustand I genau zu bestimmen. Bisher wurde diese Methode von A. L. Yettram und K. Robbins [42] für diesen Fall systematisch angewandt. Viele Recheninstitute verfügen heute über geeignete Programme.

3.2.3 Spannungsoptische Ermittlung

Für die zweidimensionale Betrachtung (Scheiben) ist die spannungsoptische Methode gut geeignet. M. Tesar [43] gab damit die ersten Ergebnisse. In der Stuttgarter Arbeit von M. Sargious [44] und in Stockholm durch R. Hiltscher und G. Florin [47, 49] wurden für die Praxis wertvolle Ergebnisse erzielt, die später angegeben werden. Der Einfluß der Querdehnzahl ist dabei zu beachten, den A. L. Yettram und K. Robbins in [42] untersucht haben.

3.2.4 Spannungsermittlung durch Dehnungsmessung an Modellen

führt bei Scheiben heute rascher zum Ziel als die Spannungsoptik. Befriedigende Anwendungen auf das vorliegende Problem sind noch nicht bekannt geworden.

3.2.5 Messungen an Betonkörpern

geben bisher als einzige Methode die Spannungen im Zustand II (besonders an den eingebauten Bewehrungen) und die Traglast und damit die erzielte Sicherheit. Solche Versuche wurden z. B. in Stuttgart für Betongelenke [45] durchgeführt. Bei dicken Körpern genügen dabei Dehnungsmessungen an der Betonoberfläche nicht, sie können zu erheblichen Fehlschlüssen führen.

3.2.6 Einfache Näherungslösungen

für die Größe der Spaltzugkräfte werden durch Abschätzen der zur Ausbreitung der Spannungen nötigen Umlenkkräfte gewonnen, s. Abschn. 3.3.1.1 (vgl. E. Mörsch [46]).

3.3 Bemessung für die Spaltkräfte bei zweidimensionaler Einleitung konzentrierter Lasten oder Kräfte

Man spricht von zweidimensionaler Einleitung, wenn entweder der Betonkörper scheibenartig dünn ist (b klein gegenüber d), oder wenn die Lastfläche sich mit der Länge c ganz oder fast ganz über die Körperdicke b erstreckt. Für Fälle mit größerem b/d und solche bei denen auch $c \ll b$ siehe Abschn. 3.4.

3.3 Bemessung für die Spaltkräfte bei zweidimensionaler Einleitung konzentrierter Lasten oder Kräfte

3.3.1 Die mittige Einzellast

3.3.1.1 Spaltkraft bei gleichmäßiger Lastpressung p

Den Verlauf der Hauptspannungstrajektorien zeigt Bild 3.5 für zwei Scheiben mit verschiedenem d/a. Man sieht, daß die Längsdrucktrajektorien nach der Einleitungslänge $\ell_e \approx d$ parallel werden; dort ist $\sigma_x = P/bd =$ konst. $= \sigma_0$. Unmittelbar hinter der Lastfläche sind die Drucktrajektorien von außen gesehen konkav gekrümmt, d.h. ihre Umlenkkräfte ergeben im Mittelbereich Querdruck (σ_y negativ), der die ertragbare Pressung p über die Druckfestigkeit des Betons hinaus erhöht. Nach einer kurzen Entfernung werden sie konvex gekrümmt, die zugehörigen Umlenkkräfte erzeugen im Inneren Querzug (σ_y positiv). Die Lage des Nullpunktes $\sigma_y = 0$ in der x-Achse und die Größe der Spannungen σ_y hängen vom Verhältnis der Breite des Körpers d zur Breite der Lastfläche a, also von d/a, ab. Bild 3.6 zeigt die σ_y bezogen auf $\sigma_0 = P/bd$ entlang der x-Achse (dort gleich der Quer-Hauptspannung) abhängig von d/a. Die Flächen $\int \sigma_y \, dx$ der positiven und negativen Spannungen σ_y müssen aus Gleichgewichtsgründen gleich groß sein.

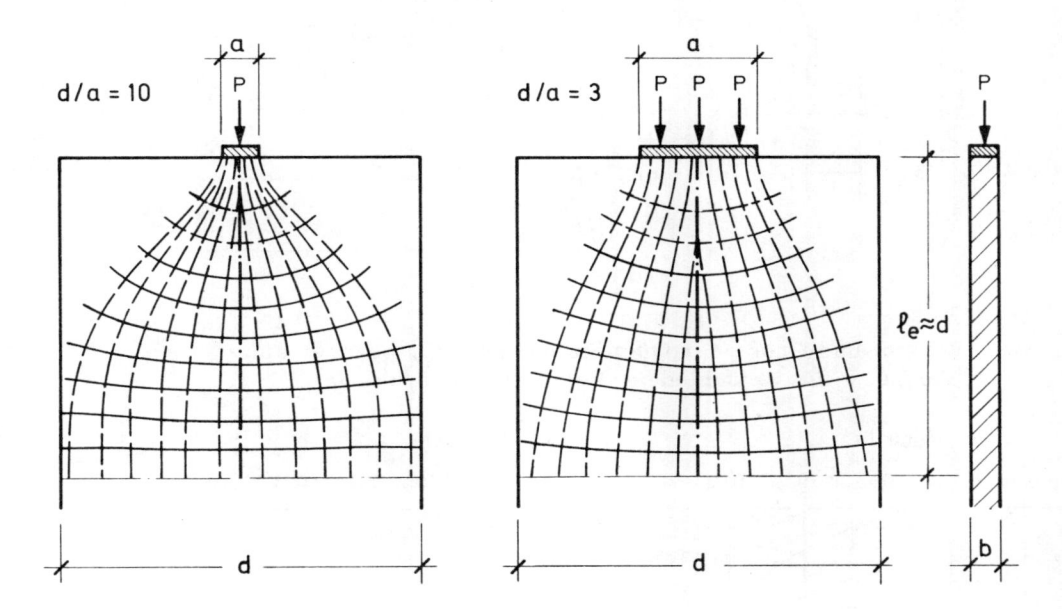

Bild 3.5 Hauptspannungstrajektorien in Scheiben mit Einleitungslängen a der Last über Platten von 1/10 und 1/3 der Breite der Scheiben

Bezieht man die Spaltspannungen auf die Lastpressung $p = P/ab$, dann ergibt sich das Maximum bei d/a = 2 in einer Entfernung $x \sim a$ unter der Lastplatte mit etwa 0,12 p (Abb. 3.7 nach R. Hiltscher - G. Florin [47]). Die Spitze des Maximums ist schmal und schon bei d/a = 5 ist $\sigma_y \approx 0,07$ p. Bei d/a $\geq$ 5 liegt das Maximum bei $x \approx 3a$ unter der Lastplatte.

Aus der Zugspannungsfläche nach Bild 3.6 ergibt sich die
Spaltkraft $Z = \int_{}^{x=d} \sigma_y \, dx$, für die die Spaltbewehrung bemessen werden muß. Die Verteilung der Spaltbewehrung ergibt sich aus dem Verlauf der + σ_y. In Bild 3.8 ist die Größe von Z bezogen auf P und die Lage von $\sigma_y = 0$ und von max σ_y bezogen auf d für unbeschränkt lange Körper (h > 2 d) angegeben. Bei Schneidenlast ($a \to 0$ bzw. $d/a \to \infty$) entsteht der größtmögliche Wert der Spaltkraft mit max Z = 0,3 P.

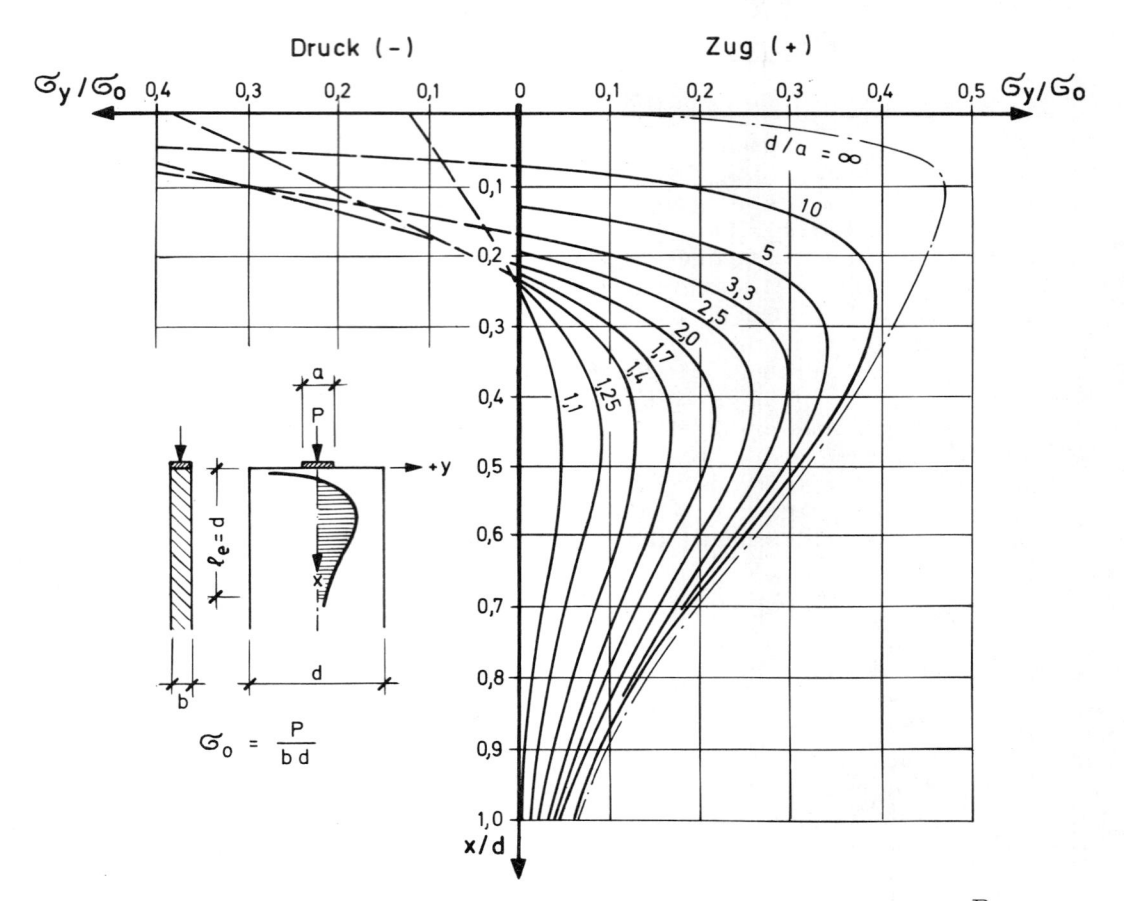

Bild 3.6 Verlauf und Größe der Querspannungen σ_y, bezogen auf $\sigma_o = \frac{P}{bd}$, entlang der Achse x für verschiedene Verhältnisse d/a [40]

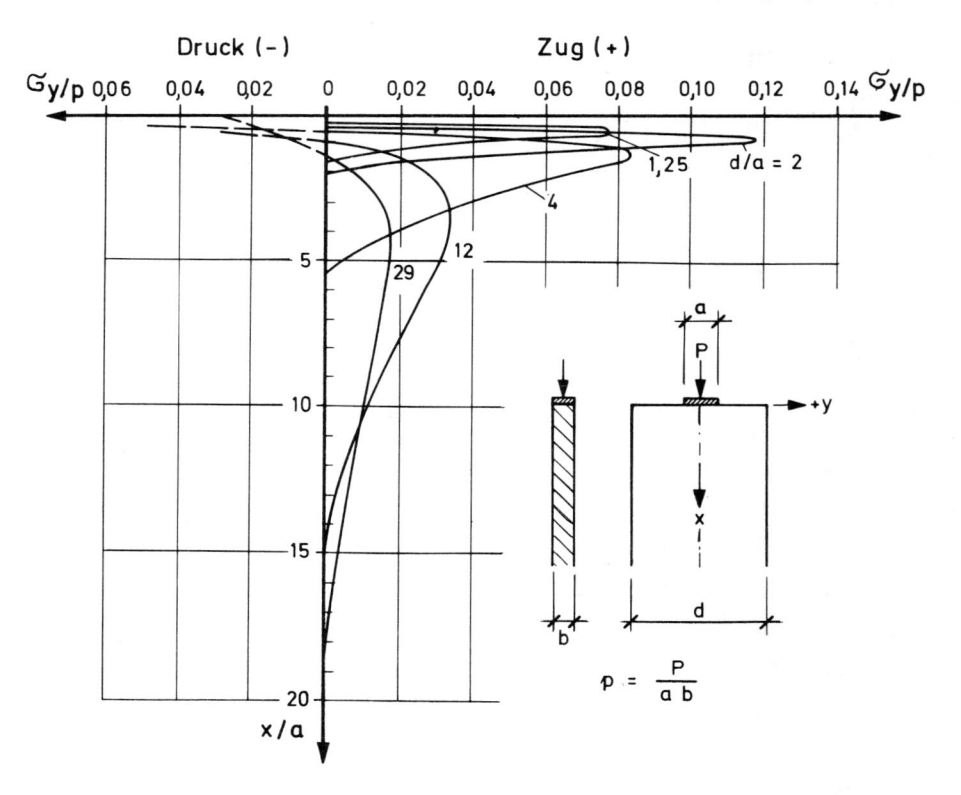

Bild 3.7 Verlauf und Größe der Querzugspannungen σ_y, bezogen auf die Pressung $p = P/ab$ [47]

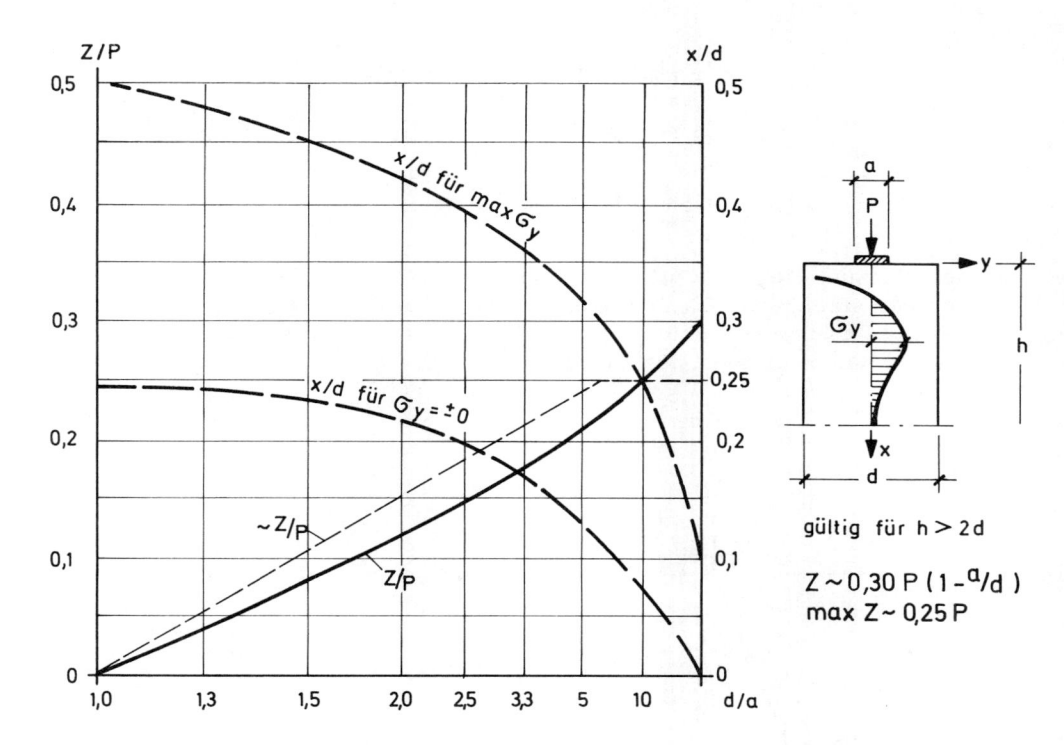

3.3 Bemessung für die Spaltkräfte bei zweidimensionaler Einleitung konzentrierter Lasten oder Kräfte

Bild 3.8 Größe der resultierenden Spaltkraft Z, bezogen auf die Last P, Abstand der größten Querspannung max σ_y und Abstand des Punktes mit $\sigma_y = 0$ vom belasteten Rand in Scheiben mit $h > 2d$ [40]

Die Z/P-Linie ist fast gerade, so daß genähert gerechnet werden kann mit

$$Z \approx 0,3 \, P \left(1 - \frac{a}{d}\right) \qquad (3.1)$$

Da $d/a > 10$ kaum vorkommt, kann man als Faustregel auch setzen:

$$Z \approx 0,25 \, P \qquad (3.2)$$

Daraus ist die **erforderliche Spaltbewehrung**

$$\text{erf } Fe_Z = \frac{\nu \, Z}{\beta_S} = \frac{Z}{\text{zul } \sigma_e} \, .$$

Bei Spaltkräften wird empfohlen, keine großen Stahlspannungen zu wählen, um die Spaltrisse fein zu halten und die Verankerung zu erleichtern, z.B. zul σ_e = 1800 bis 2000 kp/cm² unter Gebrauchslast bei B St 42/50.

Zu einer ähnlichen Lösung wie Gl. (3.1) führt der erstmals von E. Mörsch in [46] eingeschlagene Weg. Man faßt dazu gemäß Bild 3.9 die Hauptdruckspannungen in Annäherung an die Richtung ihrer Trajektorien zu gerade verlaufenden Resultierenden zusammen. Aus dem geknickten Linienzug dieser Kräfte erhält man dann leicht aus einem Krafteck die gesuchte zum Gleichgewicht erforderliche Spaltkraft Z.

Aus Bild 3.9 ergibt sich mit $h \approx d$:

$$Z : P/2 = (\frac{d}{4} - \frac{a}{4}) : \frac{d}{2}$$

und daraus

$$Z = 0,25 \ P \ (1 - \frac{a}{d}) \tag{3.1a}$$

Diese Lösung liegt nur für sehr schmale Lastplatten ($d/a > 5$) gegenüber der strengeren Lösung nach Bild 3.8 auf der unsicheren Seite. Das von E. Mörsch angewandte anschauliche Rechenmodell kann dem Ingenieur in der Praxis oft nützlich sein.

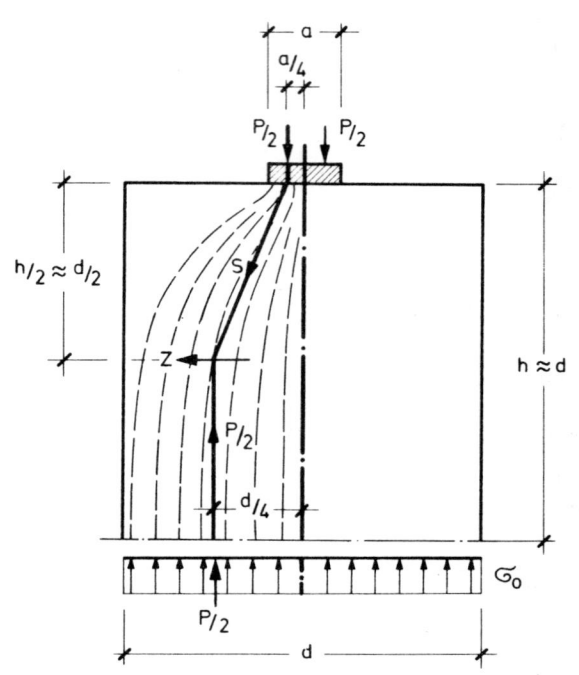

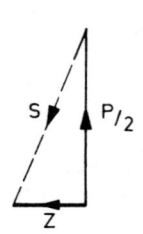

Bild 3.9 Ermittlung der Spaltkraft Z aus einem näherungsweise angenommenen Krafteck nach [46]

Die obigen Werte gelten für Körper, deren Länge $h > 2\ d$ ist. Für kürzere Prismen, deren Querdehnung am Ende behindert ist, werden die Spaltkräfte kleiner. Dies wurde durch R. Hiltscher und G. Florin [47] untersucht mit dem in Bild 3.10 angegebenen Ergebnis. Ist die Behinderung der Querdehnung nicht gegeben (Fundamentblöcke auf Baugrund mit niedrigem E-Modul), dann empfiehlt es sich, Z mindestens für $h/d = 1$ zu wählen.

3.3.1.2 Einfluß ungleichmäßig verteilter Lastpressung p

Unter Gummilagern und anderen nicht biegesteifen Lagerplatten ist die Pressung auch dann nicht gleichmäßig verteilt (wie bisher angenommen wurde), wenn der belastende Körper sehr steif ist und über die ganze Fläche der Lagerplatte oder darüber hinaus reicht. Die Pressung verläuft dann etwa parabelförmig (Bild 3.11 links), wofür S.R. Jyengar die σ_y-Spannungen besonders ermittelt hat, Bild 3.12 [40]. Man bleibt für die Spaltzugkraft auf der sicheren Seite, wenn man anstelle der Lastplattenbreite a ein reduziertes a' mit entsprechend erhöhtem p_R wählt, wobei $p_R \cdot a' = P$ sein muß.

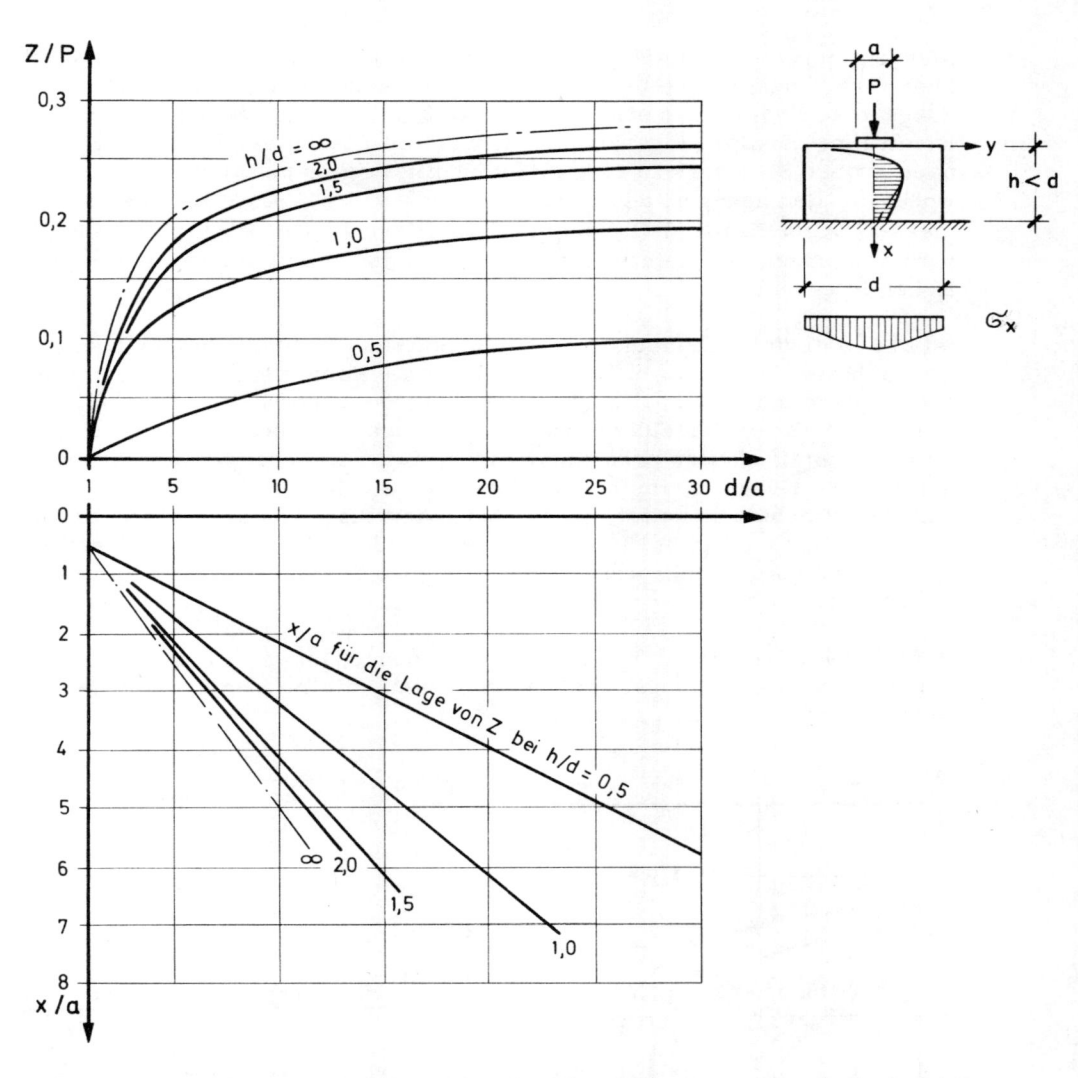

3.3 Bemessung für die Spaltkräfte bei zweidimensionaler Einleitung konzentrierter Lasten oder Kräfte

Bild 3.10 Größe der resultierenden Spaltkraft Z, bezogen auf die Last P und Abstand dieser Kraft vom belasteten Rand in Scheiben begrenzter Höhe [47]

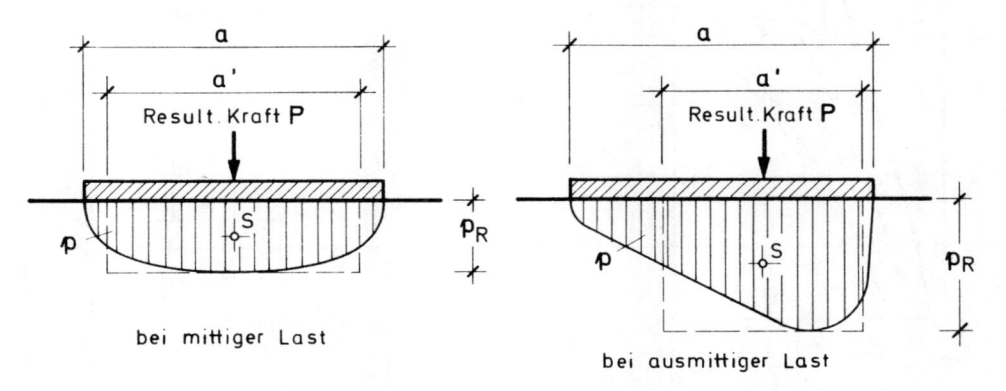

Bild 3.11 Verlauf der Pressungen p unter mittig und ausmittig belasteten, endlich steifen Lastplatten von den Breiten a und Bestimmung der Ersatzbreiten a'

Werden biegeweiche Lagerplatten ausmittig, aber mit verteilter Last über ihre ganze Fläche beansprucht, dann verlaufen die auf den Beton ausgeübten Pressungen etwa wie in Bild 3.11 (rechts) angegeben. Zur Ermittlung der Spaltzugkräfte formt man die Fläche der Pressungen p nach grober Schätzung in eine gleichförmige Pressungsverteilung um, wobei die Bedingungen p_R = max p und P = a' · p_R eingehalten sein müssen. Gleichzeitig soll noch die Resultierende (im Punkt S) der Ersatzpressungen die gleiche Lage haben wie die Resultierende der wirklichen Pressungen.

Ist der lastbringende Baukörper (z. B. Stütze, Stempel) von geringeren Querschnittsabmessungen (z. B. v, w) als die Kantenlängen a, c der Lastplatte, dann muß die Spaltzugkraft bei biegeweicher Platte (Bild 3.13) mit der Breite v der Stütze ermittelt werden. Für praktisch vorkommende Plattensteifigkeiten erhält man eine auf der sicheren Seite liegende Näherung, wenn man annimmt, daß sich die Last in der Platte unter 45° bis zur Betonfläche ausbreitet, so daß bei einer Plattendicke t einzusetzen ist a' = v + 2 t (Bild 3.13). Für p_R gilt wieder, daß p_R · a' = P sein muß. Die Lastplattenbreite a kann nur bei s e h r steifen Platten verwendet werden.

N. M. H a w k i n s hat hierzu genauere Untersuchungen in [48] angestellt, die aber zu Bestimmungsgleichungen führten, die für den praktischen Gebrauch zu unhandlich sind.

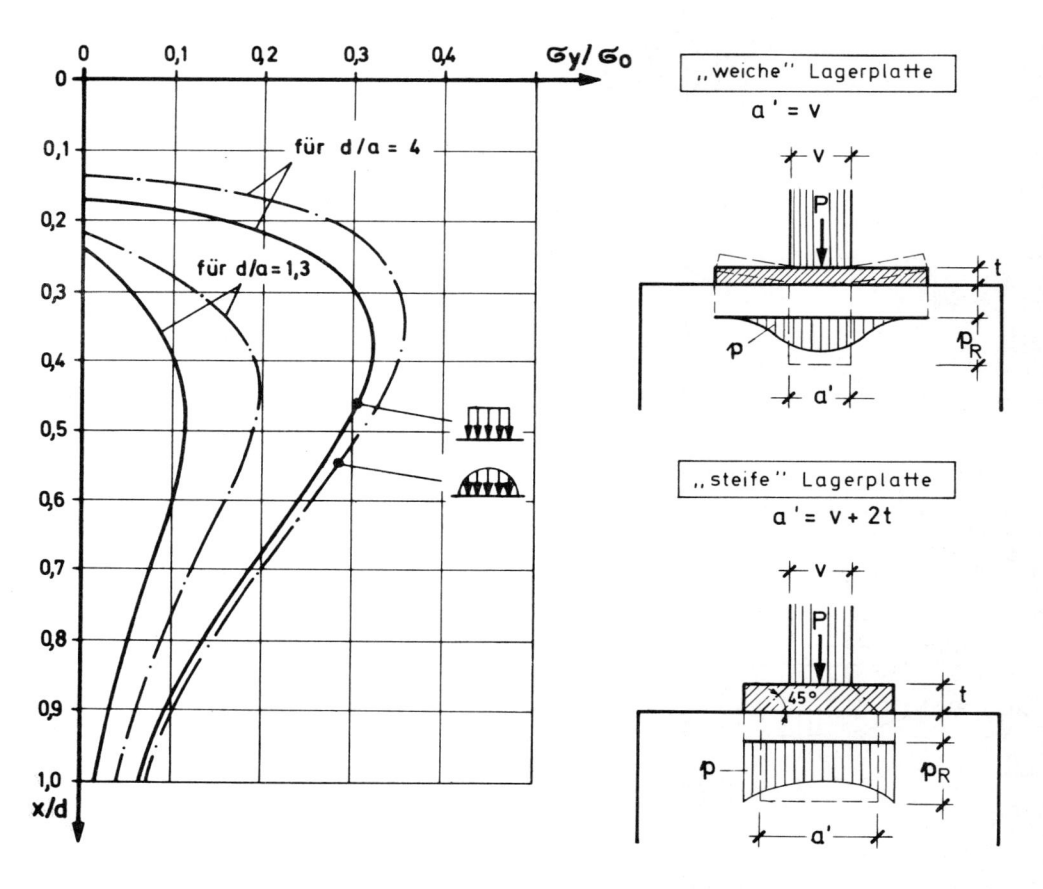

Bild 3.12 Verlauf der Querzugspannungen bei gleichmäßig und bei parabelförmig verteilter Pressung p unter den Lastplatten a = 1/4 d und a = 1/1,3 d [40]

Bild 3.13 Verlauf der Pressungen unter weichen und steiferen Platten, die durch schmalere Stützen mit der Breite v belastet sind

3.3.1.3 Spannungen in den Randzonen (Eckbereiche)

Die Bilder 3.2 und 3.3 gaben eine Vorstellung vom Verlauf der Hauptspannungen in den Eckbereichen: an den Rändern herrscht Zug in Richtung der Randflächen, im Inneren tritt Zug entlang der 45° Eckdiagonalen auf. Die Randzugspannungen erreichen Werte von 0,6 bis 0,8 σ_o, sie sind also größer als die Spaltspannungen. Die kürzeren und wenig tiefen Spannungsflächen geben dennoch kleinere Zugkräfte. Die Zugspannungs-"Hügel" werden durch die Isobaren (Linien gleicher σ_y-Spannungen am Rand $x = 0$) nach Tesar-Guyon deutlich (Bild 3.3).

M. Sargious [44] hat die Spannungsflächen für verschiedene Fälle ausgewertet und so die Zugkräfte ermittelt. Gemäß dieser Arbeit genügt es, die Bewehrung am Lastrand in y- und x-Richtung (Bild 3.14) zu bemessen für

$$Z_y = 0,015 \; P$$
$$Z_x = 0,010 \; P \tag{3.3}$$

Die weiter innen wirkende Eck-Zugkraft in Diagonalrichtung kann durch die Umlenkkraft der an den Ecken durchgeführten Randbewehrung aufgenommen werden. Nach bisherigen Versuchserfahrungen ist keine zusätzliche Bewehrung hierfür notwendig. Bei großen Kräften und großen Baukörpern sollte man jedoch eine 45°-Bewehrung vorsehen.

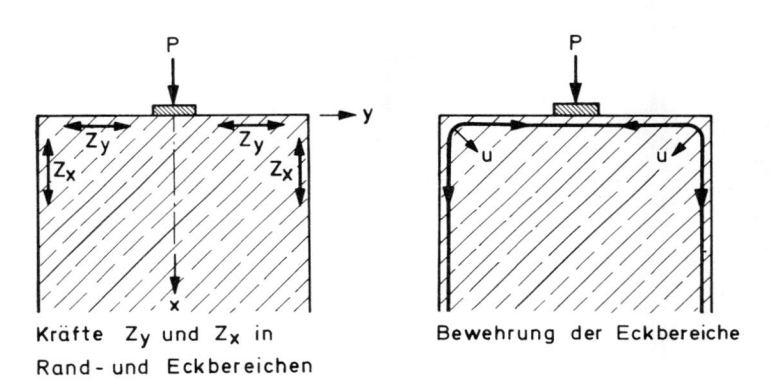

Kräfte Z_y und Z_x in Rand- und Eckbereichen

Bewehrung der Eckbereiche

Bild 3.14 Randzugkräfte Z_y und Z_x und zugehörige Bewehrung

3.3.2 Die ausmittige Einzellast in x-Richtung

Bei ausmittiger Einzellast ist die Spannung σ_x nach der Einleitungslänge $\ell_e \approx d$ trapez- oder dreiecksförmig verteilt, die Hauptspannungstrajektorien sind unsymmetrisch (Bild 3.2). Die Spaltspannungen entwickeln sich etwa, wie wenn ein Prisma von der Breite und Höhe d_1 mittig belastet würde. Daß sich die Spaltspannungen auf dieses Ersatzprisma beschränken, zeigen auch σ_y-Isobaren nach Y. Guyon (Bild 3.15). In der Praxis benützt man nach einem Vorschlag von Y. Guyon dieses Ersatzprisma für die Ermittlung von Z und den Verlauf der σ_y (Bild 3.16) und bezieht die Breite der Lastfläche a nicht auf d sondern auf $d_1 = 2u$ (mit u = kleinerer Randabstand).

Bei der weiteren Ausbreitung der Spannungen hinter dem Ersatzprisma können noch weitere, aber meist nur geringe Querzugspannungen entstehen.

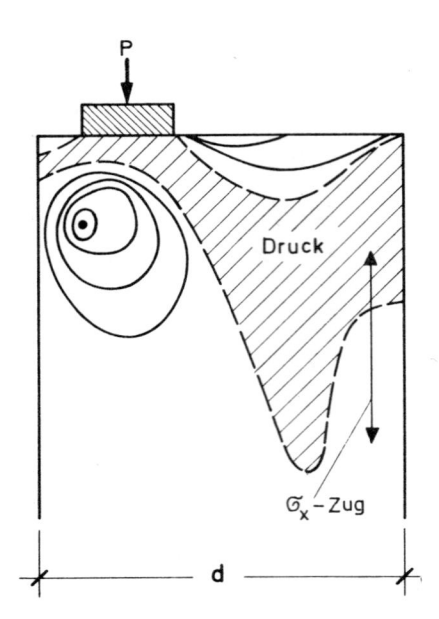

Bild 3.15 Isobaren der σ_y-Spannungen bei ausmittig angreifender Last [38]

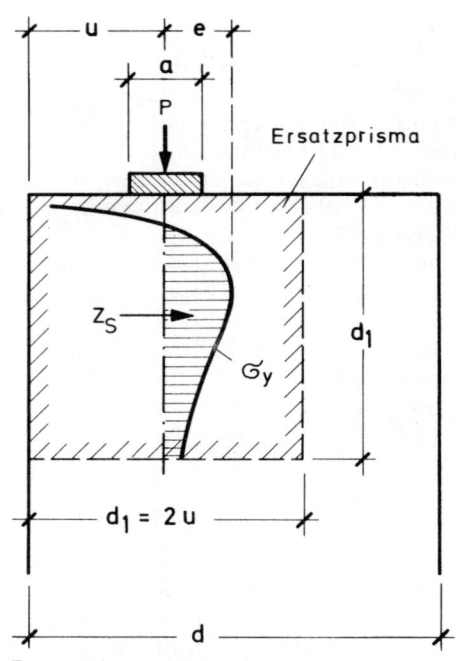

Z aus Bild 3.8 mit d_1/a anstelle von d/a

Bild 3.16 Bei ausmittiger Last kann die Spaltkraft Z mit Hilfe eines Ersatzprismas von den Kantenlängen d_1 ermittelt werden

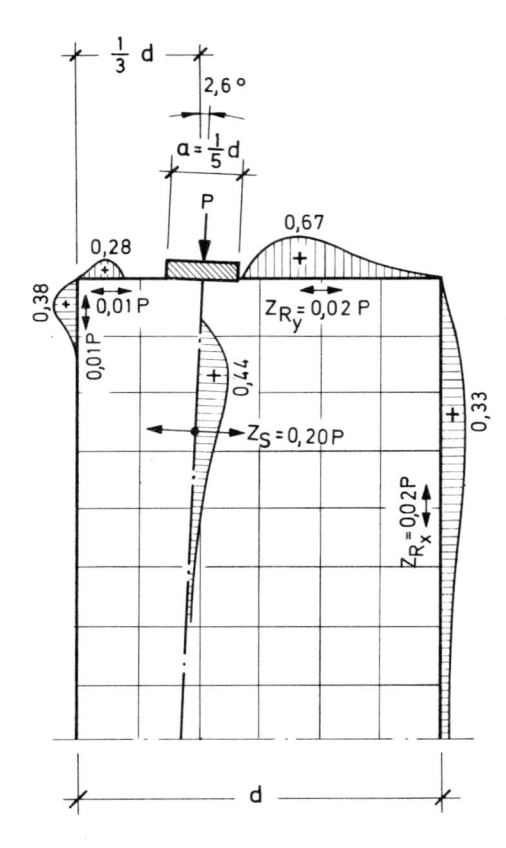

Bild 3.17 Auf $\sigma_o = P/bd$ bezogene Hauptzugspannungen (Spalt- und Randzugspannungen) und integrierte Zugkräfte Z bei ausmittig angreifender Last [44]

Mit zunehmender Ausmitte e, bzw. mit abnehmendem Abstand u der Last von der nächstgelegenen Ecke, werden die Spaltkräfte im Inneren des Körpers kleiner, die Zugspannungen im Randbereich neben der Last und an der lastfernen Seitenkante und die daraus resultierenden Randzugkräfte Z_R jedoch größer. Bild 3.17 zeigt dazu Ergebnisse aus [44] an einem Versuchskörper, bei dem die Ausmitte e = 1/6 d war. Die Randzugkräfte erreichen Werte Z_R = 0,02 P.

R. Hiltscher und G. Florin [49] haben spannungsoptisch die Abhängigkeit der Randzugkraft Z_R am belasteten Rand vom Verhältnis e/d bei bezogenen Lastbreiten

3.3 Bemessung für die Spaltkräfte bei zweidimensionaler Einleitung konzentrierter Lasten oder Kräfte

d/a = 10 und 30 ermittelt. Aus Bild 3.18 ist erkennbar, daß die Lastbreiten a/d wohl die Größe von max $\sigma_{y,R}$, jedoch kaum die der Randzugkraft Z_R beeinflussen. Z_R kann bei stark ausmittiger Last fast ebenso groß werden wie die Spaltkraft Z_S bei mittig angreifender Lastfläche mit kleinem a/d. Für die Randzugkraft Z_R läßt sich die im Bild 3.18 gezeigte Abhängigkeit von der bezogenen Ausmitte e/d angenähert durch folgende Formel angeben

$$Z_R \approx \frac{0,015\ P}{1 - \sqrt{2\ e/d}} \tag{3.4}$$

In Heft 240 des DAfStb wird $Z_{Ry} = P\ (e/d - 1/6) \geq 0$ angegeben, was der punktierten Linie im Bild 3.18 entspricht und zum Teil doppelt so große Z_R ergibt als nötig wäre.

Mit den in Bild 3.18 für die beiden Fälle d/a = 10 und d/a = 30 angegebenen Kurven für die inneren Spaltkräfte Z_S (unter der Last) kann die Brauchbarkeit des Näherungsverfahrens mit Ersatzprismen (Bild 3.16) nach Y. Guyon leicht nachgewiesen werden.

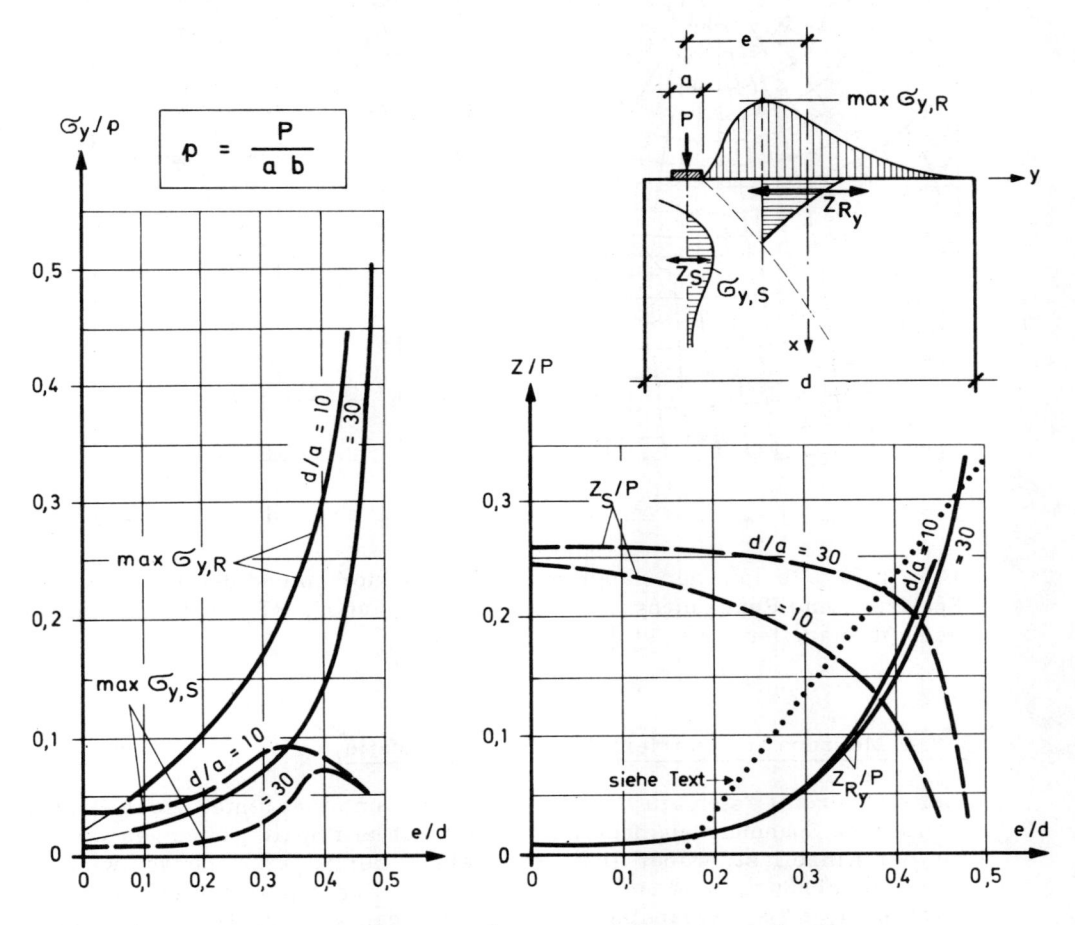

Bild 3.18 Auf die Pressung p = P/a b bezogene Spalt- und Randzugspannungen $\sigma_{y,S}$ und $\sigma_{y,R}$ sowie die resultierenden Zugkräfte Z_S/P und Z_{Ry}/P in Abhängigkeit von der bezogenen Ausmitte e/d der Last P bei d/a = 10 und d/a = 30 [49]

3.3.3 Die ausmittige Einzellast mit Neigung zur x-Achse

Dieser Fall kommt bei gekrümmt oder polygonal geführten Spanngliedern zum Vorspannen von Balken usw., aber nur selten bei Gründungskörpern vor.

Hierzu wird auf die Stuttgarter Arbeit von M. Sargious [44] verwiesen. Bild 3.19 gibt ein Beispiel für $e = d/6$ und $\alpha = 6,3°$. Diese Neigung hat keinen spürbaren Einfluß auf die Spaltspannungen.

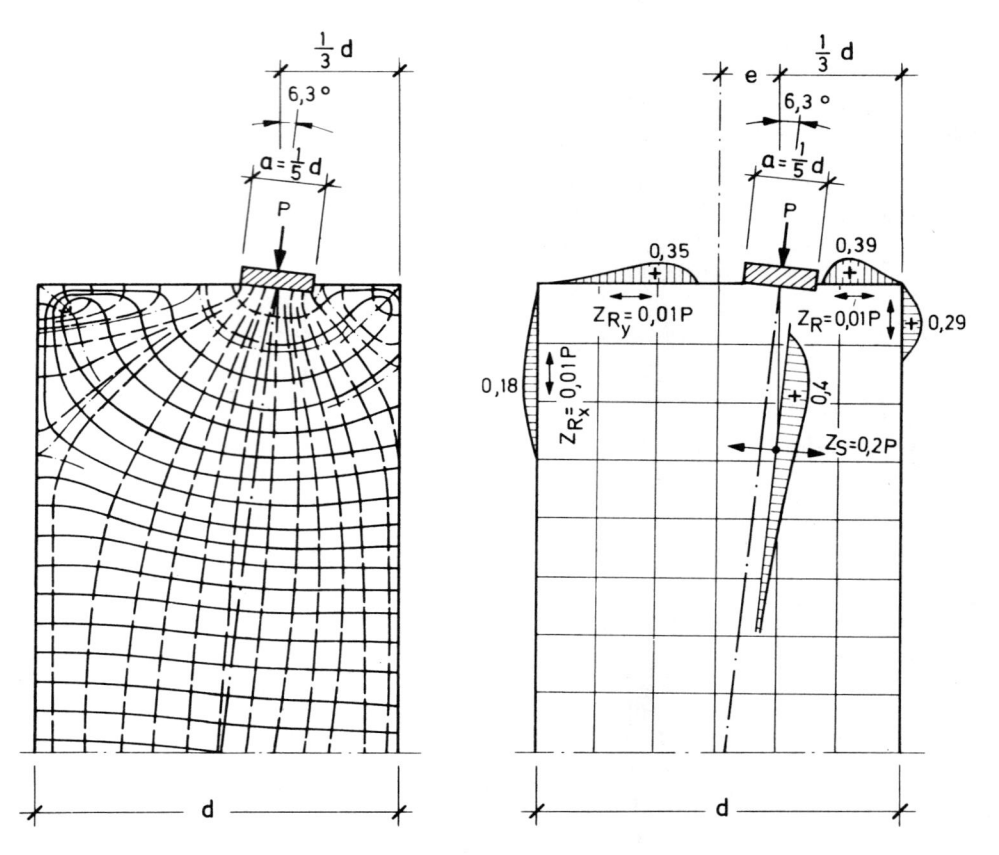

Bild 3.19 Verlauf der Hauptspannungstrajektorien und der wichtigsten Spaltzug- und Randzonenspannungen bezogen auf $\sigma_o = P/bd$ bei ausmittig geneigt angreifender Last [44]

3.3.4 Mehrere konzentrierte Lasten oder Kräfte

Bei mehreren Lasten am Rand einer Scheibe entsteht hinter jeder Laststelle eine Spannungsausbreitung (Bild 3.20) mit Spaltspannungen wie bei der Einzellast, wobei Größe und Verlauf der Spaltspannungen wieder von d_1/a abhängig sind und für 2 Lasten aus Ersatzprismen mit den Breiten d_1 = 2 x Randabstand gewonnen werden können. Greifen zwischen den Randlasten weitere Lasten an, dann kann die Breite der zugehörigen Ersatzprismen aus dem bisherigen Wissen noch nicht genau angegeben werden. Es wird vorgeschlagen, die Breite aus dem zur Last zugehörigen Flächenanteil des geradlinigen σ_x-Diagrammes in $x = d$ zu entnehmen, womit man auf der sicheren Seite ist (Bild 3.21). Bei unterschiedlich großen Lasten wird dabei auch der Einfluß der Größenverhältnisse der Lasten (oder Vorspannkräfte) genähert erfaßt. Man ermittelt also die Spaltkräfte mit den Ersatzprismen, die eine Höhe und Länge d_1, d_2, d_3... haben.

3.3 Bemessung für die Spaltkräfte bei zweidimensionaler Einleitung konzentrierter Lasten oder Kräfte

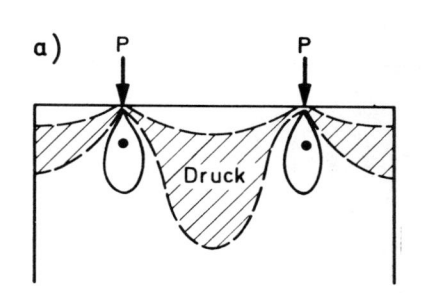

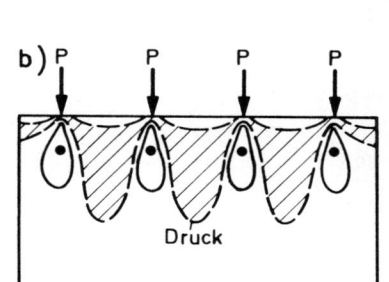

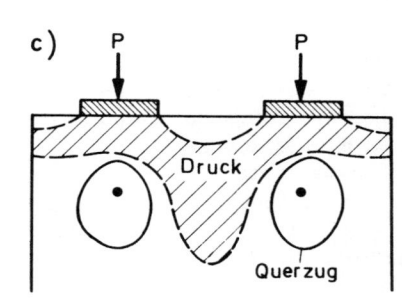

Die Randspannungen und Randzugkräfte Z_y entlang dem belasteten Rand können bei großem Lastabstand beträchtlich groß werden, sie sind nach den Regeln der "wandartigen Träger" (vgl. Abschnitt 2) zu ermitteln, wobei die σ_x-Spannungen im Schnitt $x = d$ die Belastung der Trägerscheibe darstellen, und die Lasten als Auflagerreaktionen zu betrachten sind (Bild 3.22).

Nach einer Arbeit von W. Schleeh [50] ist bei periodisch belasteten oder vorgespannten Scheiben - mit einer Höhe ℓ von mindestens dem doppelten Abstand d der Kräfte - die Randspannung max σ_y (rechtwinklig zur Kraftrichtung) gleich der Differenz der eingeleiteten Pressung p an den Last- oder Spannstellen und dem gleichmäßig verteilten Mittelwert der Spannung $\sigma_m = p \cdot a/d$ (Bild 3.23). Die Größe der Randzugkraft ergibt sich dabei angenähert zu

$$Z_y \sim 0{,}09 \left[1 - 0{,}9 \left(\frac{a}{d}\right)^2 \right] P \qquad (3.5)$$

Bild 3.20 Isobaren der σ_y-Spannungen bei verschieden aufgeteiltem Lastangriff

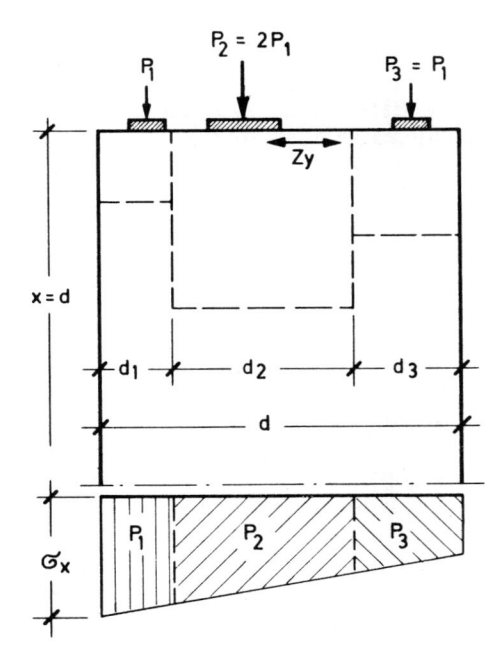

Bild 3.21 Bildung von Ersatzprismen aus dem σ_x-Diagramm im Abstand $x = d$ bei Angriff mehrer und unterschiedlich großer Einzelkräfte

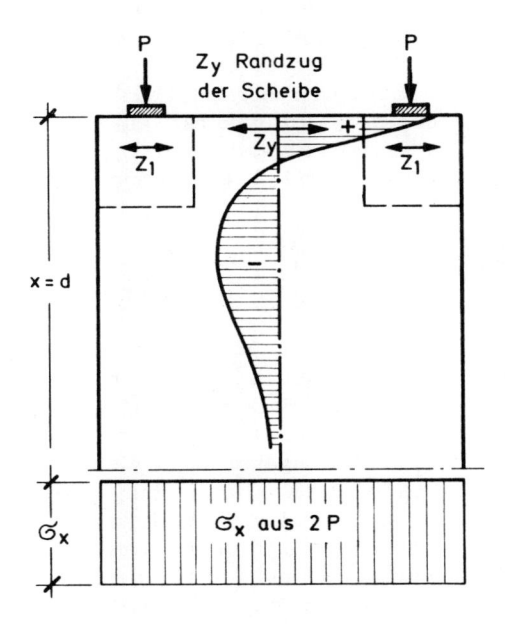

Bild 3.22 Randzugkräfte zwischen Einzellasten sind mit der Analogie zum wandartigen Träger zu bestimmen

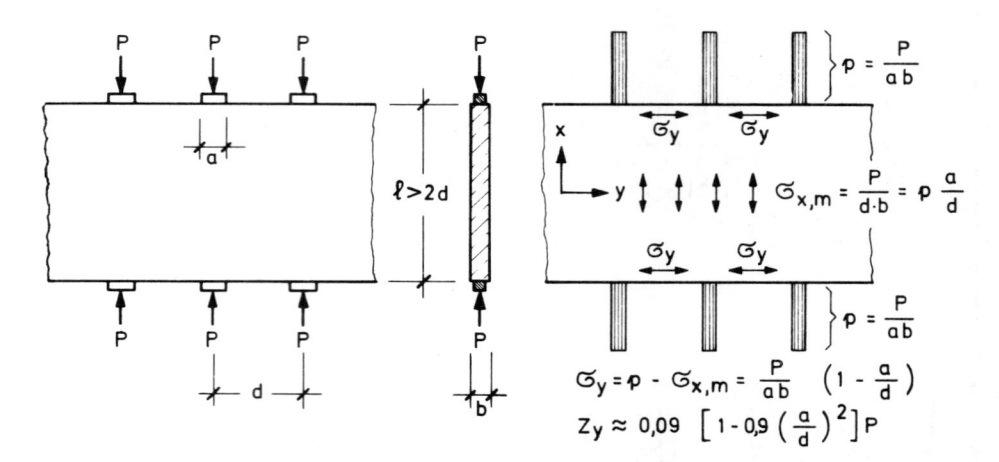

Bild 3.23 Randzonenspannungen und Randzugkräfte bei periodisch und beidseitig belasteten Scheiben [50]

3.3.5 Zusammenwirken von Spannkraft und Auflagerkraft an Enden von Spannbetonbalken

Die Auflagerkraft von Balken vermindert die Spaltkraft von Spannglied-Ankerkräften an Spannbetonbalken, weil aus der Auflagerkraft Druckspannungen σ_y entstehen. M. Sargious [44] hat zahlreiche Fälle spannungsoptisch gemessen bzw. später mit finiten Elementen gerechnet (M. Sargious und G. Tadros [51]) und ausgewertet. Auch N. Zahlten hat in [52] schon früh die besonderen Verhältnisse an Enden vorgespannter Träger behandelt. In den folgenden Diagrammen (Bilder 3.24 bis 3.30) sind die Zugspannungen infolge der Spannkraft P entlang der Hauptdrucktrajektorien aufgetragen. Die resultierende Spaltkraft Z ist abhängig von P angegeben. Die Randzugspannungen sind entsprechend mit ihren Resultierenden Z_1, Z_2, Z_3.... dargestellt. Die erforderlichen Bewehrungen können damit schnell bemessen werden.

Zu beachten ist, daß bei Auflagern nahe am Balkenende aus der Einleitung der Auflagerkraft am unteren Rand Zugkräfte auftreten können, die bei einem Randabstand $x_A = 1/12$ d und kleinem Verhältnis A/P Werte von $Z_A = 0,4$ A erreichen (Bild 3.29).

3.3.6 Zusammenwirken von Krafteinleitung und Balkenbiegung an Zwischenauflagern von Durchlaufträgern

W. Schleeh konnte in [21, 22] zeigen, daß die Spannungen im Bereich von Zwischenauflagern von Durchlaufträgern oder in ähnlichen anderen Fällen, wo Balkenbiegung und Krafteinleitung zusammenwirken, durch Superposition der Spannungen nach der Navier'schen Biegelehre ($\sigma_x = M/W$, geradlinige Verteilung) und der Spannungen nach Scheibentheorie für Krafteinleitung allein gewonnen werden können (Bild 3.31). Bei Balken ohne Längskraft, z.B. ohne Vorspannung, werden die Spaltspannungen infolge der Auflagerkraft dabei im allgemeinen von den Biegedruckspannungen aus dem negativen Lastmoment überdrückt (Bild 3.32). Bei vorgespannten Balken können dagegen diese Biegedruckspannungen für Eigengewicht am unteren Rand sehr klein oder nach S + K Null sein, so daß sowohl Spaltspannungen wie vor allem Randspannungen aus der Krafteinleitung als Zugspannungen verbleiben und durch Bewehrung gedeckt werden müssen (Bild 3.33), siehe auch F. Leonhardt und W. Lippoth [55]. Wenn die Ausrundung der Spannglieder länger ist als $a_v = 0,1$ ℓ oder 2 d, dann entstehen unten Randzugspannungen über eine beachtliche Länge (Bild 3.33).

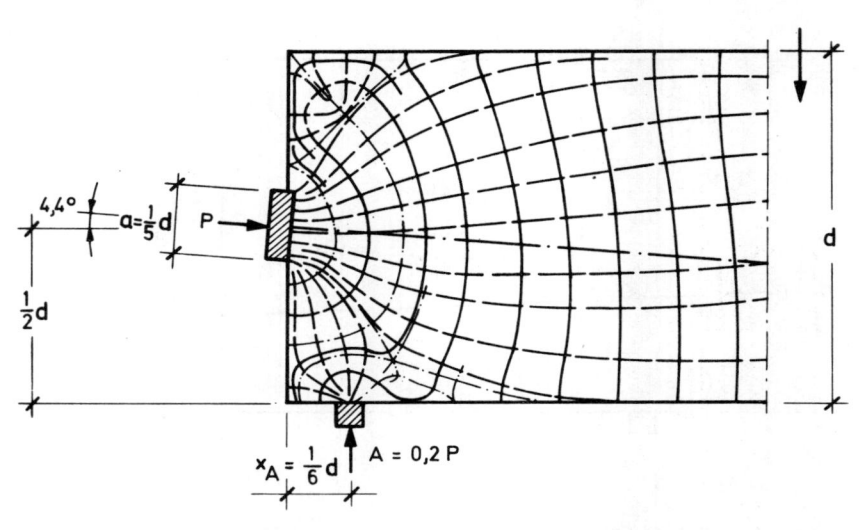

3.3 Bemessung für die Spaltkräfte bei zweidimensionaler Einleitung konzentrierter Lasten oder Kräfte

Bild 3.24 Hauptspannungstrajektorien am Ende eines mit P vorgespannten Balkens bei gleichzeitiger Wirkung der Auflagerkraft A = 0,2 P (Auflagerbreite = 1/12 d)

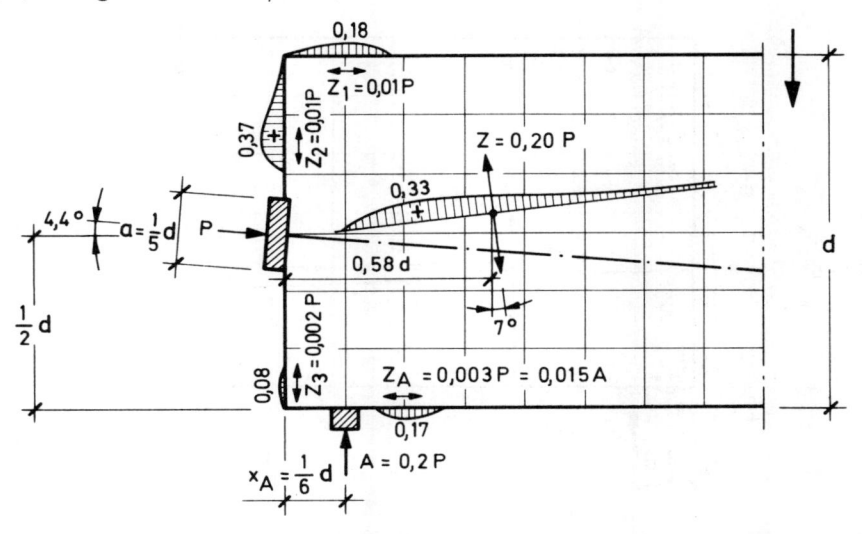

Bild 3.25 Spaltzug- und Randzonen-Spannungen bezogen auf σ_o = P/bd des Modells Bild 3.24

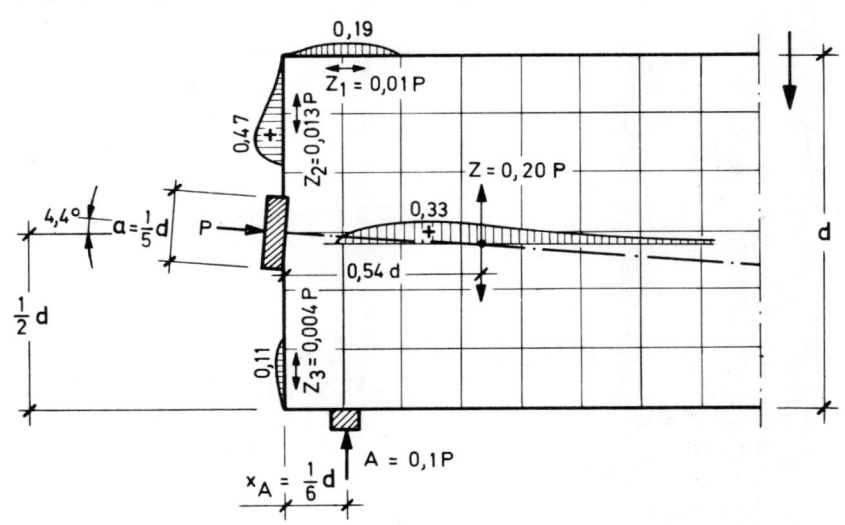

Bild 3.26 Spaltzug- und Randzonen-Spannungen eines Modells wie Bild 3.24, jedoch mit A = 0,1 P

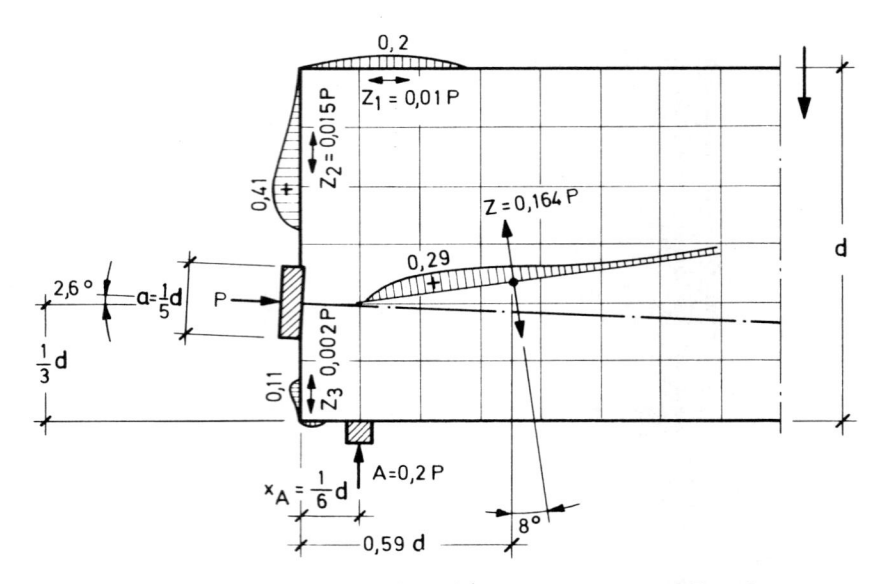

Bild 3.27 Vorspannkraft P in 1/3 d vom unteren Rand

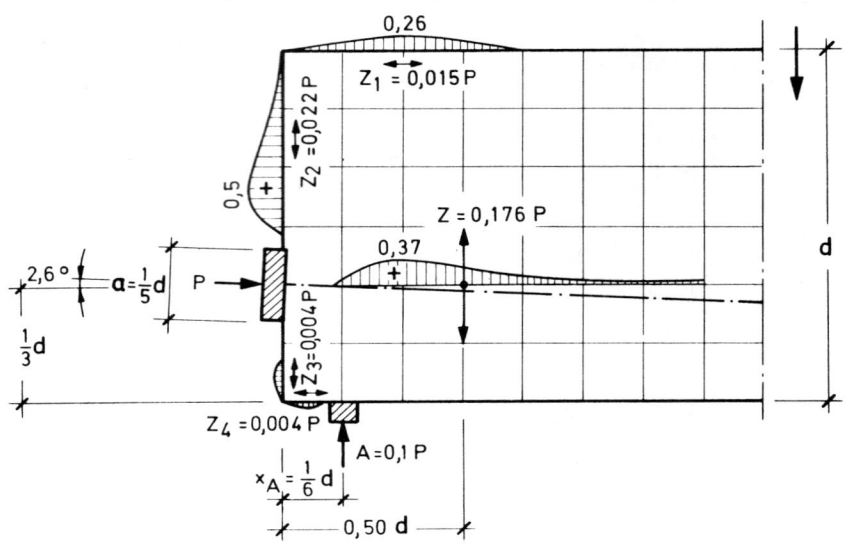

Bild 3.28 Wie Bild 3.26, jedoch Vorspannkraft P in 1/3 d vom unteren Rand

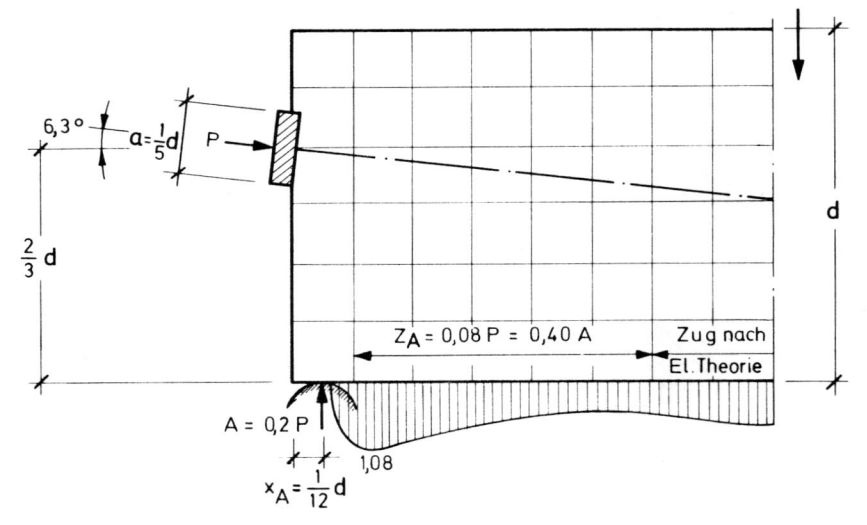

Bild 3.29 Randzugspannungen an einem Modell mit A = 0,2 P im Abstand 1/12 d von der Ecke (Auflagerbreite = 1/24 d) und Vorspannkraft P in 2/3 d

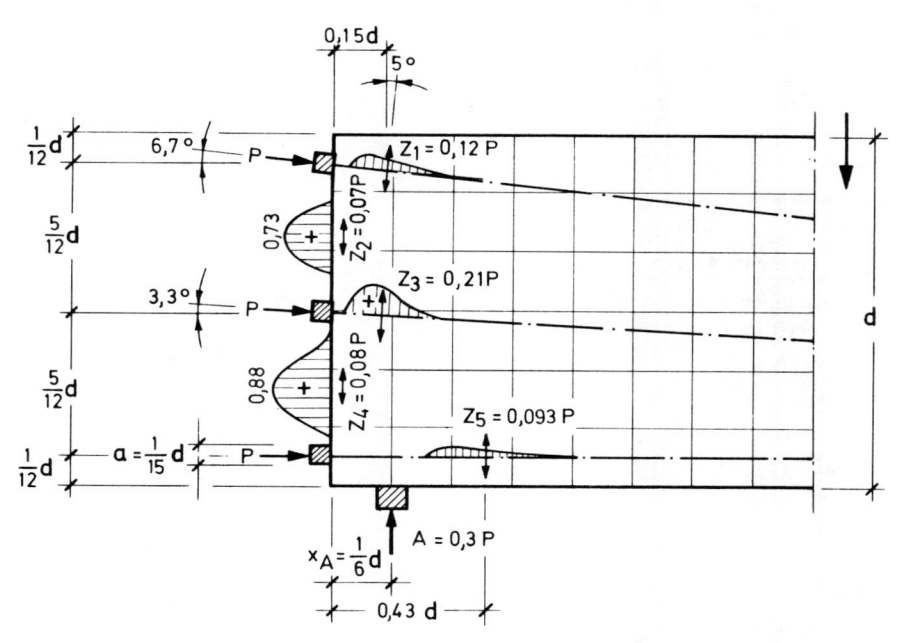

3.3 Bemessung für die Spaltkräfte bei zweidimensionaler Einleitung konzentrierter Lasten oder Kräfte

Bild 3.30 Spaltzug- und Randzonen-Spannungen bei einem Modell mit 3 angreifenden Vorspannkräften P mit $a = 1/15\,d$ und $A = 0,3\,P$

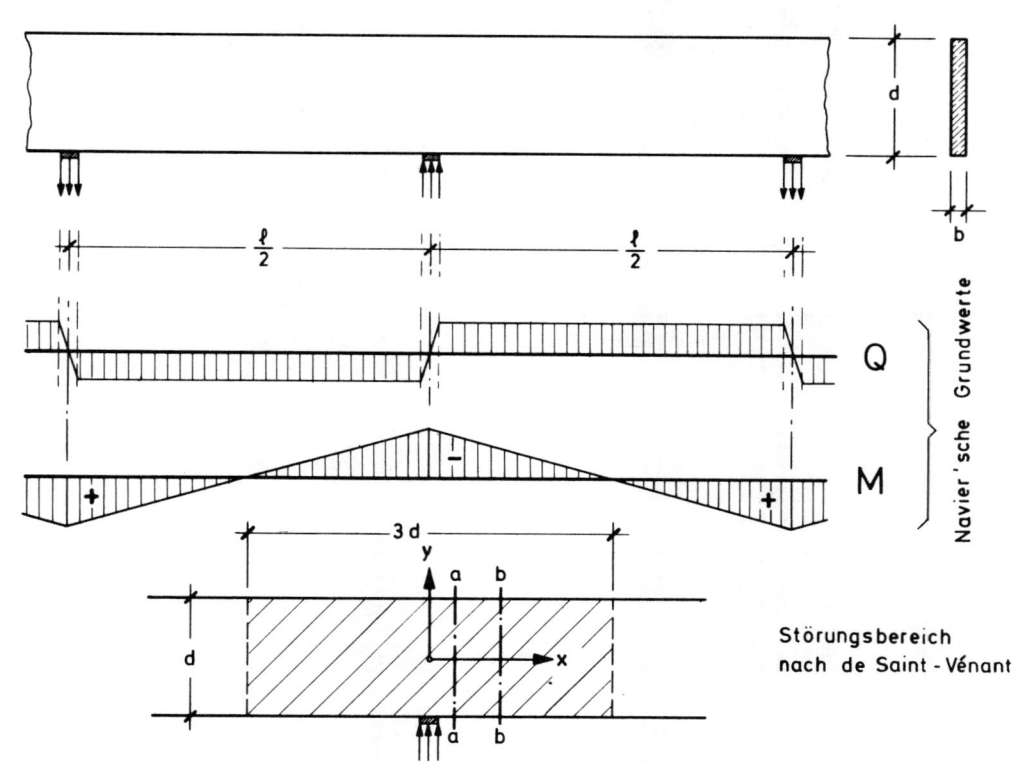

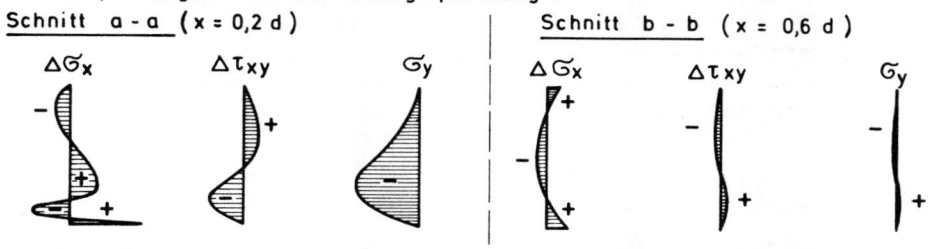

Bild 3.31 Ermittlung des Spannungszustandes an Zwischenauflagern von Durchlaufträgern mittels Überlagerung nach W. Schleeh [21]

Spannungen im Schnitt a-a

ohne Vorspannung
aus g oder g+p

mit Vorspannung
aus g+V

Bild 3.32
Spannungen am unteren Rand
neben Zwischenstützen von
durchlaufenden Stahlbeton-
und Spannbetonträgern

$a_V = 0,2\,\ell$

σ_u infolge der Ausrundung der Spannglieder

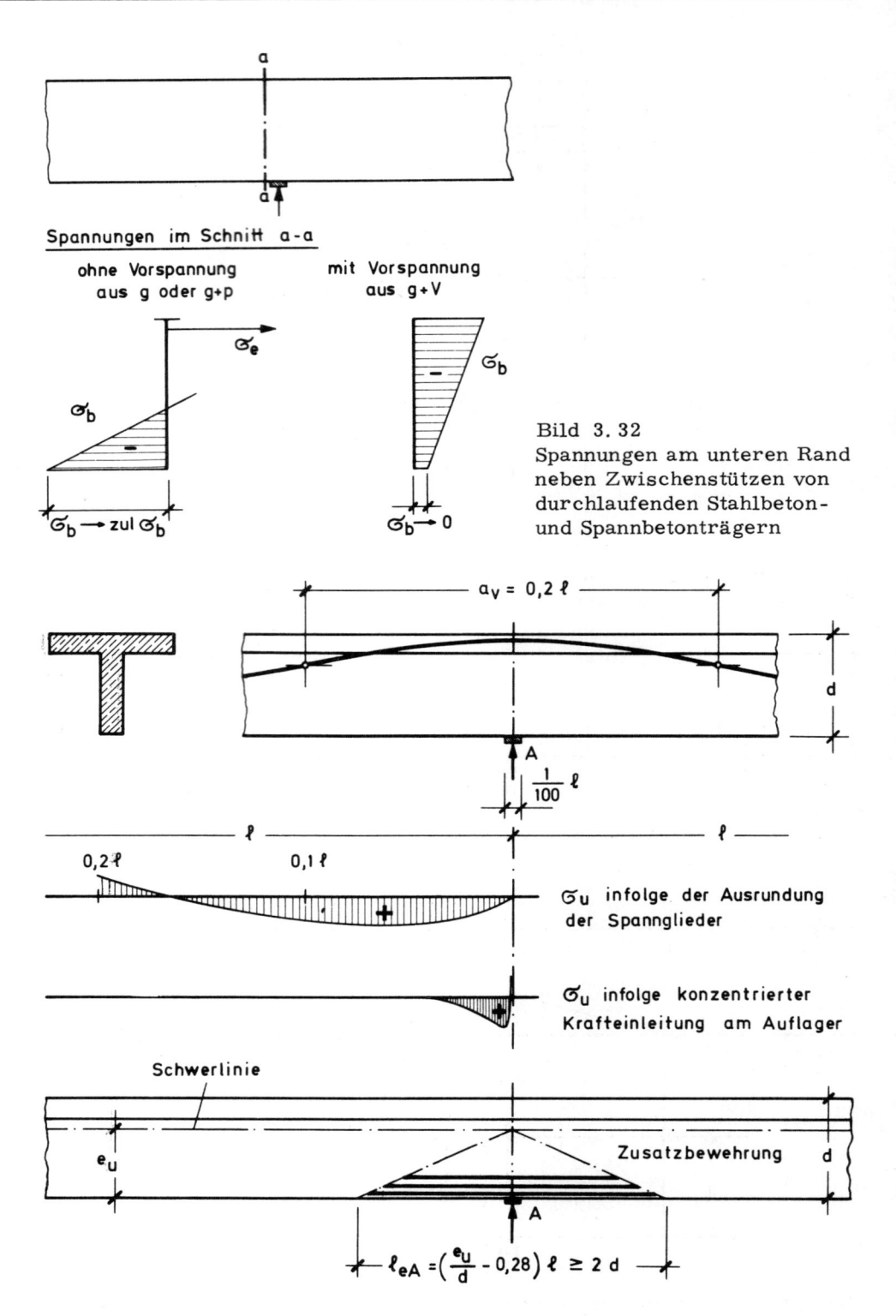

σ_u infolge konzentrierter Krafteinleitung am Auflager

Schwerlinie

Zusatzbewehrung

$\ell_{eA} = \left(\dfrac{e_u}{d} - 0,28\right)\ell \geq 2\,d$

Bild 3.33 Da nach Bild 3.32 bei vorgespannten Trägern neben Zwischenauflagern keine Biegedruckspannungen vorliegen, entstehen dort infolge zu langer Spanngliedausrundung und Einleitung der Auflagerkraft Zugspannungen, die durch Bewehrung zu decken sind [55]

3.3 Bemessung für die Spaltkräfte bei zweidimensionaler Einleitung konzentrierter Lasten oder Kräfte

3.3.7 Die innerhalb der Scheibe angreifende Einzelkraft

In Wandscheiben können Balkenlasten angreifen, bei Spannbetontragwerken werden Spannglieder häufig innerhalb einer Platte, eines Steges oder dergl. verankert. Dabei wirkt das hinter dem Kraftangriff liegende Scheibenteil mit und muß gewissermaßen angehängt werden. Nach der Stuttgarter Arbeit von R. K. Müller und D. W. Schmidt [56] ergibt sich das in Bild 3.34 dargestellte Trajektorienbild. Die Zugkräfte werden für die Bemessung der Bewehrung in drei Gruppen Z_1, Z_2 und Z_3 erfaßt, deren Größen abhängig von d/a aus dem Diagramm Bild 3.35 zu entnehmen sind. Die Anhängebewehrungen Z_2 und Z_3 sind vom Kraftangriff aus mindestens mit 2 a_o (a_o = Verankerungslänge für zul σ_e) zu verankern. Die Spaltbewehrung Z_1 ist etwa nach Bild 3.6 und 3.7 in x-Richtung zu

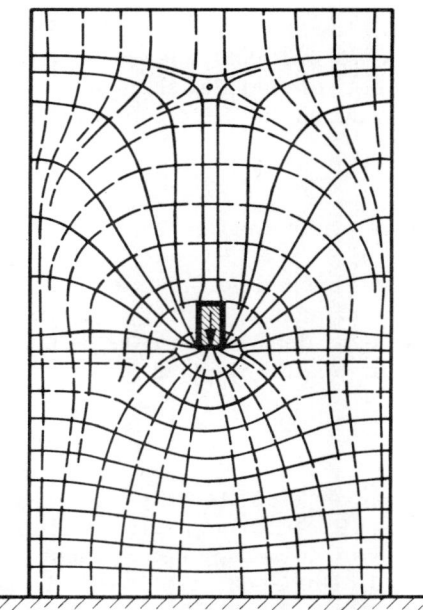

Bild 3.34 Hauptspannungstrajektorien in einer Scheibe, die durch eine in ihrem Inneren angreifende Last beansprucht wird [56]

verteilen und in y-Richtung von der Kraftachse aus nach beiden Seiten je d/2 bzw. mindestens je 3 a + a_o lang zu machen.

Bei in der Scheibe angreifenden Kräften können an den Außenflächen liegende Netzbewehrungen für diese Zugkräfte angerechnet werden. Auf die Aufhängebewehrung für Z_2 und Z_3 kann verzichtet werden, wenn die Scheibe mit der Dicke t an der Angriffsstelle der Kraft eine Druckspannung von $\sigma_x \geq 0,1\ p = 0,1\ P/a\ t \geq 10\ kp/cm^2$ in Kraftrichtung aufweist, die genügt, um Querrisse an der Laststelle zu verhüten.

J. Eibl und G. Jvanyi [57] haben die Zugkräfte für einbetonierte Spanngliedanker mit Hilfe finiter Elemente berechnet. Es ergaben sich kleinere Zugspannungen hinter der Einleitungsstelle. Eine Überprüfung an Versuchskörpern zeigte, daß es für die Rissefreiheit wesentlich auf die Betondeckung des Verankerungskörpers in der Scheibe ankommt. Auch die Anordnung mehrerer Verankerungsstellen zueinander (niemals in einer Reihe, ergibt Reißverschlußwirkung!) ist von Bedeutung.

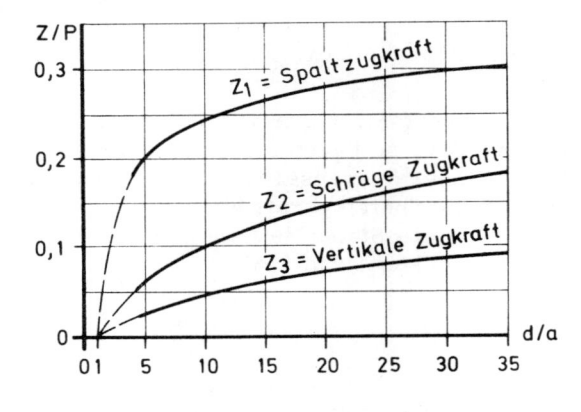

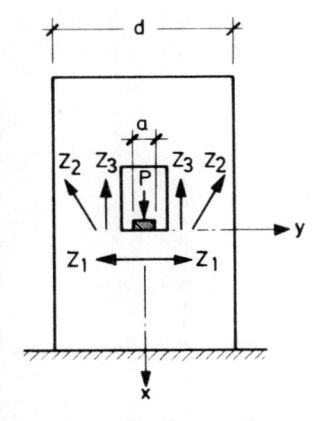

Bild 3.35 Größe der Spaltzugkräfte Z_1 bis Z_3 in einer in ihrem Inneren belasteten Scheibe [56]

Durch das Auftreten von Rissen wird die Mitwirkung der Scheibe hinter dem Lastangriff geschwächt und die Zugkraft in Anhängebewehrungen weiter verkleinert. Es wäre jedoch falsch, bei solchen Bewehrungen zu sparen, weil sich die Risse an diesen Stellen durch das Kriechen vor der Laststelle dann zu sehr öffnen würden.

3.3.8 Durch Verbund an Stahlstäben eingeleitete Kräfte

Die Einleitung einer Kraft aus einem über Verbund verankerten Stab (z. B. gerippte Spannstähle bei Spannbettvorspannung) erzeugt unabhängig von der Lage des Stabes Spaltkräfte, die etwa den Werten nach 3.3.1.1 bei $d/a = 10$ entsprechen. Demnach ist die Spaltbewehrung für

$$Z_S = 0,25 \; P_{Stab}$$

zu bemessen. Die Spaltspannungen erstrecken sich über die Übertragungslänge $\ell_{ü}$, die von der Güte des Verbundes (Profilierung) und des Betons abhängt (Bild 3.36) und in der Regel bei der Zulassung der Spannstähle nach Versuchsergebnissen festgelegt wird. Die Größe der Spaltkraft ist unabhängig von $\ell_{ü}$. Die Spaltbewehrung ist auf 0,5 bis 0,7 $\ell_{ü}$ vom Spannstabende aus zu verteilen.

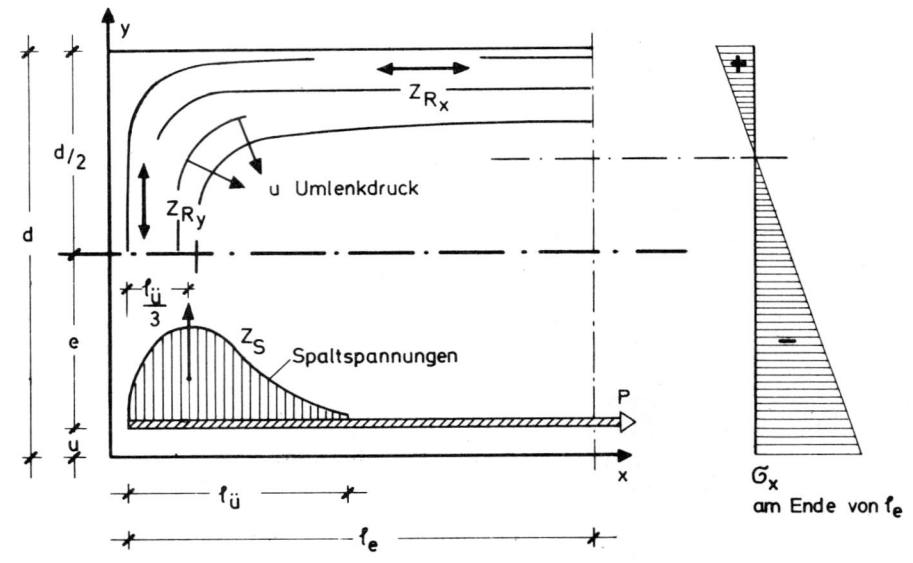

Bild 3.36 Spaltspannungen infolge Einleitung der Kraft P eines über Verbund verankerten Stabes und Lage der resultierenden Spalt- und Randzugkräfte in einem Körper mit Rechteckquerschnitt.

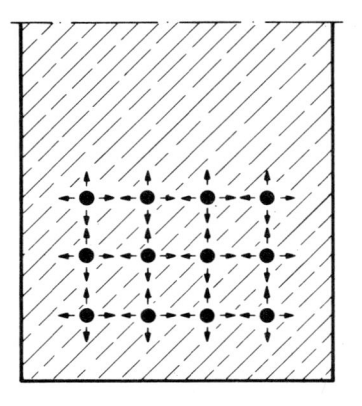

Liegen mehrere Stäbe oder Spanndrähte nebeneinander, so heben sich die Spaltkräfte im Innern gegenseitig auf, und es bleibt nur die Spaltzugkraft für die Spannkraft eines Stabes je Lage oder einer Reihe abzudecken (Bild 3.37).

Bild 3.37 Bei Verankerung mehrerer Vorspanndrähte über Verbund heben sich die Spaltkräfte der Einzeldrähte z. T. gegenseitig auf.

3.3 Bemessung für die Spaltkräfte bei zweidimensionaler Einleitung konzentrierter Lasten oder Kräfte

Neben der Spaltzugkraft sind die Randzugkräfte und die weiteren Querzugkräfte zu beachten, die in der Scheibe durch die Ausbreitung der verankerten Kräfte (Spannkräfte) entstehen. Dabei ist natürlich die gesamte Ankerkraft aller Stäbe oder Drähte maßgebend.

Die Querzugkräfte Z_{Ry} am Rand können nach Bild 3.18 bemessen werden, sie wirken etwa im hinteren Drittel der Übertragungslänge $\ell_ü$. Ein Teil der Spaltbewehrung wird in der Regel zur Deckung dieser Querzugkräfte mitbenützt.

Die Randzugkräfte Z_{Rx} hängen von der Ausmitte e/d des Kraftangriffs ab und ergeben sich aus dem Zugkeil der σ_x am Ende der Eintragungslänge ℓ_e, die bei Rechteckscheiben etwa zu $\ell_ü/3 + (d - u)$ anzunehmen ist. J. Plähn und K. Kröll [41] geben die Eintragungslänge an mit

$$\ell_e = d \left[1 + 0,15 \left(\frac{\ell_ü}{d} \right)^2 \right].$$

Im Eintragungsbereich neben $\ell_ü$ genügt in der Regel die übliche Mindest-Querbewehrung, weil die Umlenkung der Zugkräfte von Z_{Ry} nach Z_{Rx} Querdruck gibt.

Bei T- oder I-Querschnitten sind die Flansche in üblicher Weise mit Querbewehrung für die Krafteinleitung anzuschließen. Die Querzugkraft wird dabei aus der in die Flansche gelangenden Kraft im entsprechend verlängerten Eintragungsbereich unter der Annahme von 45°-Druckstreben berechnet (vgl. [1a, Abschn. 8.6.1]).

3.3.9 Einleitung einer Einzelkraft in einen Plattenbalken

Ein Stuttgarter Versuch von M. Sargious (Bild 3.38) zeigt die Spannungstrajektorien und die Zugkräfte im Steg für eine etwa im Schwerpunkt des T-Querschnittes geneigt angreifende Vorspannkraft P. Die Kraft muß sich nicht nur im Steg, sondern auch in der Platte ausbreiten, was die Spaltkraft ähnlich vergrößert, wie wenn der Steg über der Kraft höher wäre.

Als Näherung wird empfohlen, folgendermaßen vorzugehen (Bild 3.39): Man rechnet die Spannungen $\sigma_x = \frac{P}{F} + \frac{P \cdot e}{W}$ am Ende der Einleitungslänge ℓ_e, wobei $\ell_e = h_v + b \geq d_o$ anzunehmen ist. Der Steg wird nach Abschnitt 3.2 behandelt mit einem Ersatzprisma von der Kantenlänge $d_1 = 2 h_v \leq d_o$. Die Querzugkraft in der Platte ergibt sich aus dem in die Platte einzuleitenden Anteil der Vorspannkraft

$$P_{p\ell} = b \cdot d \cdot \sigma_{x,p\ell},$$

dabei ist die Platte als innerhalb der Stegdicke b_o belastete Scheibe mit der Breite b zu betrachten. Die Ausbreitung beginnt etwa im Abstand $x = 0,7 h_v$ vom Rand des Plattenbalkens. Die Spaltzugkraft errechnet sich aus $P_{p\ell}$ für b/b_o anstelle von d/a in Bild 3.8. Die Querbewehrung ist nach Bild 3.6 zu verteilen. Wirkt gleichzeitig eine Querkraft Q infolge von Lasten und Auflagerkräften in y-Richtung, dann ergeben sich daraus zusätzliche schiefe Zugspannungen, die durch zusätzliche Bewehrung aufzunehmen sind (vgl. [1a, Abschn. 8.6.1]).

In [58] haben A. L. Yettram und K. Robbins dieses Näherungsverfahren mit dem Verfahren finiter Elemente überprüft und festgestellt, daß es Lösungen auf der sicheren Seite liefert. <u>Neuere Untersuchungsergebnisse an I-Querschnitten in [78], s. dazu Nachtrag auf S. 89.</u>

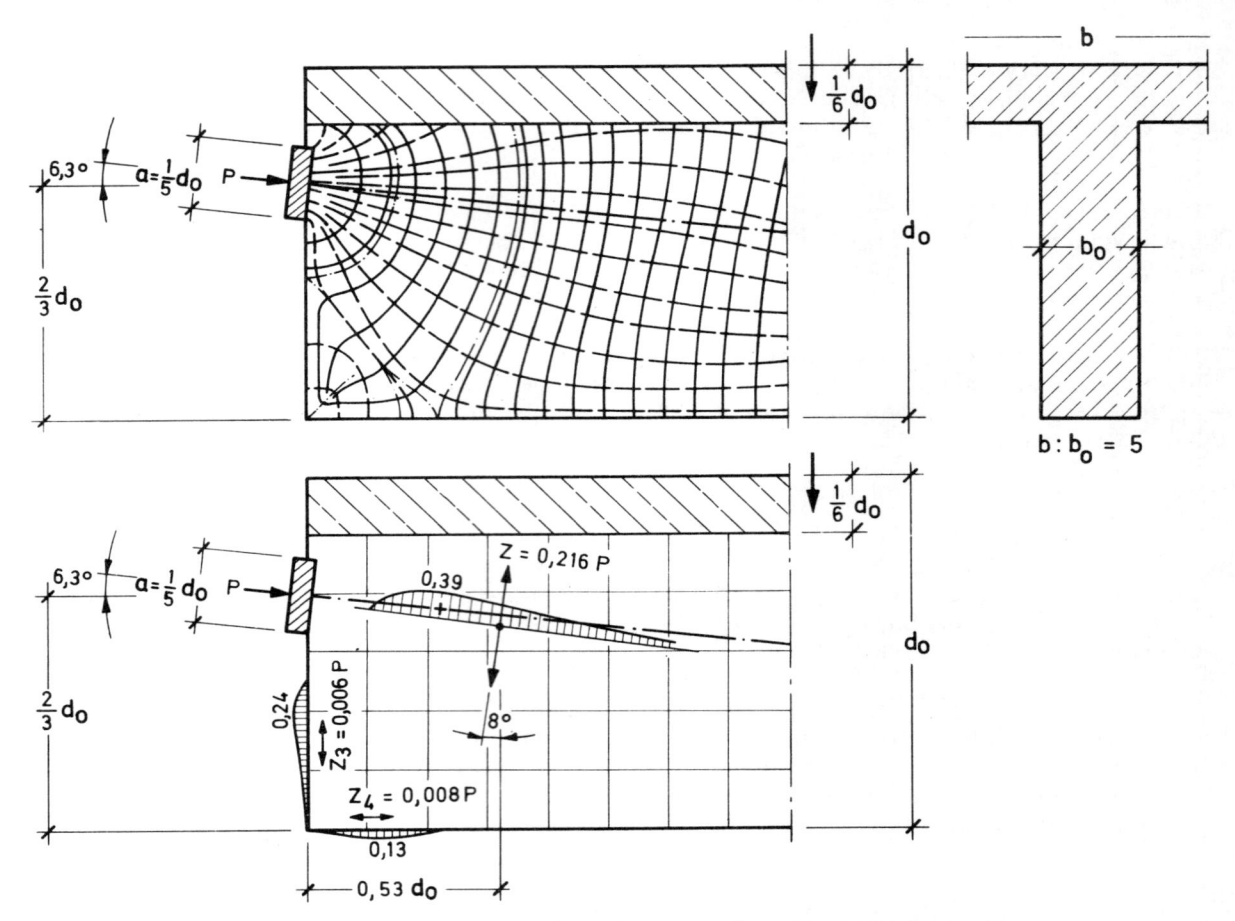

Bild 3.38 Hauptspannungstrajektorien (oben) und Spaltspannungen (unten) am Modell eines Plattenbalkens mit P in 2/3 d_o von unten angreifend und b/b_o = 5 [44]

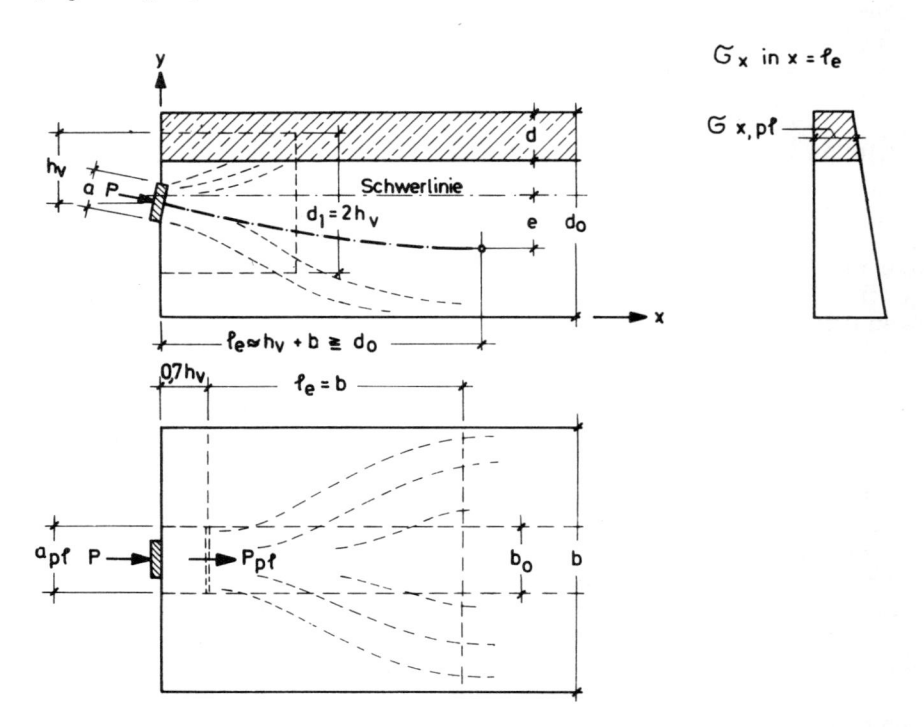

Bild 3.39 Ersatzprismen zur Ermittlung der Spaltkräfte im Steg und in der Platte eines Plattenbalkens

3.4 Bemessungswerte für die Spaltkräfte bei räumlicher, dreidimensionaler Einleitung konzentrierter Lasten oder Kräfte

Dreidimensionale Einleitung ist gegeben, wenn der Betonkörper in beiden Achsrichtungen y und z größer ist als die Lastplatte, so daß sich die Spannungen in allen Richtungen quer zur x-Achse ausbreiten.

3.4.1 Die mittige Einzellast

3.4.1.1 Die Spaltspannungen und die Spaltkraft

Hier werden die Ergebnisse der Berechnung von Spaltkräften mit finiten Elementen nach A. L. Yettram und K. Robbins [42] benützt, die variable Abmessungen d und b des Betonblockes mit $F = db$ und der Lastfläche $F_1 = ac$ berücksichtigen (Bild 3.40). Die von S. R. Jyengar und M. K. Prabhakara in [35] und [37] veröffentlichten analytischen Ergebnisse decken sich weitgehend mit denen in [42]. Beachtlich ist, daß beim quadratischen Prisma mit stark konzentrierter Last, z.B. $F:F_1 = 25$ (Bild 3.41), die Spaltspannungen $\sigma_y = \sigma_z$ im Bereich der Achse weit größer sind als an der Oberfläche ($y = z = d/2$), dazwischen jedoch wieder kleiner. Bei großer Lastfläche, z.B. $F:F_1 = 2$ (Bild 3.42) sind dagegen die Spaltspannungen außen größer als innen. Das Maximum der Spaltzugspannungen liegt etwas näher an der Last als bei zweidimensionaler Behandlung und weicht auch in unterschiedlicher Weise von den zweidimensonal berechneten Werten ab. Die Einleitungslänge beträgt wieder rund $\ell_e \approx d$, wenn $d \geq b$ ist.

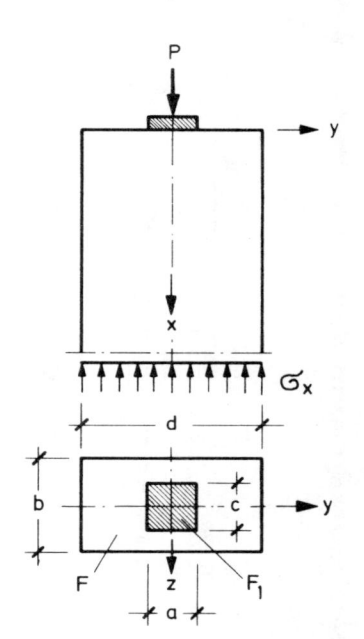

Bild 3.40 Bezeichnungen an einem durch eine konzentrierte Last beanspruchten Körper

Für das Prisma mit quadratischem Querschnitt ergibt sich die Summe der Spaltkräfte in jeder der beiden Achsebenen xy und xz in Abhängigkeit von d/a gemäß Bild 3.43 annähernd gleich groß wie in Bild 3.8, so daß hierfür die Näherung nach Gl. (3.1a) gilt:

$$Z_y = Z_z \approx 0{,}25\, P \left[1 - \frac{a}{d}\right].$$

Die für Z_y und Z_z erforderlichen Bewehrungen sind sowohl in y- als auch in z-Richtung anzuordnen; für die Verteilung in allen Richtungen geben die Bilder 3.41 und 3.42 einen Hinweis. Streng genommen, müßte bei großen $F:F_1$ noch ein Zuschlag gemacht werden, weil in den Diagonalrichtungen (45° und 135° gegen y-Achse) die radialen Hauptspannungen bis zu 45° von den Bewehrungsrichtungen abweichen, doch wird man in der Praxis darauf verzichten können.

Für Kreiszylinder unter kreisförmiger Lastfläche haben R. Hiltscher und G. Florin [59] die Spaltspannungen berechnet und den in Bild 3.44 dargestellten Verlauf gefunden: Die Größtwerte der Zugspannungen liegen näher an der Lastfläche als bei entsprechenden Verhältnissen in Scheiben, die Spannungs- und Zugkraftwerte sind aber etwas geringer- vgl. Bild 3.7 für die Scheibe (zweidimensional). Die Spaltkräfte zur Bemessung der Spaltbewehrung sollten dennoch wie beim quadratischen Prisma angesetzt werden, wobei eine Wendelbewehrung zweckmäßig ist, die in Analogie zu einem unter Innendruck (= Spaltkraft) stehenden Zylinder zu ermitteln ist. Hierzu kann man auf die für umschnürte Stahlbetonstützen in [1a, Abschn. 7.4] aufgestellten Gleichungen zurückgreifen, wenn man voraussetzt, daß die Wendelbewehrung am Ende des Spaltzugbereiches ebenfalls einen unter Innendruck stehenden zylindrischen Körper umschließt. Der Einfluß des Verhältnisses von Körperdicke zur Lastplattengröße wird dabei allerdings außeracht gelassen. Für die umschnürte Stütze wurde abgeleitet

$$\Delta N_U = -\frac{1}{\mu} \cdot \frac{\pi d_w}{2} \cdot \frac{f_{ew}}{w} \cdot \beta_{Sw} .$$

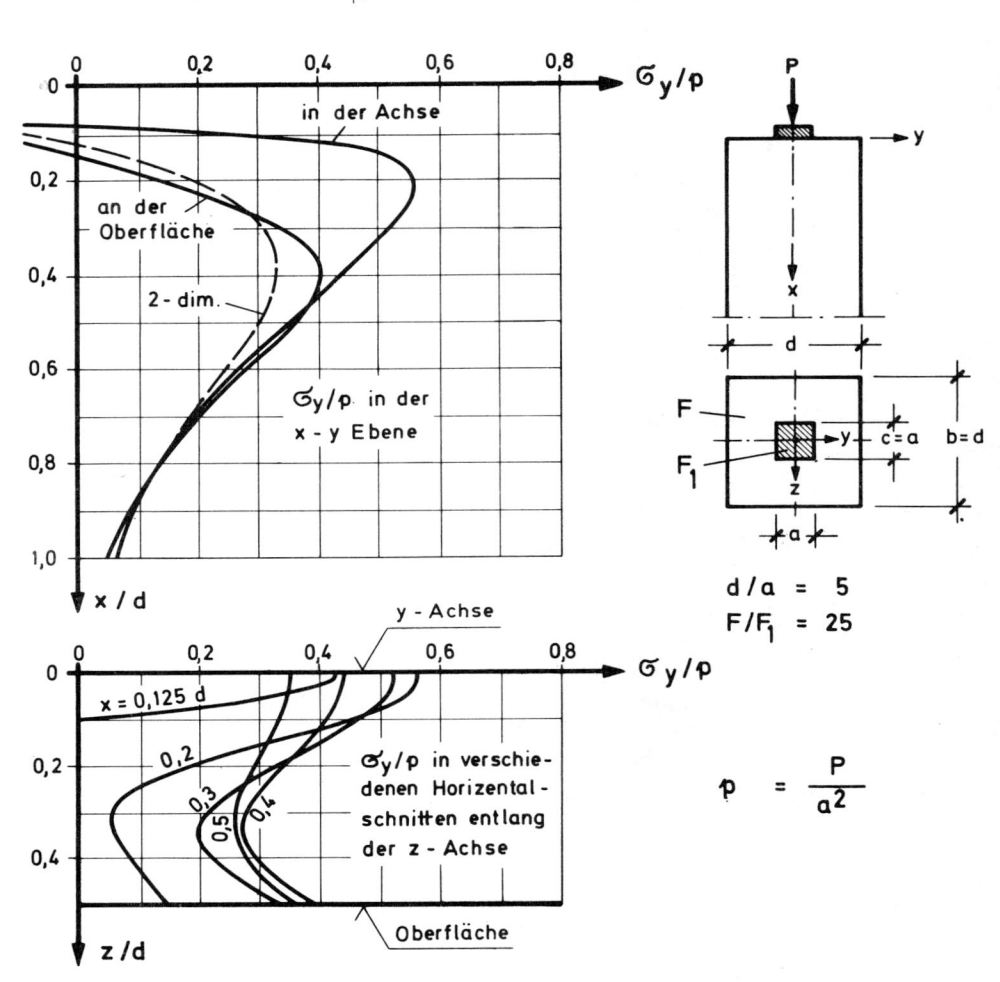

Bild 3.41 Verlauf der Spaltzugspannungen $\sigma_y = \sigma_z$ bei einem Prisma mit quadratischem Querschnitt und $F/F_1 = 25$. Oben: in der Achse und in der Mittelinie der Oberfläche in x-Richtung. Unten: in Horizontalschnitten in verschiedenem Abstand x in z-Richtung [42]

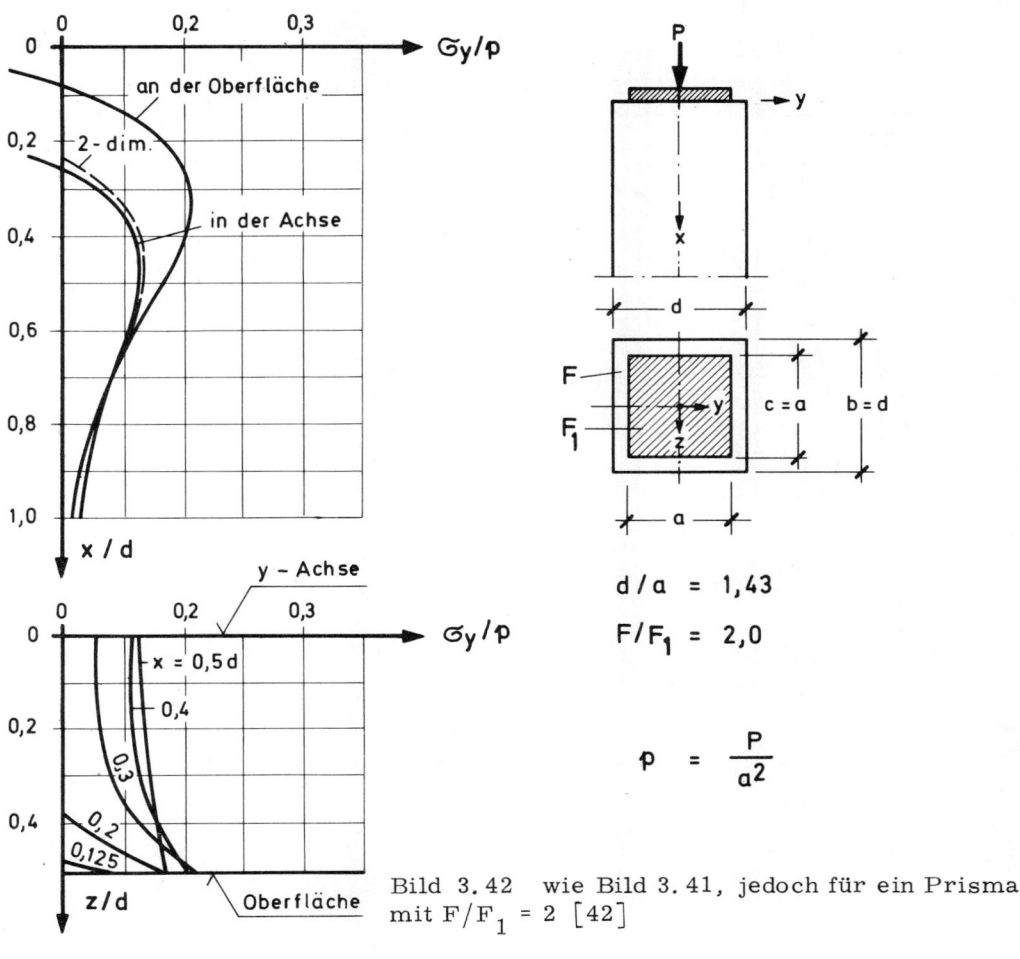

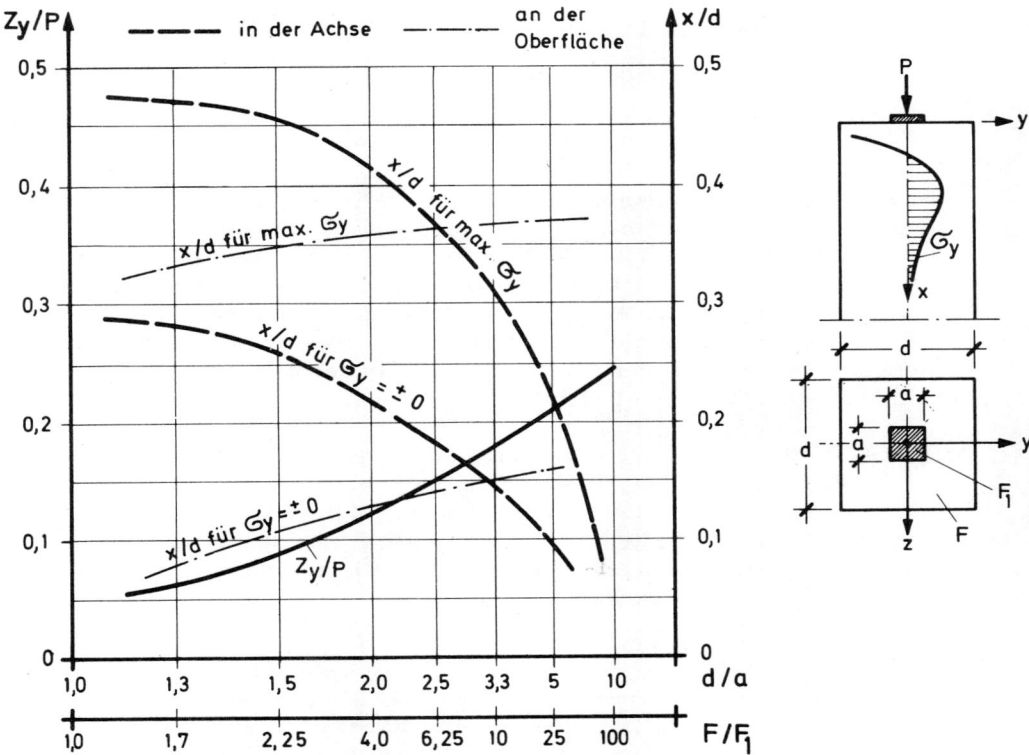

3.4 Bemessungswerte für die Spaltkräfte bei räumlicher, dreidimensionaler Einleitung konzentrierter Lasten oder Kräfte

$d/a = 1{,}43$

$F/F_1 = 2{,}0$

$p = \dfrac{P}{a^2}$

Bild 3.42 wie Bild 3.41, jedoch für ein Prisma mit $F/F_1 = 2$ [42]

Bild 3.43 Größe der Spaltzugkräfte $Z_y = Z_z$ bezogen auf die Last P, und Abstand x/d der Punkte mit max σ_y und $\sigma_y = 0$ vom oberen Rand in der Achse und an der Oberfläche eines Prismas mit quadratischem Querschnitt [42]

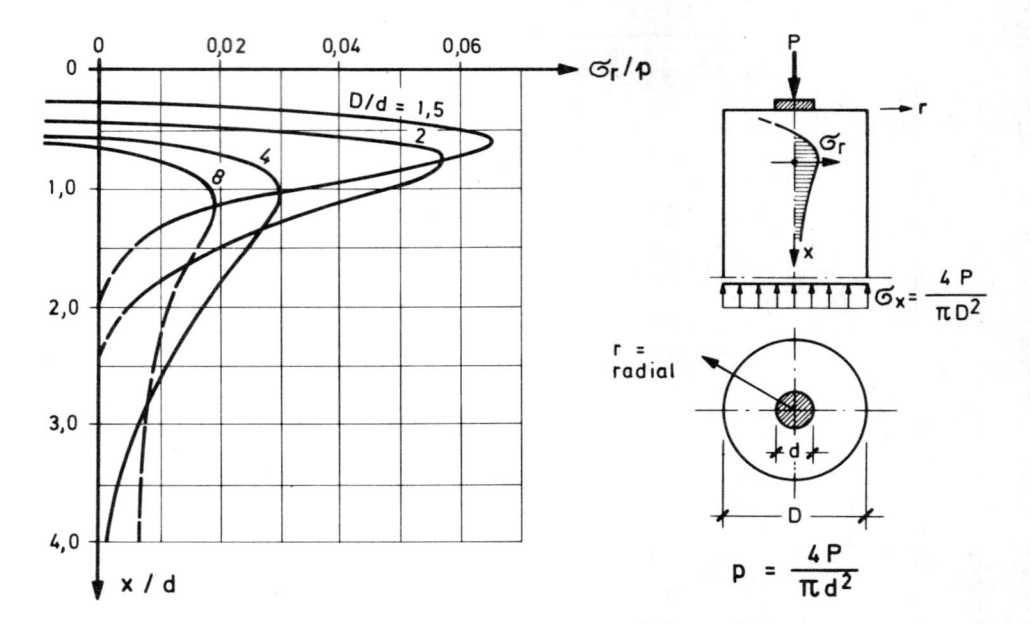

Bild 3.44 Spaltzugspannungen in der Achse eines mittig belasteten zylindrischen Körpers [59]

Mit der Querdehnzahl $\mu = 0,2$ ergibt sich daraus als Bemessungsgleichung für die Spaltzugwendel

$$\text{erf } f_{ew} = \frac{1}{8} \frac{P}{d_w \text{ zul } \sigma_e} \cdot w \qquad (3.6)$$

mit f_{ew} = Querschnitt des Wendelstabes

d_w = Durchmesser der Wendel

w = Ganghöhe der Wendel

zul σ_e = 1800 kp/cm^2 bei B St 42/50
 = 1200 kp/cm^2 bei B St 22/34.

Für rechteckige Prismen mit verschiedenen Verhältnissen d/a und b/c kann man die Lage der maximalen Spaltspannung max σ_y in der Achse und an der Oberfläche aus Bild 3.45 und ihre Größe aus Bild 3.46 entnehmen. Die Spannung max σ_z ergibt sich aus der Umkehrung der Seitenverhältnisse. Die an einem Körper gleichzeitig auftretenden max σ_y und max σ_z sind nicht gleich groß und liegen auch nicht an der gleichen Stelle x. Der Verlauf der Spaltspannungen in der Achse entspricht etwa dem beim quadratischen Prisma für das jeweilige Verhältnis d/a bzw. b/c.

Die Größe der Spaltkräfte ergibt sich ebenfalls bei rechteckigen Prismen für die y- und z-Richtung unterschiedlich je nach den Verhältnissen d/a und b/c. Solange noch keine Auswertungen vorliegen, behilft man sich damit, daß Z_y und Z_z je für die volle Last P mit den zugehörigen d/a bzw. b/c aus dem für zwei-dimensionale Fälle geltenden Diagramm Bild 3.8 entnommen werden.

3.4.1.2 Die Randzonen - Zugkräfte

Die Randzonen-Zugkräfte als Summe der Randzugspannungen auf der belasteten Stirnfläche und in den Eckbereichen treten bei der dreidimensionalen Ausbreitung in etwa gleicher Art und Größe auf wie sie in 3.3.1.3 geschildert wurden.

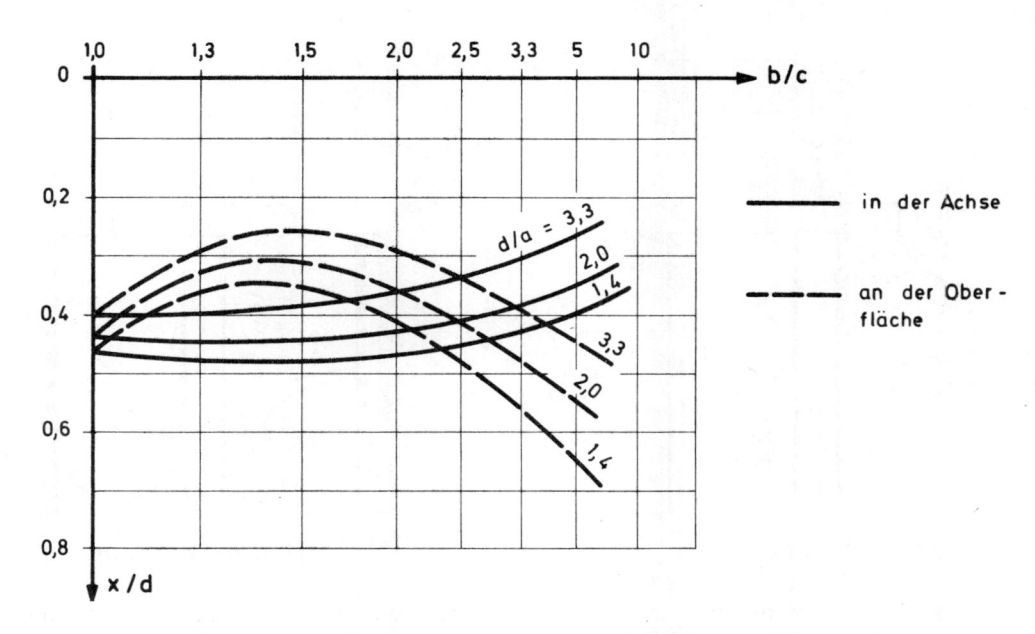

3.4 Bemessungswerte für die Spaltkräfte bei räumlicher, dreidimensionaler Einleitung konzentrierter Lasten oder Kräfte

Bild 3.45 Abstand x/d der maximalen Spaltzugspannung max σ_y in der Achse und an der Oberfläche von prismatischen Körpern mit verschiedenen Verhältnissen d/a und b/c der Lastfläche zu den Prismenabmessungen [42]

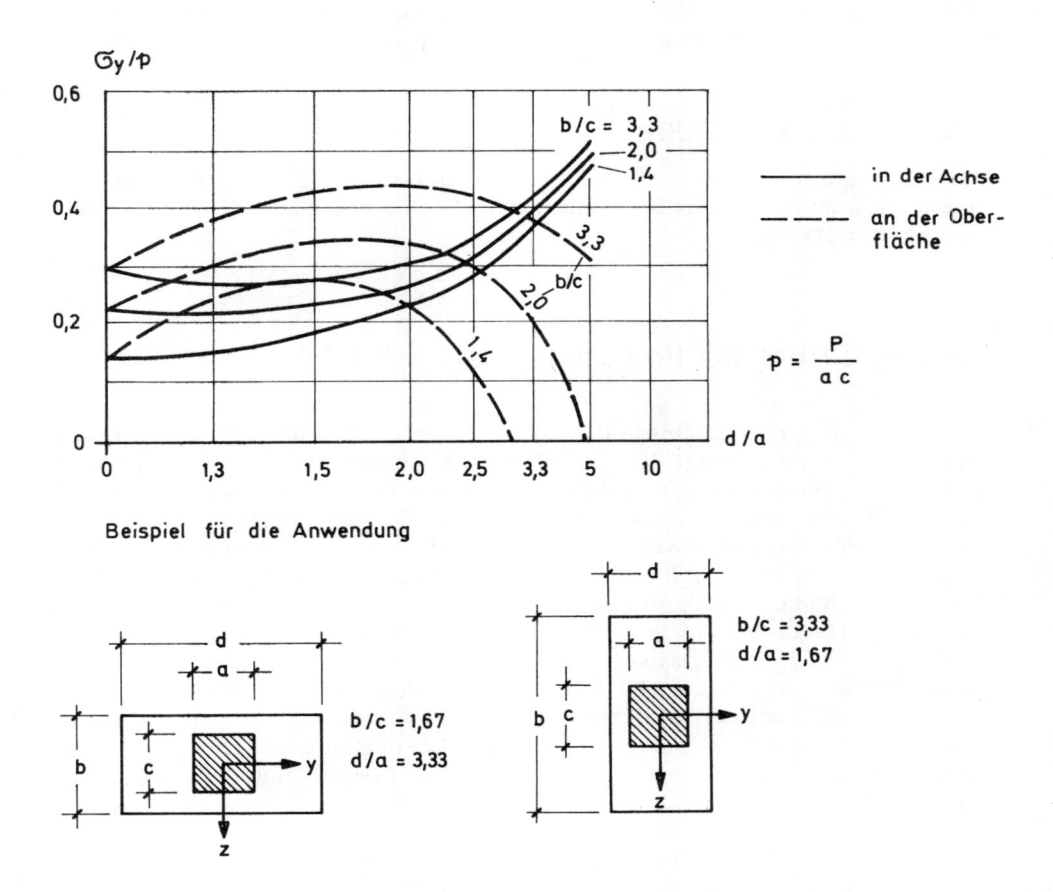

Beispiel für die Anwendung

$b/c = 1,67$
$d/a = 3,33$

$b/c = 3,33$
$d/a = 1,67$

$p = \dfrac{P}{ac}$

Bild 3.46 Größe der maximalen Spaltzugspannung max σ_y/p in der Achse und an der Oberfläche prismatischer Körper - vgl. Bild 3.45 [42]

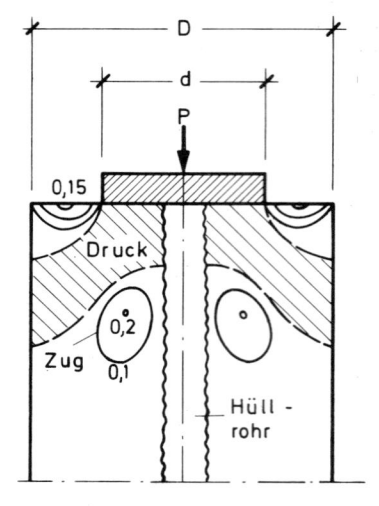

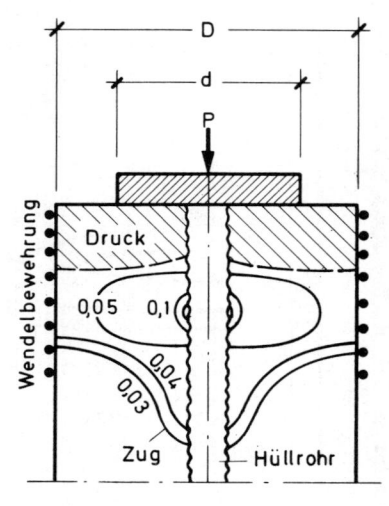

Bild 3.47 Randzonen-Spannungen in einem durch ein Hüllrohr geschwächten Zylinder (links) und ihre Aufnahme durch kräftige (vorgespannte) Wendelbewehrung (rechts)

Behindert man die Querdehnung des Betonblockes nahe der Lastfläche durch Umschnürung und erzeugt so radiale Druckspannungen, dann verschwinden die Randzonen-Zugkräfte (Bild 3.47). Daher sind Wendelbewehrungen an Spanngliedankern und unter anderen hohen Lastkonzentrationen stets als günstig wirkend zu betrachten.

3.4.2 Die ausmittige Einzellast

Für die dreidimensionale Einleitung von ausmittigen Einzellasten geht man analog zu 3.4.1 vor und benützt hilfsweise die Werte für zweidimensionale Ausbreitung.

3.5 Begrenzung der Pressung in der Lastfläche

Ist die Fläche, auf die eine Last wirkt, merklich kleiner als die Körperoberfläche, dann versagt der Beton erst bei Pressungen, die viel größer sind als die Würfeldruckfestigkeit, weil unter der Lastfläche zweiachsiger Querdruck (also insgesamt dreiachsiger Druck) entsteht. Ist der Körper gegen Spalten geschützt, z. B. durch sehr große Abmessungen, mehrachsigen seitlichen Druck oder durch Umschnürung oder andere Querbewehrungen, dann wird der Beton nur örtlich im Bereich eines Kegels unter der Lastplatte zerstört. Das Problem wurde schon sehr früh von J. Bauschinger [60] und C. Bach [61] untersucht. Aus Versuchen an mittig belasteten, bewehrten und unbewehrten Betonzylindern hat H.-P. Spieth [62] ermittelt, daß die Grenzpressung vom Verhältnis der Körperquerschnittsfläche zur Lastfläche nach einem Potenzgesetz abhängig ist. Die folgende Beziehung wurde für unbewehrte Körper abgeleitet (vgl. Bild 3.48).

$$p_U = \beta_p \sqrt{\frac{F}{F_1}} \leq 9\, \beta_p \qquad (3.7)$$

wobei F = Querschnittfläche des Körpers
und F_1 = Lastfläche
bedeuten.

3.5 Begrenzung der Pressung der Lastfläche

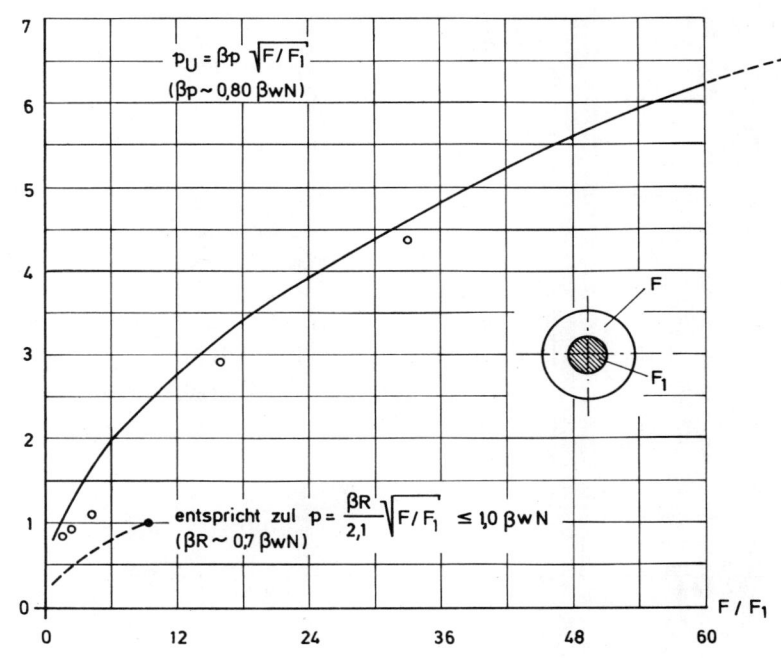

Bild 3.48 Bruchpressung p_U nach Versuchen von Spieth [62] an unbewehrten, mittig belasteten Betonzylindern und Vergleich mit Gl. (3.7), sowie zul p nach DIN 1045

Für unbewehrten Beton wird ein Sicherheitsbeiwert $\nu = 3$ empfohlen.

Für bewehrten (umschnürten) Beton ergeben sich je nach Grad und Art der Bewehrung noch höhere Werte p_U mit einer oberen Grenze, die noch über 9 β_p liegt [63]. Man kann also z.B. Stahlpfähle ohne lastverteilende Kopfplatten gegen den Beton Bn 350 von Pfahlkopfplatten wirken lassen ($p_U \approx 2500$ kp/cm^2 $\sim \beta_S$ des St 37) (vgl. Versuche von U. Smoltzcyk, Stuttgart, noch unveröffentlicht).

$$\text{zul } p = \frac{\beta_R}{2,1} \sqrt{\frac{F}{F_1}} \leq 1,4 \ \beta_R \approx 1,0 \ \beta_{wN} \qquad (3.8)$$

Dieser Grenzwert ist sehr vorsichtig gewählt.

Hohe Pressungen über $p = \beta_R$ sollten dennoch nur dann angewandt werden, wenn sich die Querdruckspannungen zuverlässig entwickeln können (kein Querzug aus anderen Ursachen), und wenn die auftretenden Spaltzugspannungen durch Bewehrung aufgenommen werden.

Für die Größe der Fläche F ist anzunehmen, daß die Druckspannungen sich nicht flacher als 2/1 und konzentrisch im Körper von der Lastfläche $F_1 = b_1 \cdot d_1$ auf die rechnerische Verteilfläche $F = b \cdot d$ ausbreiten. Aus diesen Bedingungen und dem Grenzwert der Gl. (3.8) folgen die in DIN 1045 (vgl. Bild 3.49) angegebenen zusätzlichen Regeln:

a) Die Schwerpunkte der Lastfläche F_1 und der in Rechnung gestellten Verteilfläche F müssen auf der Wirkungslinie der Last liegen.

b) Die Verteilfläche darf höchstens mit $F = b \cdot d = 3 b_1 \cdot 3 d_1$ in Rechnung gestellt werden.

c) Der Abstand h der Verteilfläche von der Lastfläche muß größer sein als $b - b_1$ bzw. $d - d_1$. Daraus folgt bei beschränkter Körperhöhe h für die zul. Kantenlängen der rechnerischen Verteilfläche F:

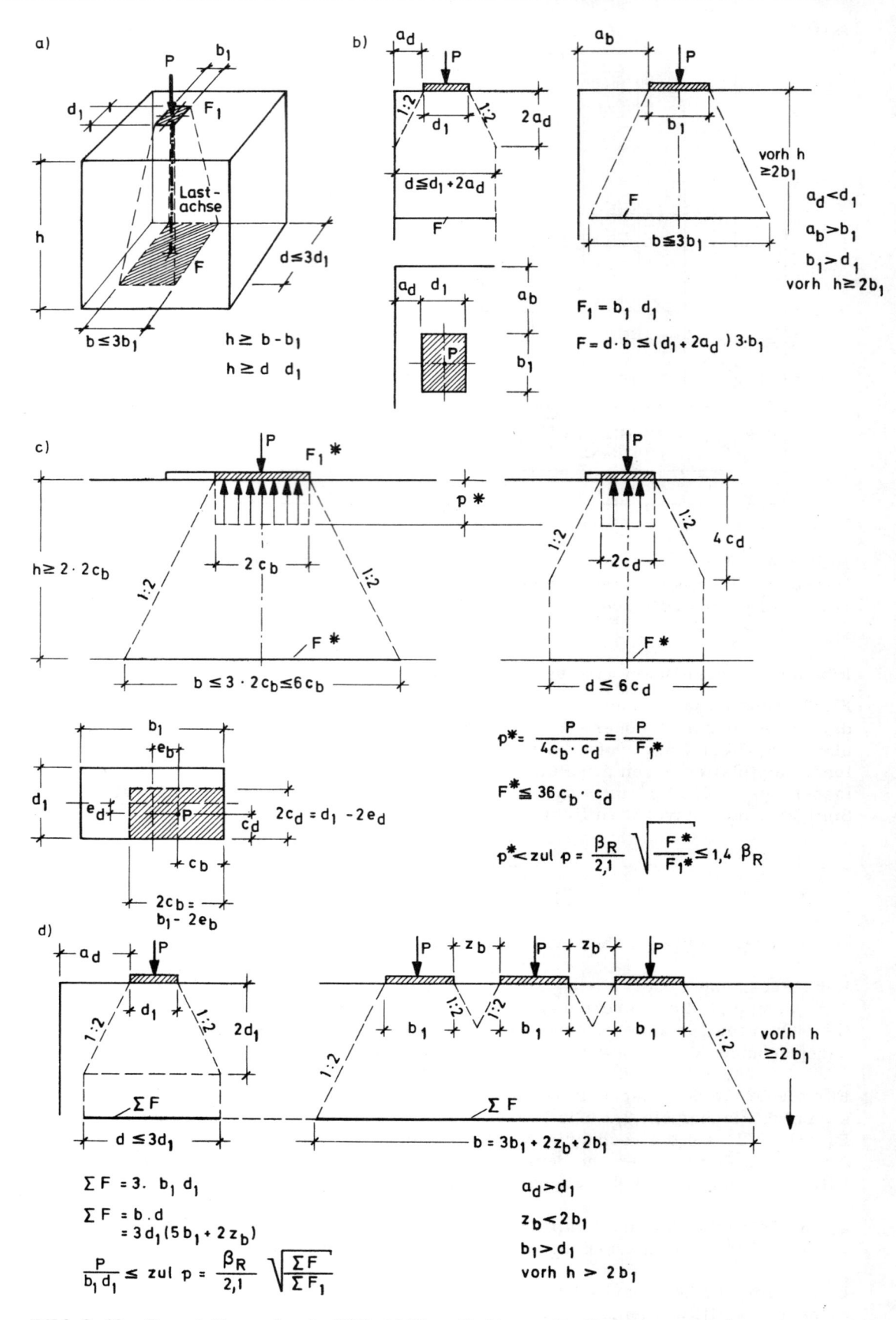

Bild 3.49 Darstellung der in DIN 1045 enthaltenen Bedingungen zur Anwendung der Gl. (3.8): a) Regelfall; b) Lastplatte am Rand eines Körpers; c) ausmittig belastete Lastplatte; d) sich überschneidende Verteilflächen

$$\text{zul } b \leqq \text{vorh } h + b_1 \leqq 3 b_1 \text{ oder } b_1 + 2 a_b$$
und $\quad$ $\text{zul } d \leqq \text{vorh } h + d_1 \leqq 3 d_1 \text{ oder } d_1 + 2 a_d.$ $\qquad$ (3.9)

Ist vorh h größer als das Doppelte der größten Kantenlänge b_1 bzw. d_1 der Lastfläche, dann führt Gl. (3.8) zu dem Grenzwert

$$\text{zul } p \leqq 1,4 \, \beta_R \, .$$

Für den Einfluß einer vorhandenen Körperhöhe h auf zul p hat B. K u y t [64] einen Beiwert angegeben, der sich ähnlich auswirkt wie die Begrenzung der Verteilfläche F nach DIN 1045.

Die Bedingung a) wirkt sich auf die Größe der Verteilfläche insbesondere bei Lasten aus, die in Rand- oder Eckbereichen der Körperoberfläche stehen (vgl. Bild 3.49 b).

Wenn sich die Verteilflächen F <u>nebeneinander angreifender Lasten</u> überschneiden, dann darf die zulässige Pressung p nur aus der in der Höhe der Überschneidungslinie vorhandenen Verteilfläche F in Bezug auf F_1 berechnet werden (vgl. Bild 3.49 d).

3.6 Einleitung von Kräften parallel zur Oberfläche eines Betonkörpers

3.6.1 Krafteinleitung über Bolzen

Ein in den Beton eingelassener Bolzen gleicht einem elastisch gebetteten Stab (Bild 3.50). Am vorderen Rand entsteht eine hohe Pressungsspitze, die von der Biegesteifigkeit und der Festigkeit des Bolzenstabes und dem E-Modul des Betons (Steifigkeit der Bettung) abhängig ist. Für eine zuverlässige rechnerische Behandlung fehlen Werte über das Verhalten des Betons bei der hier auftretenden Beanspruchungsart. Es ist daher zuverlässiger, die Tragfähigkeit auf Versuchsergebnisse, z.B. die von B.H. R a s m u s s e n [65], abzustützen. Er gibt an:

Fall 1:

Wenn das Ausbrechen des Betons unter der Austrittsstelle des Bolzens durch eine angeschweißte Platte oder durch einen Winkel (Bild 3.51) behindert ist

$$P_U = 2,5 \, \emptyset^2 \sqrt{\beta_p \cdot \beta_S} \qquad (3.10)$$

Fall 2:

Das Ausbrechen des Betons ist nicht behindert

$$P_U = 1,3 \, (\sqrt{1 - 1,69 \, \epsilon^2} - 1,3 \, \epsilon) \, \emptyset^2 \sqrt{\beta_p \cdot \beta_S} \qquad (3.11)$$

Wird der Abstand e → 0, so vereinfacht sich Gl. (3.11) zu

$$P_U = 1,3 \, \emptyset^2 \sqrt{\beta_p \cdot \beta_S} \qquad (3.11\text{a})$$

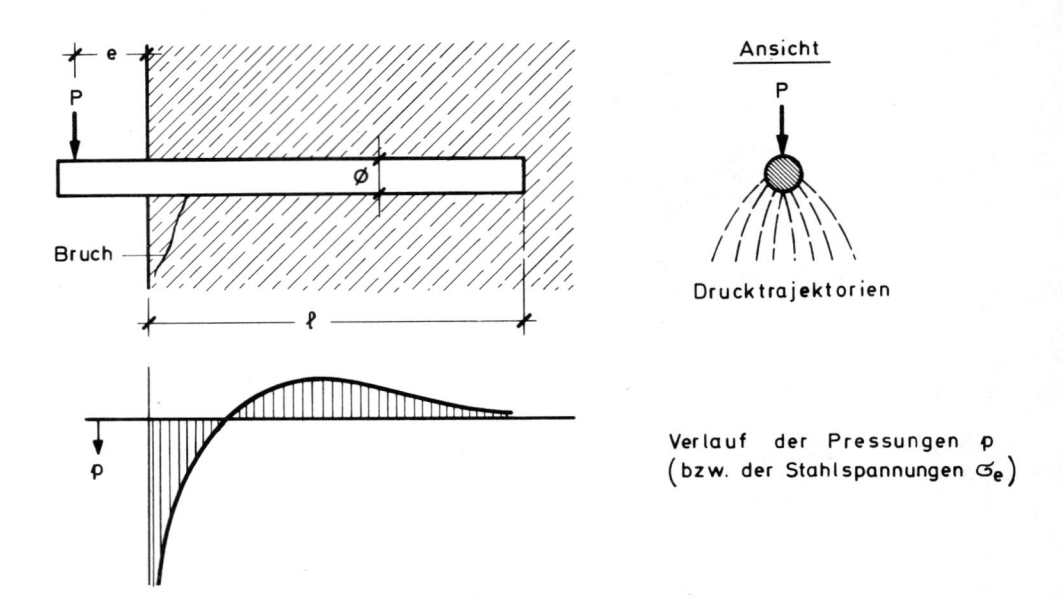

Bild 3.50 Pressungen an einem in den Betonkörper eingelassenen Bolzen

In diesen Formeln bedeuten:

$\emptyset$ = Durchmesser des Bolzens [cm]

β_S = Streckgrenze des Stahls des Bolzens [kp/cm^2]

β_p = Prismendruckfestigkeit des Betons [kp/cm^2]

$\epsilon = 3 \dfrac{e}{\emptyset} \cdot \dfrac{\beta_p}{\beta_S}$ mit e = Abstand des Angriffspunktes der Kraft P von der Betonoberfläche

P_U = Traglast [kp]

Der Bolzen muß mit einer Länge $\ell \geq 6\,\emptyset$ einbetoniert und der Betonkörper im Verhältnis zum Bolzendurchmesser sehr groß oder umschnürt sein.

Die Versuche, die zu diesen Gleichungen führten, wurden mit Abständen e der Last vom Beton von 0 bis 1,3 cm und Bolzendurchmessern $\emptyset \leq 2,4$ cm ausgeführt. Die Gleichungen (3.10) und (3.11) gelten also streng genommen nur bei solchen Verhältnissen.

B. H. Rasmussen schlägt zur Anwendung seiner Gleichungen als Sicherheitsbeiwert $\nu = 5$ vor, um sicherzustellen, daß die Verschiebung des Bolzens an der Laststelle unter Gebrauchslast $v \leq 0,005\,\emptyset$ bleibt.

Demnach ist zul $P = \dfrac{1}{5} P_U$.

Die Auswertung ergibt für $\beta_p \sim 0,8\,\beta_{wN}$ und Stahl mit $\beta_S = 2200$ kp/cm^2 bzw. $\beta_S = 4200$ kp/cm^2 die in Tab. 3.1 aufgeführten Gebrauchslasten.

Von M. Wiedenroth mit Zuschrift von Th. Baumann wurden in [66] auch im deutschen Schrifttum neuerdings Empfehlungen für die Bemessung querbelasteter Bolzen gegeben. Das in Anlehnung an amerikanische Richtlinien für Dübel in Betonstraßen aufgestellte Diagramm, Bild 3.52, gibt für Bn 250 und BSt 22/34 nahezu gleiche zul. Gebrauchslasten P wie nach Gl. (3.11) und (3.11a).

Auch Versuche von K. Sattler [67] für Kopfbolzendübel bei Stahlverbundplatten ergeben für e = 0 ähnliche Werte.

3.6 Einleitung von Kräften parallel zur Oberfläche eines Betonkörpers

Tabelle 3.1 : Zul. Gebrauchslasten P in Mp für einbetonierte Bolzen nach B. H. Rasmussen [65]

Lastangriff	Bolzen ∅ [mm]	in Bn 250 aus BSt 22/34	in Bn 250 aus BSt 42/50	in Bn 350 aus BSt 22/34	in Bn 350 aus BSt 42/50
mit Platte (e = 0) Gl. (3.12)	16	0,85	1,15	1,00	1,35
	20	1,30	1,80	1,55	2,15
	25	2,05	2,85	2,45	3,35
ohne Platte (e = 0) Gl. (3.13a)	16	0,40	0,60	0,50	0,70
	20	0,65	0,95	0,80	1,10
	25	1,05	1,45	1,25	1,75
ohne Platte (e = 1,5 cm) Gl. (3.13)	16	0,25	0,45	0,20	0,50
	20	0,45	0,80	0,45	0,85
	25	0,80	1,30	0,80	1,45

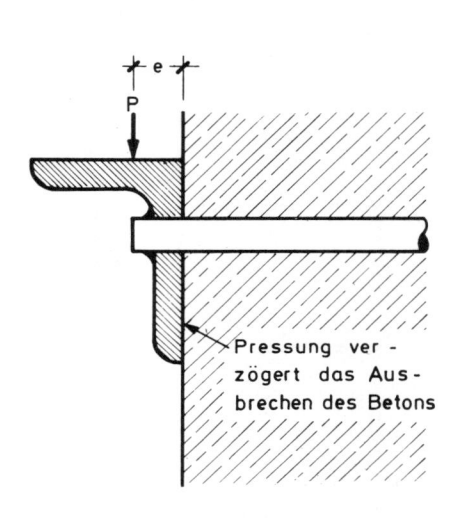

Bild 3.51 Angeschweißte Winkel oder Platten verzögern das Ausbrechen des Betons am vorderen Rand des Bolzens

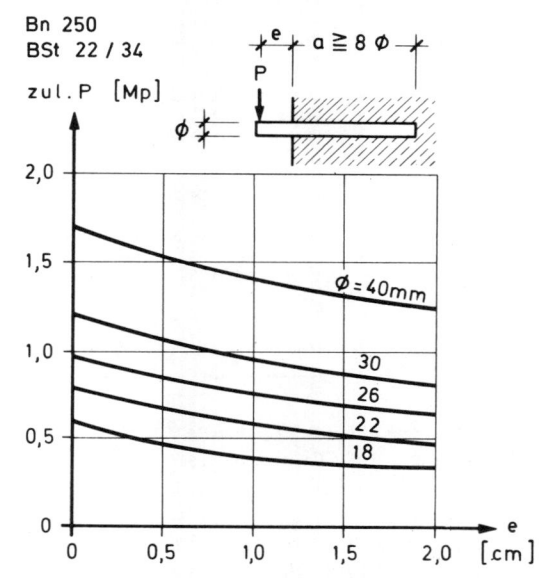

Bild 3.52 Zulässige Gebrauchslasten für einbetonierte Bolzen ohne vorgesetzte Platte in unbewehrtem Beton [66]

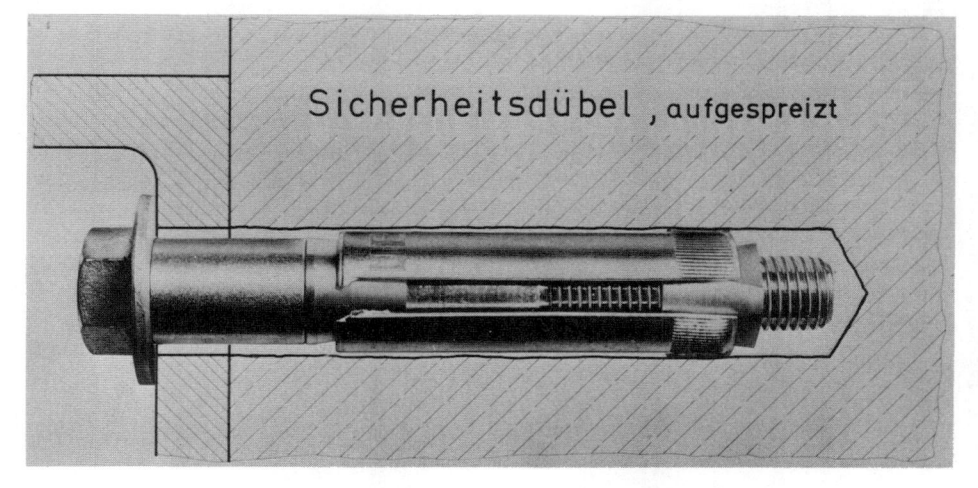

Bild 3.53 Ein Typ der handelsüblichen Spreizdübel [68]

Für geringe Lasten werden im Bauwesen, insbesondere beim Bau mit Betonfertigteilen, sogenannte "Spreizdübel" verwendet (Bild 3.53). Sie werden in gebohrte Löcher eingeführt und sind so konstruiert, daß sich beim Anziehen der äußeren Befestigungsschraube der innere Bolzenteil spreizt und damit den erforderlichen Bettungsdruck zur Aufnahme von Zugkräften und von Querlasten erzeugt. Für solche Dübel sind besondere Zulassungen erforderlich, für die z. Z. noch Richtlinien erarbeitet werden. Zu beachten ist, daß die bisher in Prospekten angegebenen Traglasten oft nur unter günstigsten Umständen erreicht wurden. Vorerst sollten deshalb hohe Sicherheitsbeiwerte angewandt werden, mit denen die in ihrer Auswirkung noch nicht genügend erkannten Einflüsse aus der Lage (im Innern, am Rand, an der Ecke eines Betonkörpers - allein und in enger Nachbarschaft mehrerer Dübel) und der Intensität der Spreizkräfte (abhängig von dem Drehmoment mit dem die Schraube angezogen wurde) abgedeckt werden müssen.

Für eine weitverbreitete Ausführungsform [68] gibt Tabelle 3.2 empfohlene zulässige Lasten bei vorwiegend ruhender Beanspruchung an. Bei den Zulassungsversuchen erfolgte die Lasteinleitung über quadratische Unterlagsplatten von 4 ∅ Kantenlänge und 2 ∅ Plattendicke.

Tabelle 3.2: Zul. Gebrauchslasten P in Mp für Zug und für Abscheren mit e = ∅ bei handelsüblichen Spreizdübeln in unbewehrtem und bewehrtem Beton nach Bild 3.53 [68]

Dübelgröße ∅ [mm]	zul P [Mp] bei Bn 250	Bn 350	erforderl. Drehmoment [Mp m]
M 12	0,72	0,85	8
M 16	0,92	1,03	20
M 20	1,02	1,12	40

Bei neuartigen Dübelankern wird in das sauber ausgeputzte Bohrloch zunächst eine Glaspatrone eingesetzt, in der sich getrennt 2 Komponenten eines Kunstharzklebers und etwas Quarzsand befinden. Beim Einschlagen des durchgehend mit Gewinde versehenen Dübels wird diese Patrone zerstört und der entstehende Kunstharzmörtel füllt den Raum zwischen Bohrlochwand und Dübel voll aus. Nach Erhärten dieses Mörtels (die dazu erforderliche Zeit ist stark temperaturabhängig, z. B. bei 20 °C in 30 Min., bei 0 °C in 6 Stunden) ist hohe Tragfähigkeit gegen Zug und Abscheren erreicht. Über Versuche und Berechnungsverfahren berichtet R. Sell in [69].

3.6.2 Kraftübertragung durch Anpreßdruck (Vorspannung)

Größere Kräfte parallel zur Betonfläche kann man nur mit einer Lastplatte (aus Stahl oder Stahlbeton) übertragen, die durch vorgespannte Schraubbolzen auf die Betonfläche gepreßt wird. Die Zementhaut der schalungsrauhen Betonfläche vermindert den Gleitwiderstand, deshalb muß man für eine Verzahnung der Flächen der Preßfuge sorgen, damit Scherverbund eintritt. Die übertragbare Kraft ist dann bei kleinem Abstand e der Last von der Betonfläche (Bild 3.54)

$$\text{zul } P \approx 0,4 \, \Sigma V$$

$$\text{erf } \Sigma V = 2,5 \, P \tag{3.12}$$

3.6 Einleitung von Kräften parallel zur Oberfläche eines Betonkörpers

Bei größerem Abstand e muß die Vorspannkraft im oberen Drittel der "kurzen Konsole" angreifen und die Schrauben müssen zusätzlich für die Konsolzugkraft Z (Bild 3.55) bemessen werden

$$\text{erf } V = 2,5\ P + Z \tag{3.12a}$$

Die Spannbolzen müssen natürlich ausreichend verankert sein. Die Verankerungslänge für Bolzen mit Ankerplatte am Ende kann gerechnet werden aus der Annahme, daß ein Kegel mit 60° Neigung ausbricht, wobei im Mittel nur 1/6 der Zugfestigkeit des Betons angesetzt werden kann, weil in Wirklichkeit die Spannung in der Nähe der Ankerplatte wesentlich höher ist und dort der Bruch beginnt. In der Regel wird der Ankerbereich quer zur Spannkraft bewehrt und damit gesichert.

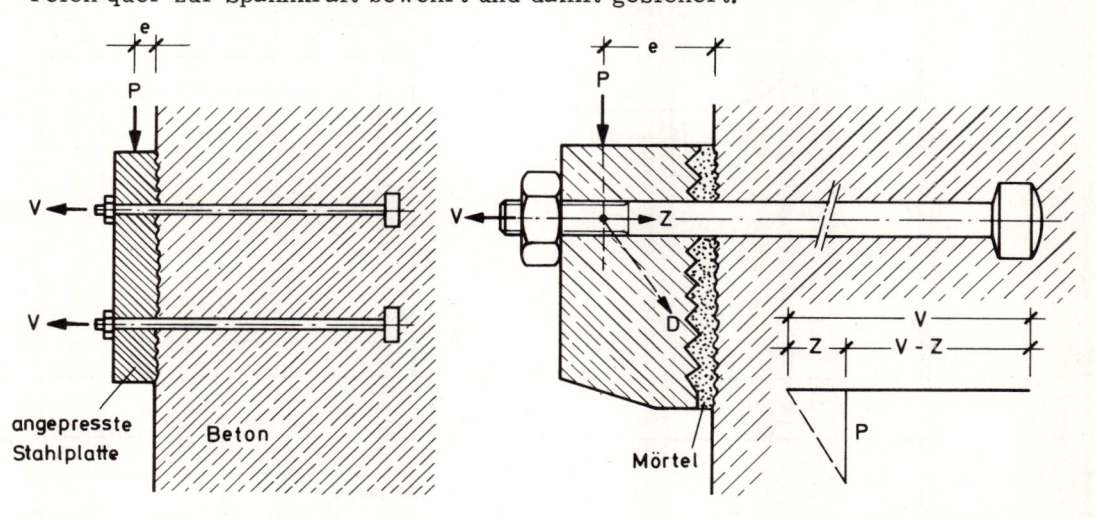

Bild 3.54 Vergrößerung der Tragfähigkeit von Bolzen durch Anpreßdruck und Verzahnung

Bild 3.55 Bei ausmittig angesetzten, vorgespannten Bolzen ist die Zugkraft aus Konsolwirkung zu beachten.

Nachtrag zu Abschn. 3.3.9, S. 75

Spaltspannungen in Stegen von I-Trägern

J. Kammenhuber und J. Schneider haben in [78] neuere Ergebnisse von Untersuchungen über die Spaltzugkräfte in den Stegen von vorgespannten Trägern mit I-Querschnitt veröffentlicht. Aus den beiden charakteristischen Bildern 3.56 u. 3.57, die die Isobaren der σ_y-Spannungen wiedergeben, ist zu entnehmen:

Bei Angriff der Einzelkraft in der Trägerachse entstehen bei kräftigen Gurtplatten im Steg größere Spannungswerte als in Scheiben und zwar schon im Abstand von $0,4\ d_o$ vom Rand mit ihrem Maximum dicht am Übergang zu den Gurten. Der Bereich, in dem merkbare σ_y-Spannungen vorhanden sind, erstreckt sich weiter in x-Richtung als bei einer gleich hohen Scheibe. Für die Spaltzugbewehrung des Steges folgt daraus, daß sie für mind. 0,40 P bemessen, auf $x = 0,2$ bis $0,6\ d_o$ verteilt werden sollte und in den Flanschen gut verankert sein muß.

Greift die Einzelkraft an der oberen Platte des I-Querschnittes an, dann sind die Randzugkräfte wie bei ausmittiger Last nach Abschn. 3.3.2 zu beachten - allerdings ist ihre Größe bei den angegebenen Querschnittsverhältnissen nur rd. 1/4 derjenigen an der gleich hohen ausmittig belasteten Scheibe. Zu beachten ist hier, daß am Anschluß des unteren Flansches die σ_y-Spannungen auf eine beachtliche Länge Querbewehrung zur Einleitung der σ_x-Zugspannungen in den unteren Flansch bedingen.

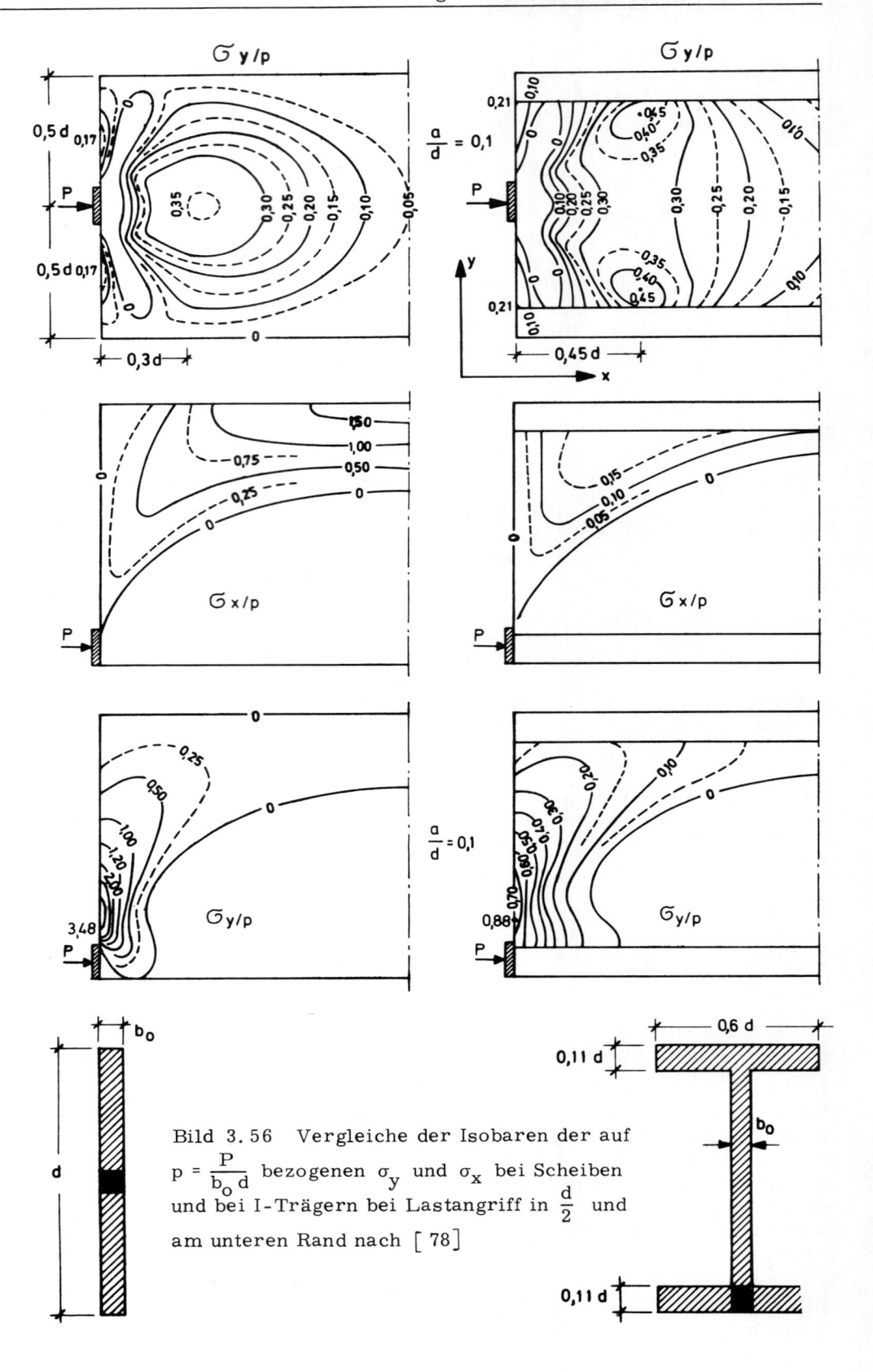

3. Einleitung konzentrierter Lasten oder Kräfte

Bild 3.56 Vergleiche der Isobaren der auf $p = \dfrac{P}{b_o d}$ bezogenen σ_y und σ_x bei Scheiben und bei I-Trägern bei Lastangriff in $\dfrac{d}{2}$ und am unteren Rand nach [78]

4. Betongelenke

4.1 Beschreibung

Betongelenke sind einfach und billig herzustellen und erlauben große Drehwinkel, wenn sie richtig bemessen und konstruiert sind. Sie brauchen keinen Korrosionsschutz und sind ohne Unterhaltung lange haltbar.

Die folgenden Regeln beruhen auf den Stuttgarter Versuchen [45] mit Erweiterungen hinsichtlich der zul. Drehwinkel auf Grund von Züricher EMPA-Versuchen [71].

Die zweckmäßige Form eines Beton-Linien-Gelenkes (um eine Linie nur in einer Richtung drehbar), die wichtigsten Bezeichnungen und die Bewehrung zeigt Bild 4.1. Die Gelenkeinschnürung soll stark sein, damit der Gelenkhals schmal wird (kleines a) und der Drehbewegung wenig Widerstand entgegensetzt. Eine den Gelenkhals durchdringende Bewehrung ist eigentlich nicht nötig, sie wird dennoch in Form von lotrechten Dübelstäben meist eingebaut, muß dann aber in der Gelenkachse liegen. Sie vergrößert den Drehwiderstand bei größeren Drehwinkeln.

Der Drehwiderstand wird durch das Rückstellmoment M ausgedrückt, das im Gelenkhals eine Ausmitte $e = M/N$ erzeugt. Die Last (= Längskraft N) wird im Gelenk konzentriert, sie bewirkt in den Gelenkkörpern Spaltzugkräfte Z_1 in y-Richtung, die mit Spaltbewehrung aufzunehmen sind (vgl. Abschn. 3).

Der Gelenkhals muß auch an den Stirnseiten eingeschnürt werden, damit dort der Beton unter den hohen Pressungen nicht abplatzt. Dadurch entstehen Randzugkräfte Z_3 und eine weitere kleine Spaltkraft Z_2 in z-Richtung.

Die zul. Pressung oder Spannung σ_x ist umso größer, je größer das Verhältnis d/a ist (Teilflächenbelastung). Kleine Drehwinkel werden durch Verformungen im Beton in den Gelenkkörpern möglich, bei größeren Drehwinkeln reißt der Beton im Gelenkhals (Bild 4.2) und die Pressung steigt entsprechend stark an. Der Beton hält jedoch Kantenpressungen bis zu $\sigma_x \approx 8 \beta_p$ aus, bevor er bricht. Unter Dauerlast schließt sich der Riß z. T. wieder durch die Kriechverformungen des Betons, dadurch geht die Ausmitte e und das Rückstellmoment M zurück. Aus diesem Grund wird sowohl beim zul. Drehwinkel α als auch beim Rückstellmoment zwischen verbleibenden Drehwinkeln unter Dauerlast und wechselnden Drehwinkeln bei veränderlicher Last unterschieden.

Betongelenke können auch Drehwinkel wechselnd nach beiden Seiten, also $+ \alpha$ und $- \alpha$, oftmals ausführen ohne an Sicherheit zu verlieren. Dabei reißt wohl der ganze Gelenkhals auf - die sich wechselnd wieder schließenden Gelenkflächen bleiben aber voll tragfähig. Bei den Versuchen an der EMPA [71] für Beton-Gelenke einer großen Eisenbahnbrücke (Gebrauchslasten bis 450 Mp auf einer Gelenkhalsfläche von 15/70 cm²) wurden Drehwinkel bis zu $\pm$ 12 ‰ millionenfach ausgehalten. Insgesamt wurden 37 Millionen unterschiedlich große Drehbelastungen durchgeführt. Danach hat das Gelenk im statischen Versuch bei 900 Mp (2-fache Gebrauchs-

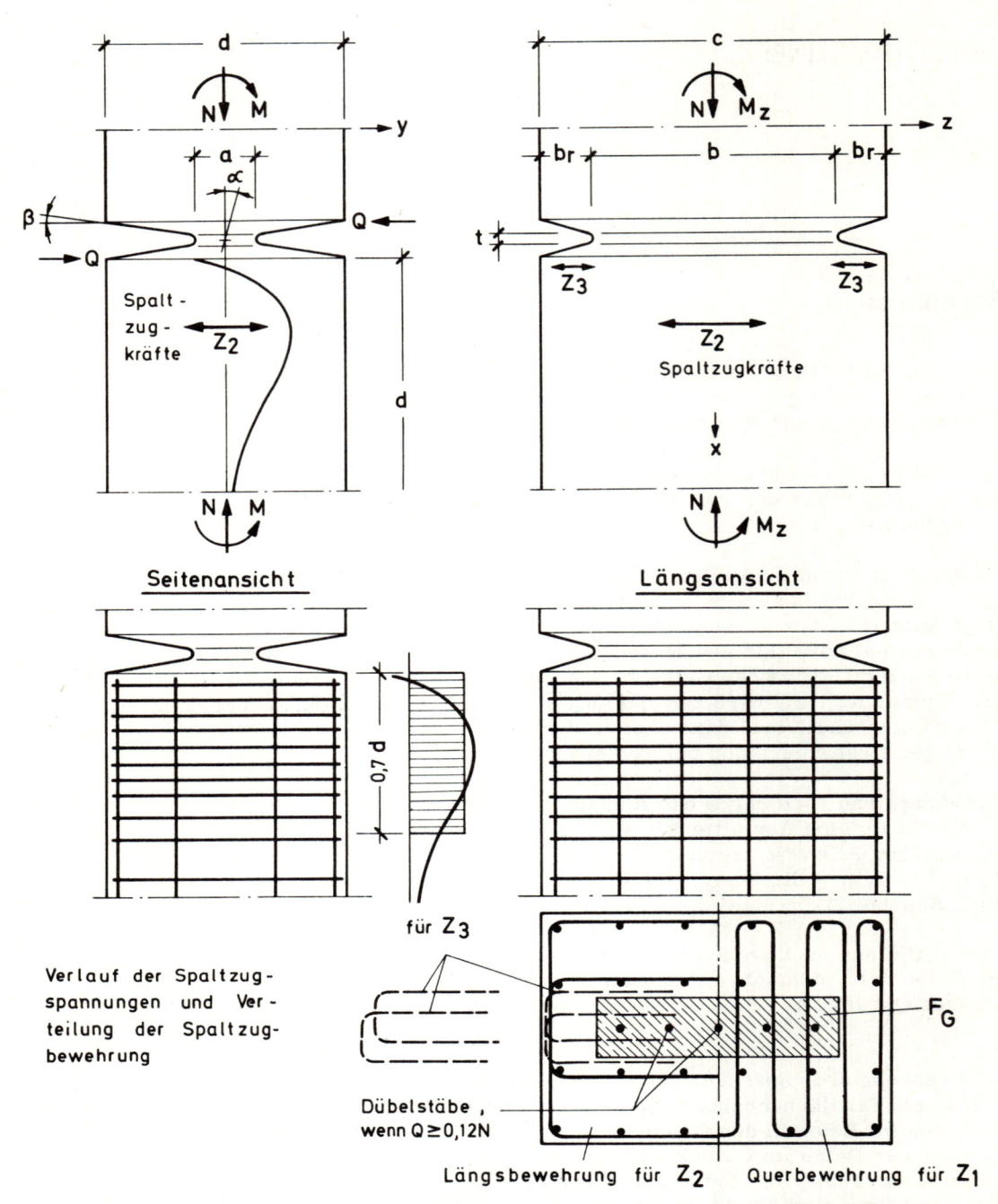

Bild 4.1   Bezeichnungen an einem Betongelenk und Angaben zur Bewehrungsanordnung

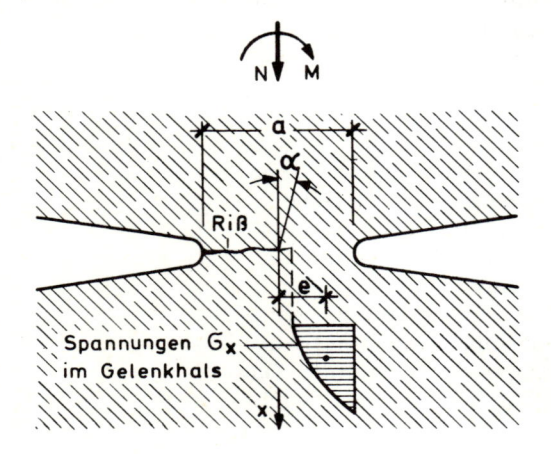

Bild 4.2   Spannungszustand in einem Gelenkhals nach einer Drehung α mit Rißbildung

4.2 Bemessungsregeln nach Mönnig-Netzel

4.2.1 Für Linienlager mit Drehbewegungen um eine Achse

Die Größe der Gelenkhalsfläche $F_G = a \cdot b$ (ohne Abzug für Dübelstäbe) muß zwischen folgenden Grenzen liegen [70]:

$$\min F_G = \frac{\max N}{0,85\, \beta_{wN}\left[1 + \lambda\left(1 - 1,47 \dfrac{\text{vorh}\,\alpha}{\sqrt{\beta_{wN}}}\,\eta\right)\right]}$$

$$\max F_G = \frac{N_D}{1,25\, \text{vorh}\,\alpha\sqrt{\beta_{wN}}} \qquad \left[\text{kp},\ \frac{\text{kp}}{\text{cm}^2},\ \text{‰},\ \text{cm}^2\right] \tag{4.1}$$

Darin bedeuten:

$\max N$ = größte Längskraft unter Gebrauchslast [kp]

N_D = dauernd wirkender Längskraftanteil, höchstens aber $1,5 \min N$ [kp]

$\eta = \dfrac{\max N}{N_D} \geqq 1$

β_{wN} = garantierte Würfeldruckfestigkeit des Betons [kp/cm^2]

vorh $\alpha = \tfrac{1}{2}\alpha_D + \alpha_n$ = rechnungsmäßiger Gelenkdrehwinkel
[Bogenmaß in ‰]

α_D = einmalig auftretender, bleibender Drehwinkel, z. B. inf. Vorspannung, Schwinden, Kriechen usw.

α_n = oftmals auftretender Drehwinkel, z. B. inf. Temperaturwechsel, Verkehrslast usw.

$\lambda = (1,2 - 4\tfrac{a}{d}) \leqq 0,8$

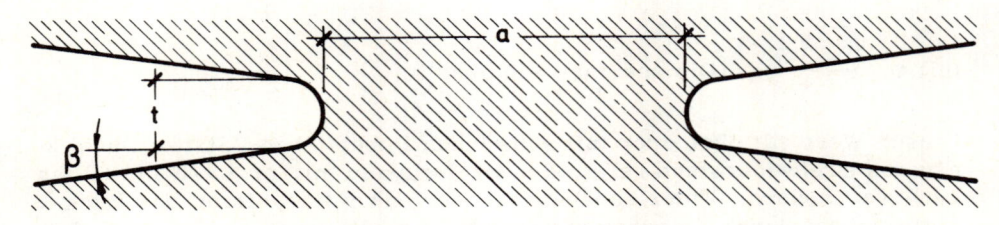

Bild 4.3 Ausrundung der Gelenkhalsflächen

Ferner sollen folgende geometrische Regeln eingehalten werden (vgl. Bild 4.1 und 4.3):

$a \leqq 0,3\, d$ $\qquad b_r \geqq 0,7\, a \geqq 5\ \text{cm}$

$t \leqq 0,2\, a \leqq 2\ \text{cm}$ $\qquad \tan \beta \leqq 0,1$.

Der Gelenkhals ist rundum innerhalb der Höhe t kreisförmig auszurunden; geschieht dies nicht, dann bröckelt dort später der Beton außerhalb des Kreises ab.

Der **zulässige Drehwinkel** ist für eine beliebige Normalkraft N_i zwischen N_D und max N

$$\text{zul } \alpha_i = \pm \frac{0{,}8 \, N_i}{F_G \sqrt{\beta_w}} \leqq 15 \, \text{\textperthousand} \quad \text{für } \beta_{wN} \geqq 250 \, \text{kp/cm}^2 \qquad (4.2)$$

In den beiden Gleichungen (4.1) wird im allgemeinen für vorh α jeweils der gleiche Wert vorh $\alpha = \frac{1}{2} \alpha_D + \alpha_n$ eingesetzt, weil sich die zu max N bzw. N_D zugehörigen Drehwinkelanteile $\Delta \alpha_n$ meist nur wenig unterscheiden und der größte Anteil aus Vorspannung, Kriechen, Schwinden und Temperaturwechseln herrührt. Nur in Sonderfällen ist eine Überprüfung für vorh $\alpha \leqq$ zul α_i nach Gl. (4.2) für verschiedene Laststufen erforderlich. Gelingt es nicht, aus Gl. (4.1) eine Fläche $F_G \geqq$ min F_G bzw. $F_G \leqq$ max F_G zu bestimmen, dann ist es zweckmäßig, einen Teil des Drehwinkels α_D, z. B. durch Verschieben des Fußgelenks einer Pendelstütze nach dem Vorspannen des Überbaues oder durch andere Maßnahmen im Bauablauf, auszuschalten.

Zur Aufnahme der **Querzugkräfte** Z_1 bis Z_3 sind die in Bild 4.1 gezeigten Bewehrungen für Gebrauchslasten mit maximal zul $\sigma_e = 1800 \, \text{kp/cm}^2$ zu bemessen für

$$Z_1 = 0{,}3 \, \text{max N}$$
$$Z_2 = 0{,}3 \, (1 - \frac{b}{c}) \, \text{max N} \qquad (4.3)$$
$$Z_3 = 0{,}03 \, \frac{a^2}{F_G} \, \text{max N}$$

Der **Drehwiderstand**, der als Biegemoment in die Gelenkkörper eingeht und im Gelenk die Ausmitte e bewirkt, kann als bezogenes Moment

$$m = \frac{e}{a} = \frac{M}{a \, N}$$

berechnet werden zu

$$m = \frac{1}{2} - \frac{1}{9} \sqrt{\frac{1}{\varphi \, \text{vorh} \, \alpha}} \qquad (4.4)$$

mit $\varphi = \frac{\sqrt{\beta_w} \, F_G}{N}$, (Dimensionen wie oben).

Dieser Wert gilt ohne oder mit schwachen Dübelstäben. Starke Dübel können den Drehwiderstand bei großen Drehwinkeln mit $m > 1/3$ um 20 bis 40 % vergrößern. Unter andauernder Auslenkung α_D nimmt das Rückstellmoment durch Kriechen wieder ab, deshalb konnte in Gl. (4.1) der Wert vorh α um $1/2 \, \alpha_D$ vermindert werden, wenn m infolge max α dabei größer bleibt als unter α_D und N_D allein.

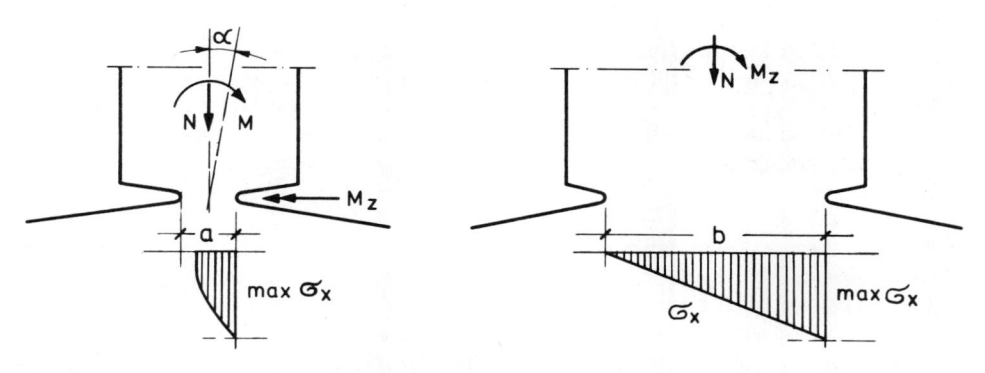

4.2 Bemessungsregeln nach Mönnig - Netzel

Bild 4.4 Spannungszustand in einem Gelenkhals bei gleichzeitig wirkendem Quermoment M_z

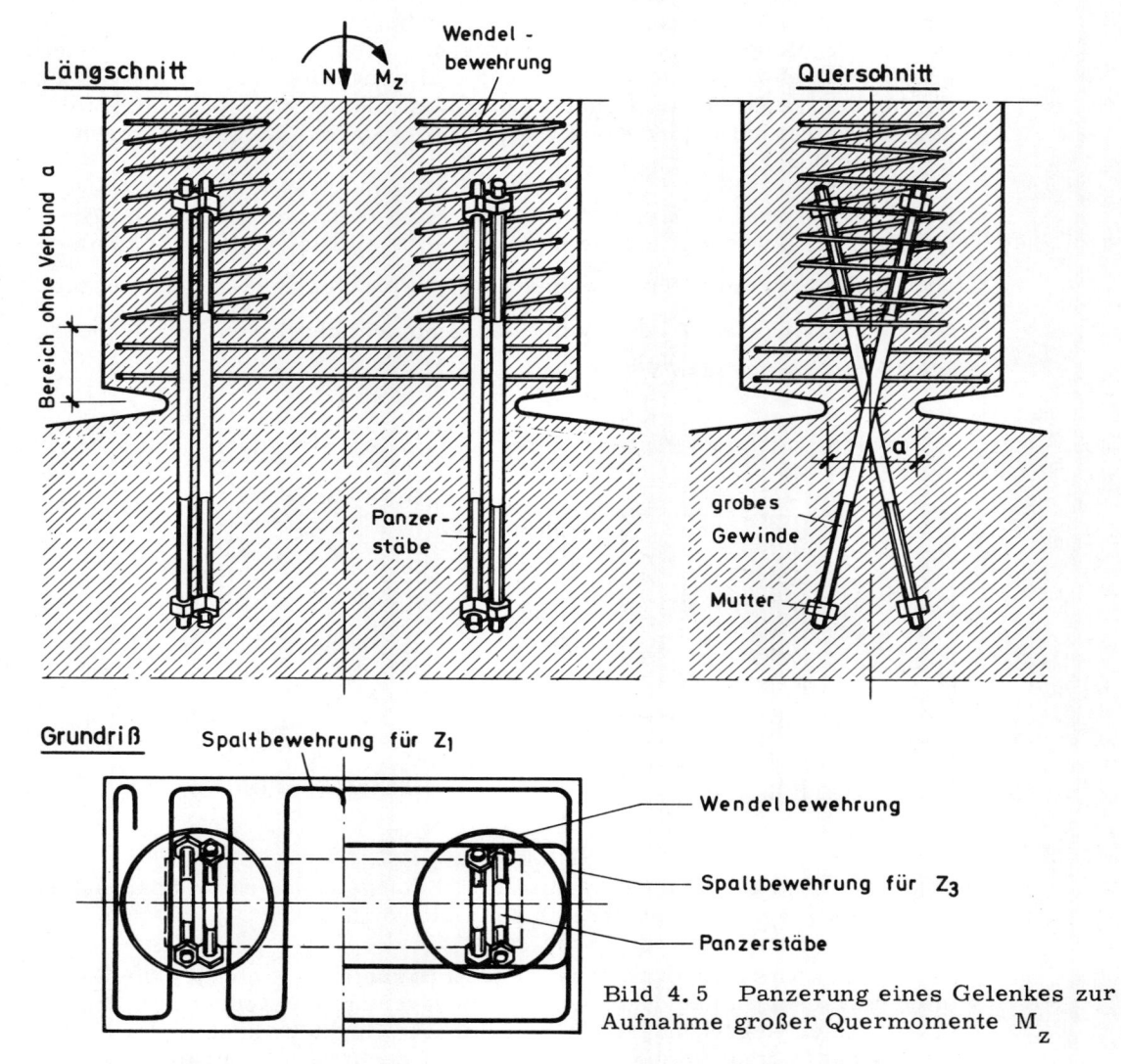

Bild 4.5 Panzerung eines Gelenkes zur Aufnahme großer Quermomente M_z

Die Betongelenke können auch erhebliche **Querkräfte** Q aufnehmen, die Resultierende ist dabei geneigt. $Q \leq 1/8\ N$ ist ohne weiteres zulässig (Q und N müssen zum gleichen Lastfall gehören!). Für $1/8\ N < Q < 1/4\ N$ sollten einige kräftige Dübelstäbe mittig in den Gelenkhals eingebaut werden (nach grober Regel bemessen $F_e \geq \dfrac{Q}{800}\ \left[\dfrac{kp}{kp/cm^2}\right]$).

Für $Q > \dfrac{1}{4}\ N$ wird auf die Versuche in [45] verwiesen.

Liniengelenke können auch **Quermomente** M_z (Momente quer zur Drehrichtung des Gelenkes) aufnehmen (Bild 4.4). Bis zu $M_z/N = 1/6\,b$ bleibt die Gelenkfläche in z-Richtung insgesamt unter Druck. Wenn gleichzeitig Drehwinkel in y-Richtung eintreten, entsteht eine einseitige Spannungsspitze max σ_x, die ohne besonderen Nachweis in Kauf genommen wird.

Für **größere Quermomente** kann man das Gelenk "panzern", indem in den hoch beanspruchten Enden des Gelenkhalses dicke Stahlstäbe mit einer Festigkeit von etwa St 42/50 in der Gelenkachse angeordnet werden (Bild 4.5). Zur Einleitung der Kräfte in die Panzerstäbe muß eine verstärkte Verbundwirkung herbeigeführt werden, z.B. durch Aufschneiden kräftiger Sägezahngewinde mit Muttern am Ende. Die Verbundzone sollte erst in einem Abstand etwa gleich der Länge a vom Gelenkhals beginnen und mit einer Wendelbewehrung gegen Verbund-Spaltkräfte gesichert werden. Die Panzerstäbe können auch zur Aufnahme von Zugkräften im Gelenk infolge M_z herangezogen werden. Bei gleichzeitig auftretenden größeren Drehwinkeln α in y-Richtung sollte man die Panzerstäbe bis zum Beginn des Verbundes mit einem geeigneten Plastikröhrchen (vgl. Bild 4.6) biegefrei halten, so daß sie die Drehwinkel mit Biegespannungen unterhalb $0,8\,\beta_{0,2}$ mitmachen können.

Den Panzerstäben kann eine Druckkraft zugewiesen werden, die im Hinblick auf die hohen σ_x und die damit hohen ϵ_x mit etwa dem n = 10-fachen Stahlquerschnitt für eine Spannung von max $\sigma_x = \dfrac{N}{F_G} - \dfrac{M_z}{W_G}$ errechnet wird. Dabei ist W_G das Widerstandsmoment der Gelenkhalsfläche um die Querachse also $W_G = \dfrac{ab^2}{6}$.

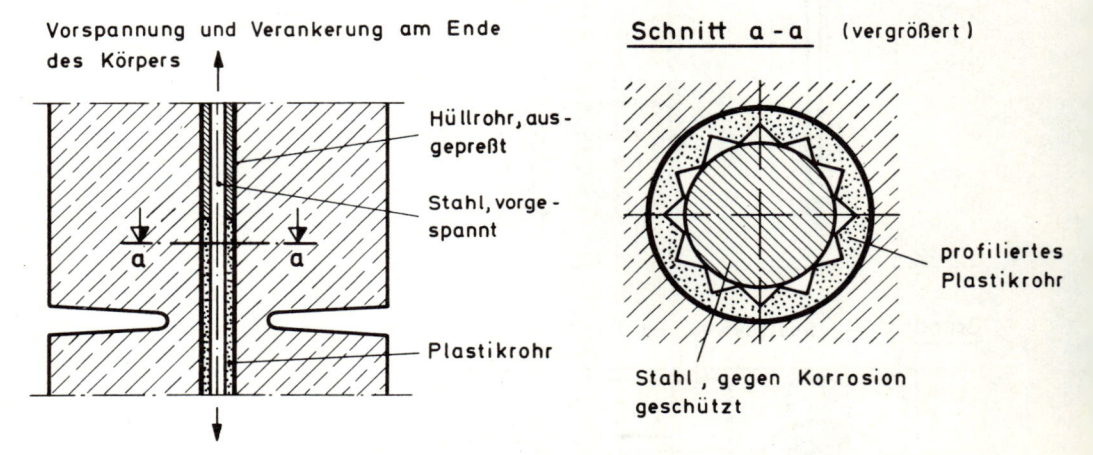

Bild 4.6 Aufnahme von Zugkräften bei Betongelenken durch Spannstäbe mit freier Biegelänge im Bereich des Gelenkhalses

Bei **Zugbeanspruchung** wird die Entlastung des Gelenkes für Gebrauchslast wegen der durch den Dehnungsverlauf der gedrückten Zone beschränkten Zugdehnungen gering sein. Die Zugstäbe kommen erst beim Bruchsicherheitsnachweis zur Geltung. Zugkräfte in Betongelenken, wie sie in Verankerungs-Pendelstützen vorkommen, werden am besten mit Spanngliedern aufgenommen, die durch die Achse des Gelenkhalses durchgeführt werden (Bild 4.6). Die Vorspannkraft ist dabei so zu bemessen, daß im Gelenkhals bei 1,2-facher Zugkraft N noch keine Zugspannungen entstehen. Auch hier werden die Drehwinkel mit "biegefreien Strecken" ermöglicht, wobei Spannglieder aus Drahtbündeln natürlich günstiger sind als dicke Stäbe.

4.2 Bemessungsregeln nach Mönnig - Netzel

Bild 4.7 Ausbildung von Betongelenken für beliebige oder wechselnde Drehrichtungen mit kreisförmiger oder achteckiger Gelenkhalsfläche

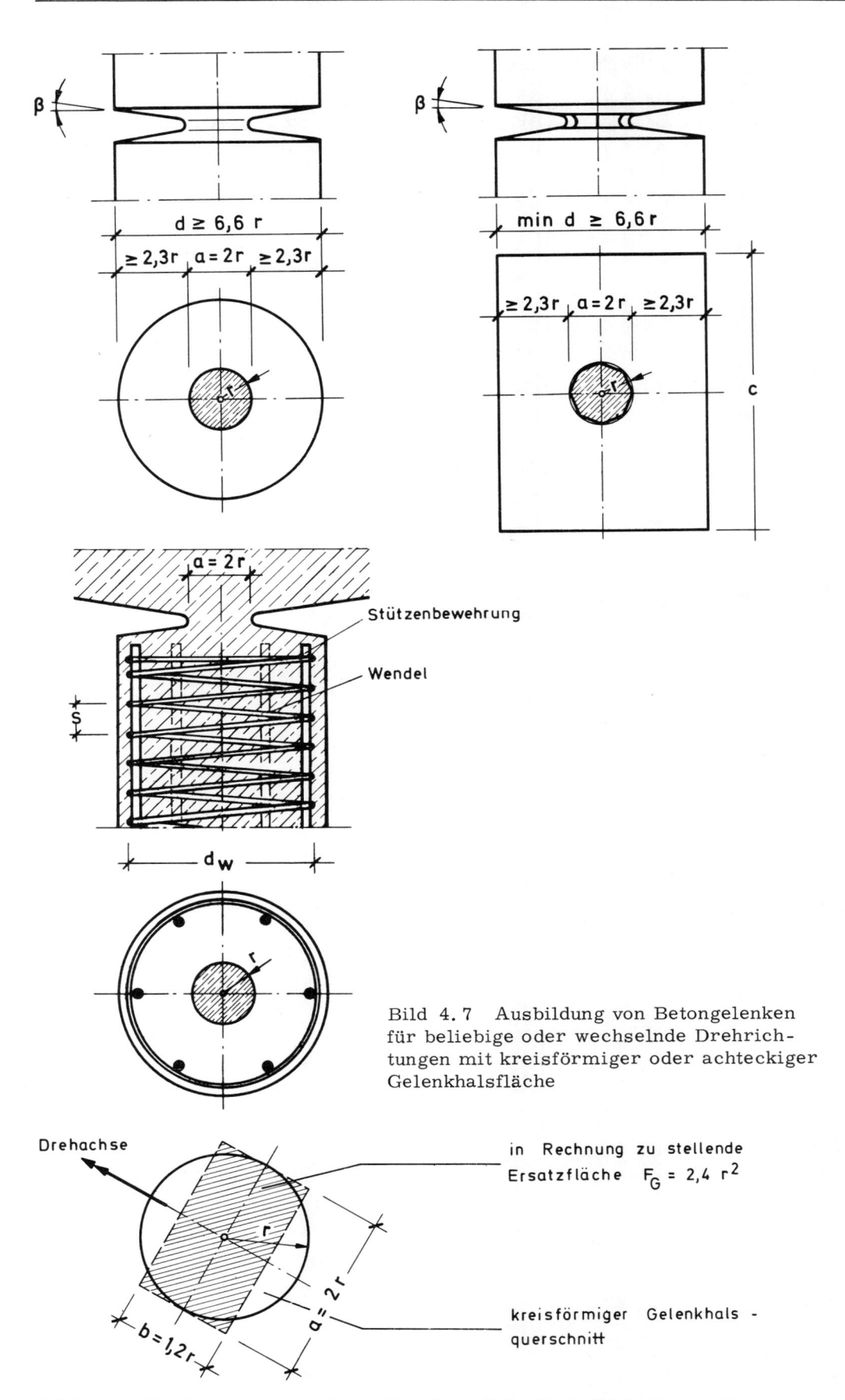

Bild 4.8 Umformung einer kreisförmigen Gelenkhalsfläche in ein Ersatzrechteck zur Anwendung der Gl. (4.1) und (4.2)

4.2.2 Für Punktlager mit Drehbewegungen in beliebigen Richtungen

Die Gelenkhalsfläche sollte bei schiefwinklig oder wechselnd gerichteten Drehbewegungen kreisförmig oder achteckig (Bild 4.7) und ihr Durchmesser (a = 2 r) kleiner als 0,3 min d sein [70]. Die Spaltkräfte werden am besten mit einer Wendelbewehrung aufgenommen, die mindestens 0,7 d hoch sein soll. Der Querschnitt $f_{e,w}$ [cm^2] des Wendelstabes ergibt sich zu

$$f_{ew} \approx \frac{1}{8} \frac{N}{d_w \; zul \; \sigma_e} \; s \qquad (4.5)$$

mit d_w = Wendeldurchmesser [cm], mind 2,5 a = 5 r
s^w = Ganghöhe [cm].

Die Gelenkhalsfläche ist ausreichend groß, wenn die Gleichungen (4.1) befriedigt sind für eine rechteckige Ersatzfläche (Bild 4.8)

$$F_G = 2,4 \; r^2 \quad \text{mit } a = 2 \; r \text{ und } b = 1,2 \; r.$$

Dabei ist für $\lambda = (1,2 - 4 \frac{a}{d})$ stets das kleinste d des Gelenkkörpers unabhängig von der Drehrichtung einzusetzen.

Der zul. Drehwinkel α kann ebenfalls mit der Gleichung (4.2) für die rechteckige Ersatzfläche berechnet werden.

5. Durchstanzen von Platten

5.1 Vorbemerkung

Die Gefahr des Durchstanzens besteht bei **punktförmig** gestützten oder belasteten Platten. Tragverhalten und Bruchart wurden in [1a, Abschnitt 5.5.3] beschrieben, auf das dort wiedergegebene Bruchbild 5.26 wird besonders verwiesen. Die Bemessung von Fundamentplatten gegen Durchstanzen durch eine Stützenlast wurde in [1b, Abschn. 16.3.1.3.1] zusammen mit den Bewehrungsrichtlinien behandelt. Für die Biegebemessung finden sich Hinweise in [1b, Abschn. 8.3.5]. Die neueren von H. Glahn und H. Trost [77] erarbeiteten Hilfsmittel sind im Heft 240 des DAfStb. enthalten.

5.2 Stand der Kenntnisse

Für die Berechnung der Durchstanzlast gibt es noch keine voll befriedigende und zuverlässige Theorie. Das bisher beste Bemessungsverfahren wurde von den Schweden S. Kinnunen und H. Nylander (K.-N.), Stockholm [72, 73] auf Grund umfangreicher Versuche 1960 erarbeitet und wurde vom CEB übernommen. In der Stuttgarter Dissertation versuchte H. Reimann 1963 [74] das Verfahren zu verbessern, eine spätere Arbeit von W. Schaeidt, M. Ladner, A. Rösli, ETH Zürich, 1970 [75] ergab jedoch, daß die Reimann'schen Rechenwerte zu hoch liegen. Diese Züricher Studie enthält eine verständliche Darstellung des Verfahrens K.-N., dessen Anwendung durch Diagramme für Hilfswerte erleichtert wird. Für genauere Nachweise, die bei Schlankheiten $\ell/h < 30$ lohnend sind, wird diese Schrift empfohlen.

Die Arbeiten beziehen sich fast alle auf die Innenstütze einer Plattendecke unter gleichförmiger Last - also ohne Ausmitte der Deckenlast. Bei rahmenartiger Beanspruchung durch Horizontalkräfte ist daher Vorsicht am Platze. Rand- und Eckstützen, bei denen die Durchstanzgefahr kritischer sein kann, wurden bisher nur in wenigen Versuchen behandelt, ohne daß eine genügend ausgereifte Theorie oder Bemessungsregel entstanden ist. (Ansätze dazu in [53]).

5.3 Modelle des Durchstanzvorganges ohne Schubbewehrung bei mittig belasteten Innenstützen

5.3.1 Allgemeines

Die Trajektorien der Hauptmomentenlinien für gleichförmige Belastung aller Felder (Bild 5.1) zeigen, daß im Bereich der Innenstützen von Plattendecken beide Hauptmomente negativ sind und radial und tangential verlaufen (m_r und m_t). Der Momenten-Nullpunkt der Radialmomente m_r liegt auf einem Kreis um den Stützenmittelpunkt mit einem Radius von etwa $r_r \approx 0{,}22\,\ell$. Man kann daher einen Plattenausschnitt entlang diesem

Kreis betrachten, an dessen Rand nur die Querkräfte $q_r = \dfrac{P_r}{2\pi r_r}$ und kleine Tangentialmomente wirken. Zur Vereinfachung wird die ganze Last der Deckenplatte $P = P_r$ gesetzt, also am Rand des Kreisausschnittes wirkend angenommen (Bild 5.2). Fast alle Versuche wurden mit diesem am Rand belasteten kreisförmigen Plattenausschnitt gemacht.

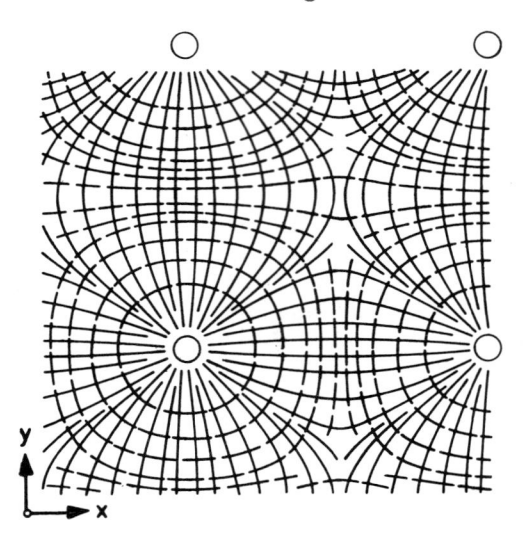

Bild 5.1 Hauptmomentenlinien einer Pilzdecke unter Gleichlast

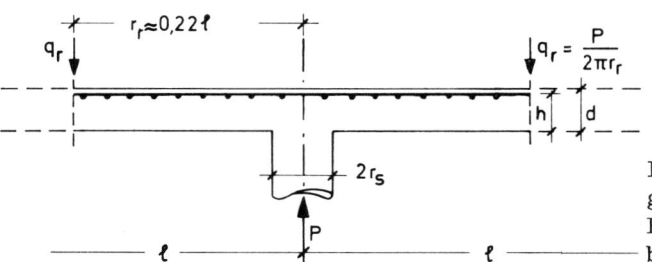

Bild 5.2 Bezeichnungen am betrachteten Plattenteil im Stützenbereich ($2\,r_r \sim 0{,}44\,\ell$)

Der Verlauf der m_r und m_t hängt in Stützennähe von der Verteilung des Stützendruckes ab. Von Versuchen mit Fundamentplatten (vgl. [1 b, Abschn. 16.3.1.3.1]) wissen wir, daß sich der Stützendruck am Rand der Stütze konzentriert, was eine Abnahme der Radialmomente und eine Zunahme der Tangentialmomente zur Folge hat (Bild 5.3). Die Querkräfte nehmen zur Stütze hin hyperbolisch zu (Bild 5.4), so daß sehr hohe q mit zweiachsig negativen Hauptmomenten zusammenfallen. Wir haben es also mit einer sehr ungünstigen Beanspruchung zu tun.

Die Versuche zeigten, daß entsprechend (und unabhängig von der Bewehrungsart) die Tangentialdehnungen ϵ_t zunächst größer sind als die radialen ϵ_r. Dadurch entstehen zuerst Radialrisse (Bild 5.5) und erst bei höheren Laststufen wenige kreisförmige Risse, von deren äußerstem sich die unter 30 bis 35° geneigte Schubrißfläche des Durchstanzkegels entwickelt. Dabei bleibt zunächst unten eine kegelschalenförmige Biegedruckzone rund um die Stütze erhalten, die dreiachsig beansprucht ist durch σ_r (radial), σ_t (tangential) und τ (vertikal). Die Schubspannungskomponente ergibt eine Neigung der Radialspannung. Die Druckdehnungen unten sind radial und tangential etwa gleich groß. Sobald die Ringrisse entstehen, wird in ihrem Bereich die Radialdehnung der Bewehrung (zweibahnig, orthogonal) größer als die tangentiale (Bild 5.6).

Aus diesen Vorgängen haben K.-N. für ihre rechnerischen Ansätze das in Bild 5.7 dargestellte Modell abgeleitet. Die Kreisplatte wird durch die Radialrisse und den flachgeneigten Ringschubriß in radiale Sektor-

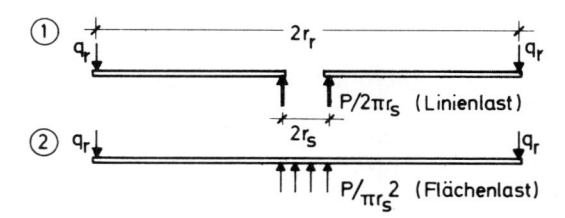

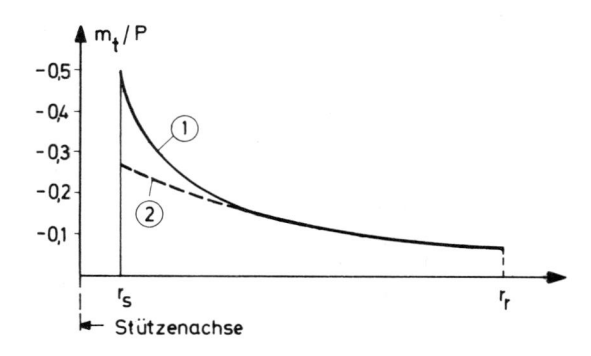

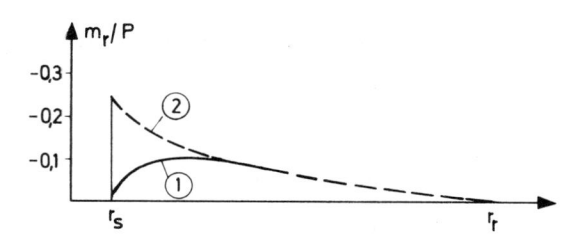

5.3 Modelle des Durchstanzvorganges ohne Schubbewehrung bei mittig belasteten Innenstützen

Bild 5.3 Biegemomente m_t und m_r isotroper Platten: 1) Kreisringplatte mit linienförmiger Stützung am Innenrand 2) Vollplatte mit gleichmäßiger Auflagerpressung über der Stütze

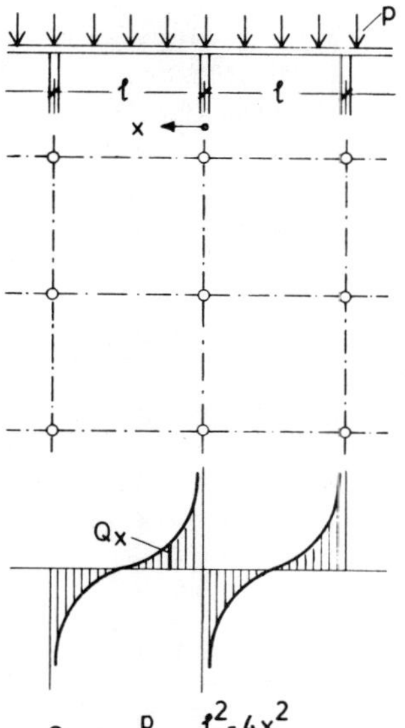

$$Q_x = \frac{p}{8} \cdot \frac{\ell^2 - 4x^2}{x}$$

Bild 5.4 Verlauf der Querkraft in der Achse einer Pilzdecke

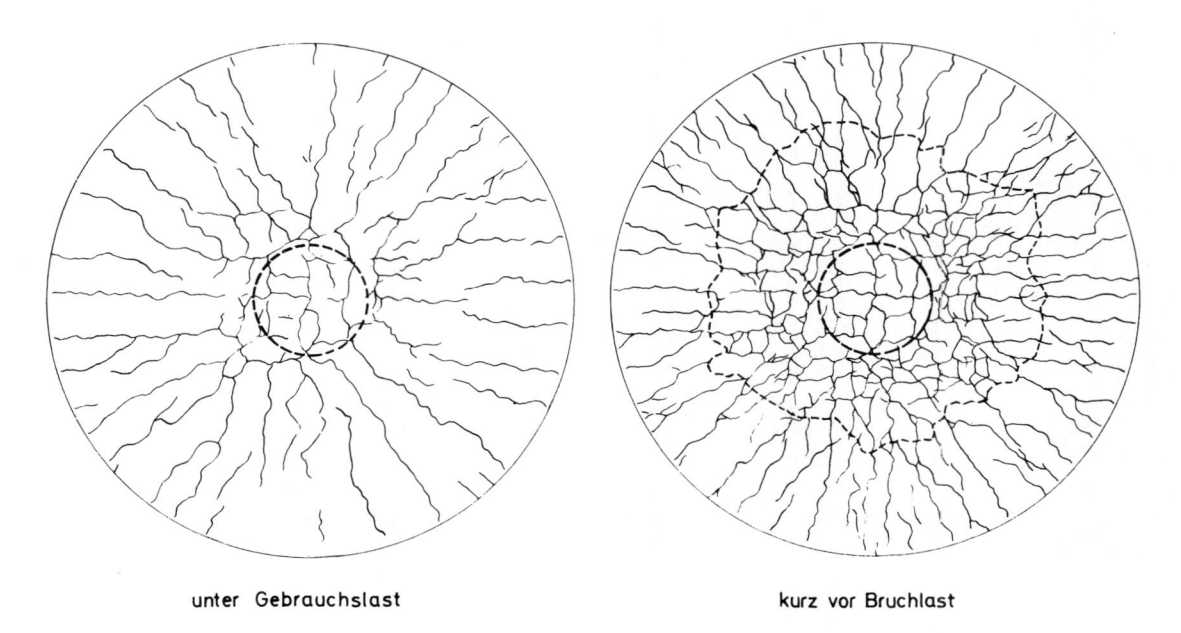

unter Gebrauchslast

kurz vor Bruchlast

Bild 5.5 Entwicklung der Risse im Bereich der Stütze

stücke zerlegt, die sich unten gegen eine dünne Kegelschale am Stützenkopf abstützen. An diesen Sektorstücken greifen außen die Last q_r, innen die Zugkräfte Z_r der Bewehrungsstäbe und unten die schräg aufwärts und tangential gerichteten Druckkräfte D_r an. Das Sektorelement wird in radialer Richtung als steif betrachtet, d. h. es werden außerhalb des Ring-Schubrisses keine ringförmigen Risse angenommen.

5.3.2 Durchstanzlast nach Kinnunen-Nylander (ohne Schubbewehrung)

Aus den geometrischen und den Gleichgewichtsbedingungen am Sektorelement (s. Bild 5.7) werden zwei Ausdrücke für die Durchstanzlast mit zunächst geschätzter Höhe $x = k_x h$ der Druckzone hergeleitet. Bei Versagen des Betons ist:

$$P_{U,1} = 1,1\, \pi\, k_s\, h^2\, k_x\, \frac{1 + \frac{2}{k_s} k_x}{1 + \frac{1}{k_s} k_x}\, \sigma_K\, f(\alpha) \tag{5.1}$$

Darin ist 1,1 ein Korrekturfaktor für zweibahnige Bewehrung zur Anpassung an die Versuchsergebnisse.

$k_s = \dfrac{2 r_s}{h}$ = Verhältnis des Stützendurchmessers zum Mittelwert der Nutzhöhe der Platte im Stützenbereich;

für $\beta_w \geq 150\ [\text{kp/cm}^2]$ gilt bei

$k_s < 2 \qquad \sigma_k = 825\, (0,35 + 0,3\, \dfrac{\beta_w}{150})\, (1 - 0,22\, k_s)$

$k_s \geq 2 \qquad \sigma_k = 460\, (0,35 + 0,3\, \dfrac{\beta_w}{150})\, ;$

σ_k = kritische Betondruckspannung beim Beginn des Durchstanzens

$f(\alpha) = \dfrac{\tan\alpha\,(1 - \tan\alpha)}{1 + \tan^2\alpha}$, wobei α zu bestimmen ist aus

$\left[\left(\dfrac{2 r_r}{h} - k_s\right) \tan\alpha - 1,8\right] \dfrac{1 - \tan\alpha}{1 + \tan^2\alpha} = 0,383\, \left(1 + \dfrac{0,3}{k_s}\right) \ell_n \dfrac{2 r_r/h}{k_s + 0,6}$

$f(\alpha)$ kann für $2 r_r = 0,44\, \ell$ dem Diagramm Bild 5.8 entnommen werden.

Ein weiterer Ausdruck für P_U bringt den Einfluß des Bewehrungsgrades, wobei die Breite $2 r_f$ der Zone, in der die Bewehrung zum Fließen kommt, eine Rolle spielt. r_f kann kleiner, gleich oder größer sein als r_u, der obere Radius des Bruchkegels, und ist vom Neigungswinkel ψ des durchgebogenen Sektorelementes außerhalb des Bruchkegels kurz vor dem Bruch abhängig.

$$r_f = h\, \dfrac{E_e}{\beta_S}\, \psi\, (1 - k_x),$$

wobei für $k_s < 2 \quad \psi = 0,0035\, \left(1 + \dfrac{k_s}{2 k_x}\right)(1 - 0,22\, k_s)$

und für $k_s \geq 2 \quad \psi = 0,0019\, \left(1 + \dfrac{k_s}{2 k_x}\right)$ gesetzt wird.

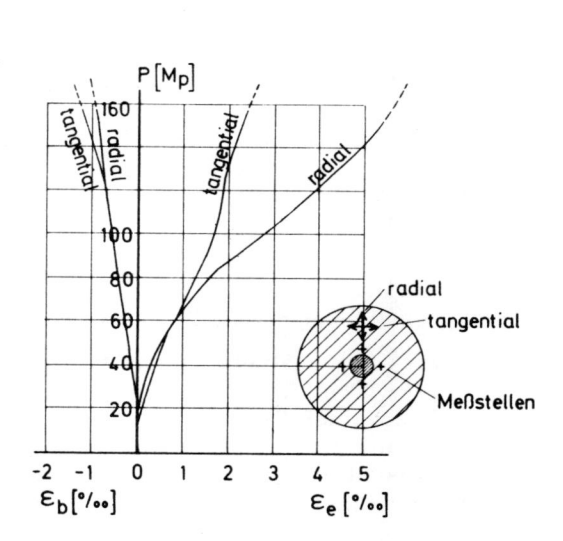

5.3 Modelle des Durchstanzvorganges ohne Schubbewehrung bei mittig belasteten Innenstützen

Bild 5.6 Dehnungen ε_e der Bewehrung und Dehnungen ε_b des Betons in der Druckzone

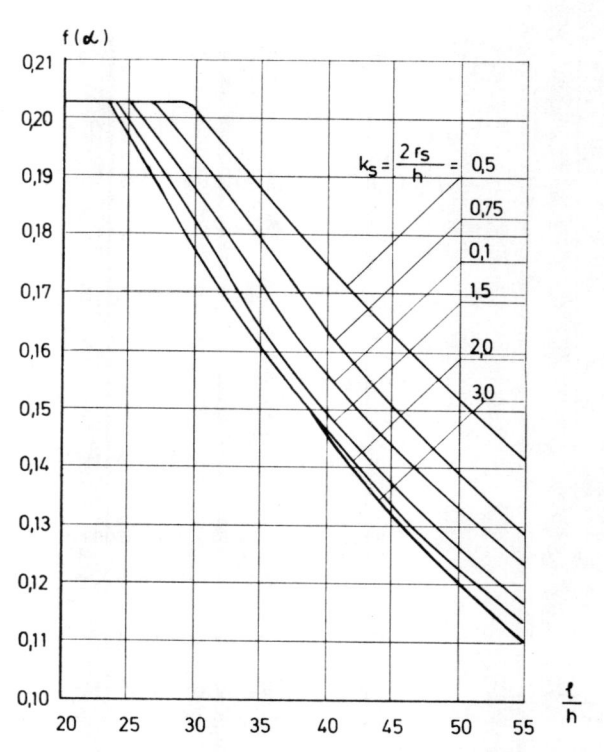

Bild 5.8 Graphische Darstellung der Funktion $f(\alpha)$ in Abhängigkeit von den Verhältnissen $k_s = 2\,r_s/h$ und ℓ/h [75]

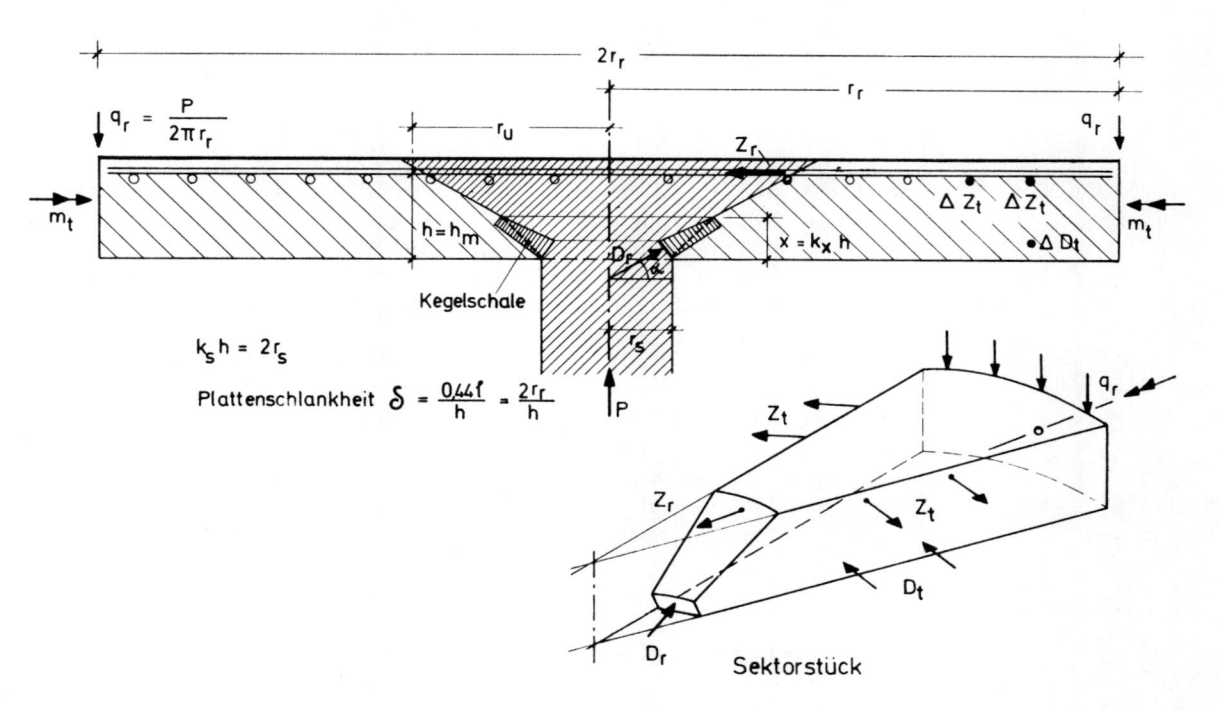

Bild 5.7 Mechanisches Modell (Sektorelement) kurz vor Eintritt des Bruches mit Angabe der darin wirkenden Kräfte

Bei Zweibahnbewehrung wird der Radius des Durchstanzkegels angenommen zu

$$r_u = r_s + 1,8 h \qquad \text{(entspricht } \alpha \approx 30°\text{)}.$$

Die Durchstanzlast bei Versagen des Stahles ist nun

für $r_r \geqq r_f \geqq r_u$

$$P_{U,2} = 1,1 \cdot 2\pi\mu\beta_S h^2 \frac{r_f}{r_r - r_s}\left[1 + \ell_n\left(\frac{r_r}{r_f}\right)\right]\left(1 - \frac{k_x}{3}\right) \qquad (5.2\,a)$$

und für $r_f < r_u$

$$P_{U,2} = 1,1 \cdot 2\pi \cdot \mu\beta_S h^2 \frac{r_f}{r_r - r_s}\left[1 + \ell_n\left(\frac{r_r}{r_u}\right)\right]\left(1 - \frac{k_x}{3}\right) \qquad (5.2\,b)$$

Darin ist neben den bereits verwendeten Bezeichnungen bei 2-bahniger Bewehrung $\mu = \dfrac{F_{ex}}{r_f \cdot h} = \dfrac{F_{ey}}{r_f \cdot h}$ mit F_{ex} bzw. F_{ey} = Stahlquerschnitt im Bereich des Kreises mit dem Radius r_f einzusetzen.

Der richtige Wert der Durchstanzlast P_U ergibt sich, wenn x, also k_x, so angenommen wurde, daß aus Gl. (5.1) und (5.2)

$$P_{U1} = P_{U2} = P_U$$

erhalten wird. Für die zulässige Last wird ein Sicherheitsbeiwert von $\nu = 2,5$ empfohlen. Aus diesen Ansätzen sieht man, wie kompliziert dieses Verfahren ist. In der Praxis läßt es sich mit Diagrammtafeln vereinfachen, wie sie in [75] angegeben sind.

Trägt man die Durchstanzlast P_U nach Gl. (5.1) und (5.2), bezogen auf h^2, in Abhängigkeit vom Bewehrungsgrad μ für zwei Schlankheiten ℓ/h = 25 und ℓ/h = 41 auf, so ergeben sich die in Bild 5.9 gezeigten Kurven. Man erkennt, daß die Zunahme von P_U bei größerem μ nur noch gering ist. Zum Vergleich ist P_U = 2,1 zul P nach DIN 1045 ebenfalls angegeben. Der genauere Nachweis ist danach vor allem bei den weniger schlanken Platten oder für Stützen mit Kopfverstärkung vorteilhaft.

In den Ausdrücken für P_U kommt keine Schubspannung τ vor, was grundsätzlich richtig ist, weil das Versagen entweder durch Erreichen der Streckgrenze des Stahles oder der "Schubdruckfestigkeit" des Betons je infolge des großen Biegemomentes am Stützenrand eintritt. Die Wirkung der Schubspannung ist im Neigungswinkel α der radialen Druckspannung enthalten. Maßgebend ist also das Schubbruchmoment. Dennoch gehen bisher alle Bemessungsvorschriften von einem Rechenwert τ aus.

5.4 Durchstanzen bei Rand- und Eckstützen

Für die Bemessung von Deckenplatten gegen Durchstanzen an Rand- oder Eckstützen gibt es bisher weder eine gute theoretische Behandlung noch ausreichende experimentelle Grundlagen. Das Problem ist sehr vielschichtig, weil die Steifigkeitsverhältnisse Stütze zu Platte sehr unterschiedlich sein können und hier eine viel größere Rolle spielen als bei Innenstützen.

5.5 Bemessungsregeln nach DIN 1045

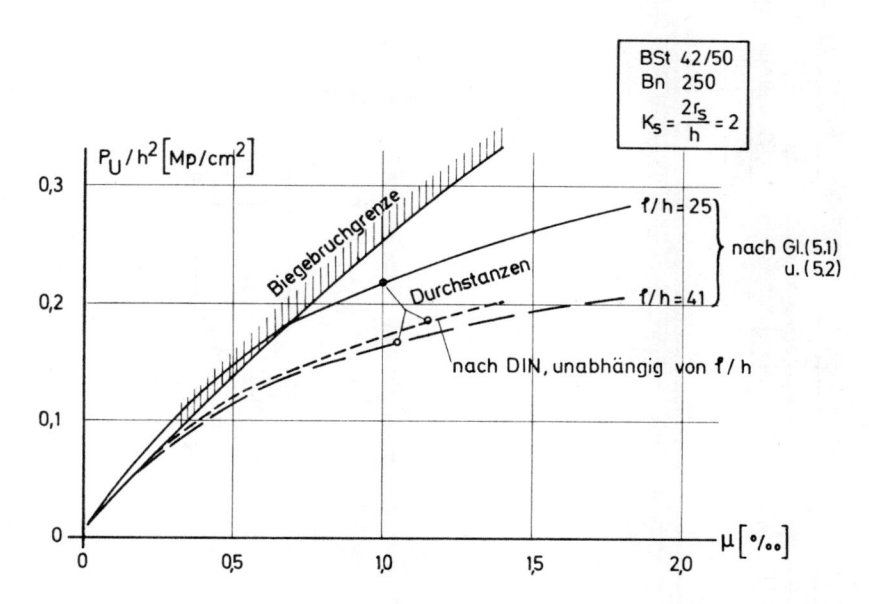

Bild 5.9 Zunahme der bezogenen Durchstanzlast P_U/h^2 einer zylindrischen Innenstütze in Abhängigkeit vom Bewehrungsprozentsatz μ [in %] nach Gl. (5.1) und (5.2) im Vergleich zu der nach DIN 1045 (1972) mit $\nu = 2,1$ errechneten Grenzlast mit $2\,r_s/h = 2$

Die Hauptmomente der Platte sind längs und quer zum Rand sehr verschieden [77]. Das Biegemoment quer zum Rand hängt primär von der Biegesteifigkeit der Stütze ab, es nimmt beim Übergang zum Bruch ab, sobald die Platte Biegerisse bekommt. Für die Durchstanzgefahr sind die längs zum Plattenrand wirkenden Biegemomente in der Regel maßgebend. Durchstanzberechnungen sind daher für die größten Biegemomente mit dem zugehörigen μ und für eine reduzierte Durchstanzfläche zu machen (vgl. Abschn. 5.5).

Beim Entwurf des Tragwerkes ist zu empfehlen, die Stützen nicht ganz an den Plattenrand zu stellen (Bild 5.10), was die Bewehrungsführung erleichtert und die Durchstanzgefahr stark verringert. Bei schlanken, hoch belasteten und damit knickgefährdeten Stützen können Gelenke an den Stützen sowohl für die Deckenplatte wie auch für die Stützen die Bemessung und Konstruktion vereinfachen und verbessern (Bild 5.11).

5.5 Bemessungsregeln nach DIN 1045

5.5.1 Regelfall der Innenstützen

DIN 1045 gibt Bemessungsregeln, die auf unveröffentlichten Karlsruher Versuchen beruhen und von Gebrauchslasten ausgehen. Der auf die Querkraft Q_R im Rundschnitt $d_R = d_s + h$ (Bild 5.12) bezogene Rechenwert der Schubspannung

$$\text{vorh } \tau_R = \frac{\max Q_R}{\pi\, d_R \cdot h} \qquad (5.3)$$

wird zur Berücksichtigung des Bewehrungsprozentsatzes $\mu = \dfrac{f_{ex} + f_{ey}}{2 \cdot h}$ in % und der Stahlgüte mit Hilfswerten γ_1 und γ_2 den zul. τ_o der üblichen Schubbemessung nach Tabelle 14 in DIN 1045 gegenübergestellt.

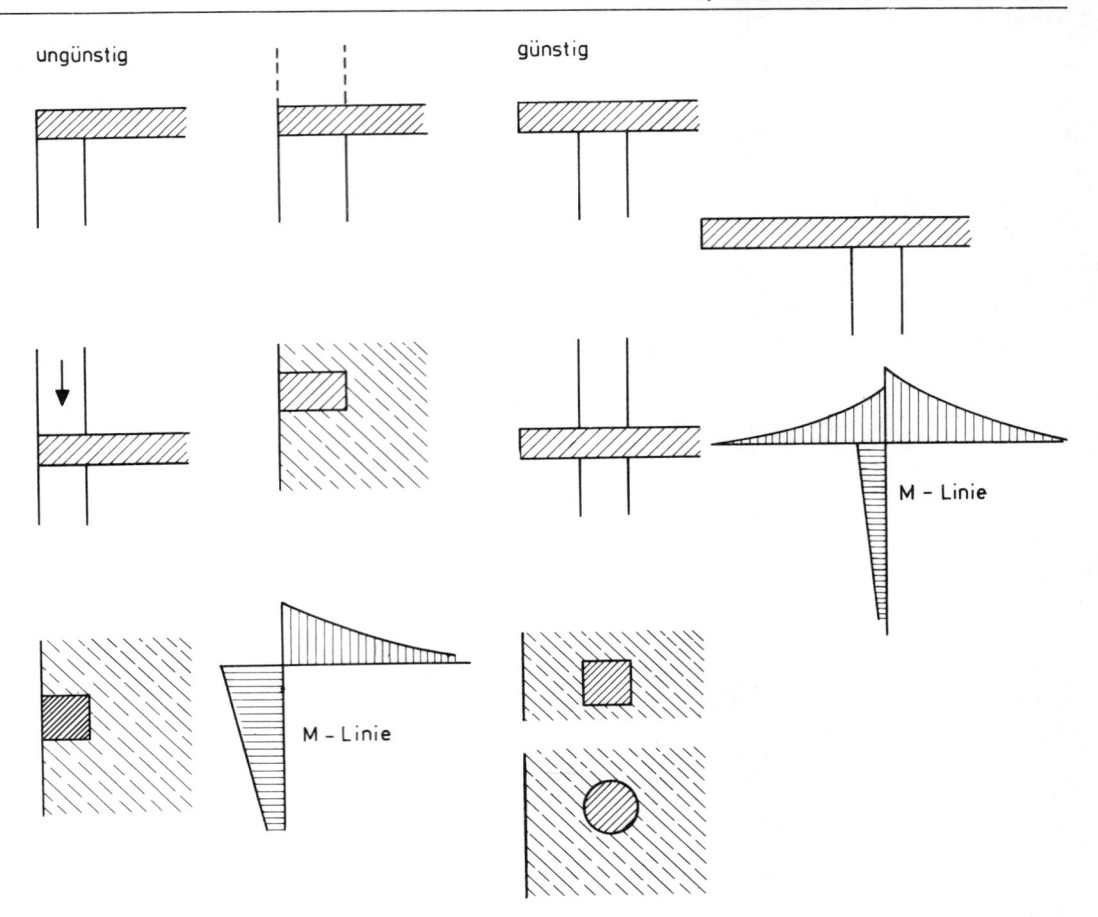

Bild 5.10 Günstige und ungünstige Stellung der Stützen an den Plattenrändern

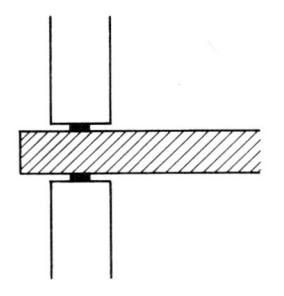

Bild 5.11 Bei hochbelasteten Stützen in der Nähe von Plattenrändern werden zweckmäßig Gelenke angeordnet

Es ist

$$\gamma_1 = 1{,}3 \; \alpha_e \sqrt{\mu}$$
$$\gamma_2 = 0{,}45 \; \alpha_e \sqrt{\mu}$$

mit α_e = 1,0 für BSt 22/34
       1,3 "   BSt 42/50
       1,4 "   BSt 50/55

Dabei muß $\mu \geq 0{,}5$ %, jedoch höchstens $\mu \leq 25 \dfrac{\beta_{wN}}{\beta_S} \leq 1{,}5$ % sein.

Ist nun $\tau_R \leq \gamma_1 \cdot \tau_{o11}$, dann ist keine Schubbewehrung erforderlich.

Ist aber $\tau_R > \gamma_1 \cdot \tau_{o11}$, dann muß eine Schubbewehrung für $0{,}75 \max Q_R$ eingebaut werden.

Die obere Grenze ist $\tau_R \leq \gamma_2 \cdot \tau_{o2}$.

5.5 Bemessungsregeln nach DIN 1045

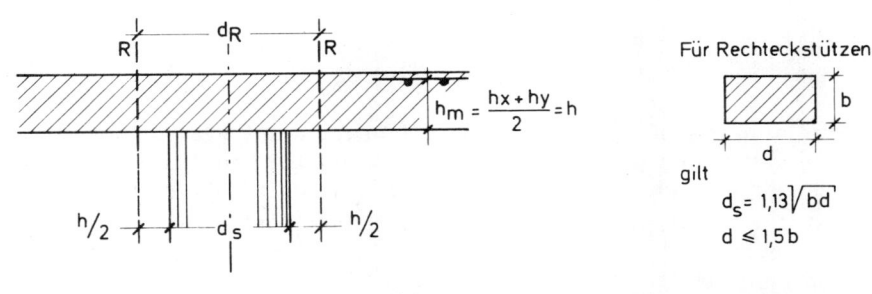

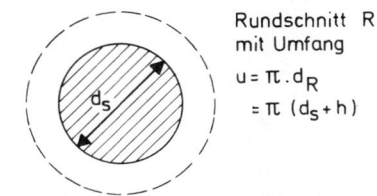

Bild 5.12 Lage und Größe des Rundschnittes zur Ermittlung von τ_R nach DIN 1045. Für Rechteckstützen mit $d > 1{,}5\,b$ liegen noch keine Angaben vor, weil Versuche fehlen. Empfohlen wird nur $d = 1{,}5\,b$ in Rechnung zu stellen.

Für Rechteckstützen gilt $d_s = 1{,}13\sqrt{bd}$, $d \leq 1{,}5\,b$

Rundschnitt R mit Umfang $u = \pi \cdot d_R = \pi(d_s + h)$

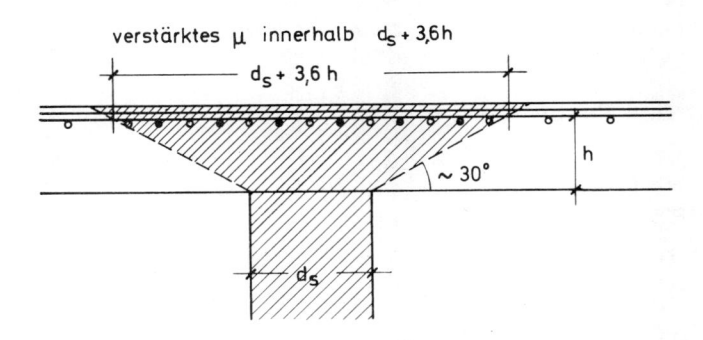

$h_m = \dfrac{h_x + h_y}{2} = h$

Bild 5.13 Verstärkte Bewehrung zur Erhöhung der Sicherheit gegen Durchstanzen muß im Bereich des Durchstanzkegels mit Durchmesser $d_s + 3{,}6\,h$ liegen

Führt die übliche Biegebewehrung zu $\tau_R > \gamma_1 \tau_{o11}$, dann wird man zunächst μ und damit γ_1 vergrößern, wobei das größere μ nur auf die Breite des Durchstanzkegels ($d_s + 3{,}6\,h$) verlegt werden muß (Bild 5.13).

Genügt zul max μ nicht, dann muß die Platte an der Stütze dicker gemacht werden.

5.5.2 Zur Schubbewehrung

Die nach DIN 1045 erforderliche Menge der Schubbewehrung, die unabhängig vom Grad der Schubbeanspruchung für $0{,}75\,Q_R$ zu bemessen ist, ist ziemlich groß. Sie ist nur wirksam, wenn sie nach den Regeln in [1b, Abschn. 8.3.5.1] auf viele dünne Stäbe verteilt und gut verankert wird. Der Einbau solcher Bewehrungen ist teuer. In dünnen Platten steigern sie die Traglast wegen mangelhafter Verankerung nur wenig. Bei Platten mit $d < 30$ cm ist daher von Schubbewehrung abzuraten, entweder μ oder d im Stützenkopfbereich zu vergrößern oder ein Stahlkragen (s. Abschn. 5.5.5) einzubauen oder der genauere Nachweis nach K.-N. gemäß [73] oder [75] zu führen.

5.5.3 Rand- und Eckstützen

Für Rand- und Eckstützen gilt der gleiche Nachweis wie in Abschn. 5.5.1, jedoch statt $u = \pi\,d_R$ mit reduziertem Umfang des Rundschnittes bei der Berechnung von τ_R in Gl. (5.3)

bei Randstützen $u' = 0,6 \pi d_R$
bei Eckstützen $u'' = 0,3 \pi d_R$.

Diese Werte sind einzuführen, wenn kein Überstand der Platte über die Stützenkante vorhanden ist. Beträgt - in Abweichung von den Angaben in DIN 1045 - der Überstand $0,3 \ell_x$ bzw. $0,3 \ell_y$ (dort zu $0,5 \ell_x$ angegeben), dann kann mit dem vollen Umfang des Rundschnittes $u = \pi d_R$ gerechnet werden. Bei geringerem Überstand darf geradlinig zwischen den zutreffenden Grenzwerten interpoliert werden. Außerdem ist bei Randstützen zur Berücksichtigung des Biegemomentes i. a. der errechnete Wert τ_R um 40 % zu erhöhen.

5.5.4 Deckendurchbrüche, Installationsaussparungen

Jeder Hohlraum innerhalb des $\sim 30°$ geneigten Durchstanzkegels erhöht die Durchstanzgefahr, besonders wenn die Aussparung direkt an die Stütze anschließt und damit die Biegedruckzone schwächt. Deshalb bestehen in DIN 1045 strenge Beschränkungen für die Größe und Lage der Aussparungen, die in Bild 5.14 zusammengestellt sind.

τ_R ist zu erhöhen mit dem Faktor $\varkappa = 1 + 0,5 \dfrac{\Sigma F_L}{0,25 F_{St}}$ \hfill (5.4)

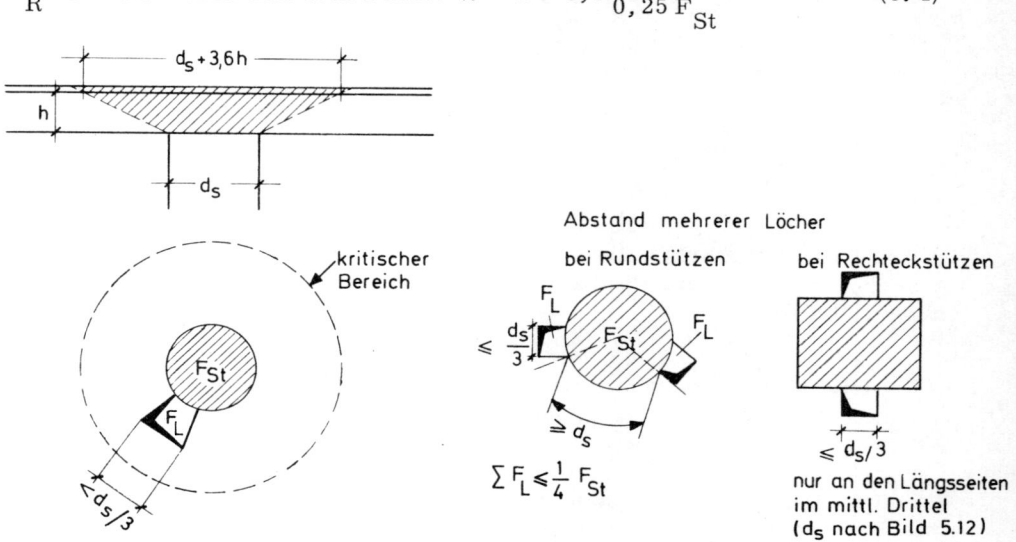

Bild 5.14 Regeln zur Beschränkung der Größe und der Lage von Deckendurchbrüchen neben Stützen

5.5.5 Stützenkopfverstärkungen, Pilzdecken, Stahlkragen

Mit Stützenkopfverstärkungen kann man den Durchmesser des etwaigen Durchstanzkegels um $2 \ell_s$ vergrößern, wenn die Breite der Kopfverstärkung $\ell_s \leq h_s$ ist (Bild 5.15). Man führt dann den Nachweis so, als ob die ganze Stütze den Durchmesser $d_s + 2 \ell_s$ hätte.

Stützenkopfverstärkungen sollten möglichst so bemessen werden, daß im Rundschnitt außerhalb der Verstärkung mit d_{Ra} ohne Schubbewehrung keine Durchstanzgefahr besteht. Wird dazu $\ell_s > 1,5 (h_s + h)$ ausgeführt, dann ist ein zusätzlicher Nachweis in einem inneren Rundschnitt mit d_{Ri} im Bereich der Verstärkung nach Bild 5.16 zu führen. Dabei sollte h_s so dick gewählt werden, daß auch dafür mit d_{Ri} und h_{Ri} das τ_R unter $\gamma_1 \tau_{011}$ bleibt. Bei kegelstumpfförmigen Kopfverstärkungen darf als wirksame Höhe nur das im Rundschnitt vorhandene h_{Ri} nach Bild 5.16, rechts oben, angesetzt werden.

5.5 Bemessungsregeln nach DIN 1045

Ist $\ell_s > h_s$ aber $< 1,5\,(h_s + h)$, dann hat der maßgebende Rundschnitt die Größe $d_R = d_s + 2\,h_s + h$. Liegt er außerhalb der Verstärkung, dann gilt zur Bestimmung von τ_R die Nutzhöhe h der Platte; fällt dieser Rundschnitt in die Verstärkung, dann sollte die Nutzhöhe vom eingeschriebenen Kegel (vgl. Bild 5.16 rechts oben) aus gemessen werden dürfen. Ein weiterer Nachweis mit d_{Ra} wie in Fällen mit $\ell_s > 1,5\,(h_s + h)$ ist aber nötig.

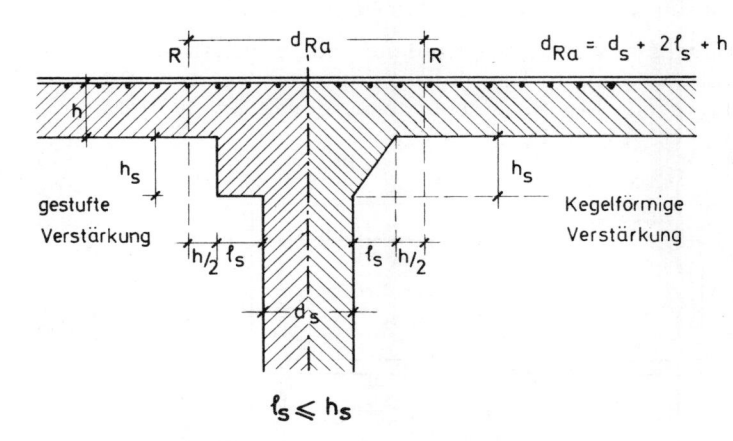

Bild 5.15 Lage und Größe des Rundschnittes zur Ermittlung von τ_R bei Stützenkopfverstärkungen mit $\ell_s \leq h_s$ (für Rechteckstützen s. DIN 1045)

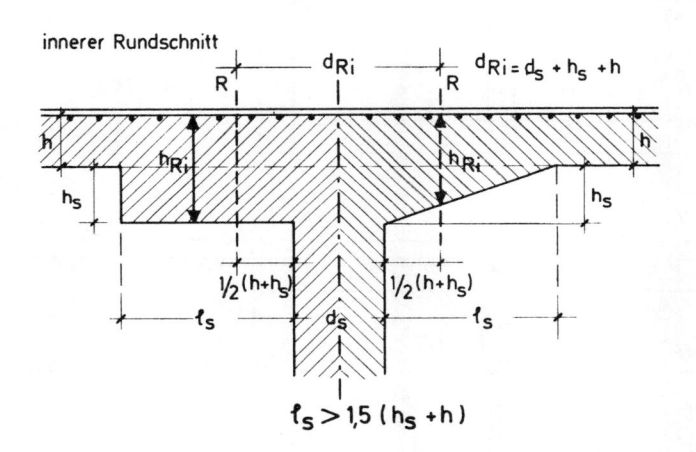

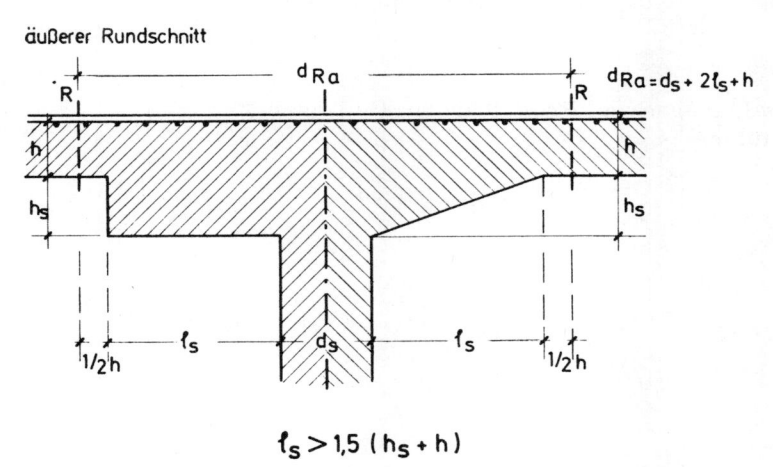

Bild 5.16 Bei Stützenkopfverstärkungen mit $\ell_s > 1,5\,(h_s + h)$ müssen die Spannungswerte τ_R in 2 Rundschnitten mit Durchmessern d_{Ri} und d_{Ra} nachgewiesen werden.

Mit Stahlkragen (Bild 5.17) kann die Flachdecke innerhalb der Plattendicke d so verstärkt werden, daß der Durchstanzbruch nicht an der Stütze sondern rund um den Stahlkragen eintritt. Dabei kann der Nachweis analog zur Rechteckstütze geführt werden, als ob die Stützenfläche der Stahlkragenfläche entspreche (Nachweis durch EMPA-Versuche für Geilinger Stahlbau 1973). Der Stahlkragen muß für die angreifende Linienlast $q_R = \dfrac{Q_R}{u}$ bemessen werden. Für den Bewehrungsgrad μ darf nur die auf die Breite der Durchstanzfläche vorhandene und außerhalb des oberen Durchstanzrandes voll verankerte Bewehrung angesetzt werden. Stahlkragen erlauben ziemlich große Deckendurchbrüche, deren Größe nicht unter die Beschränkungen nach 5.5.4 fällt.

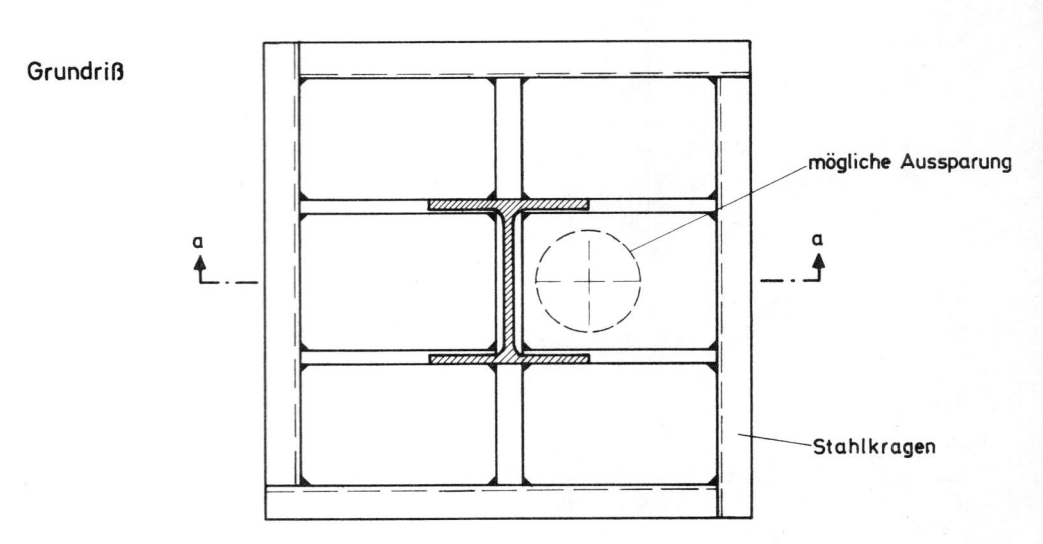

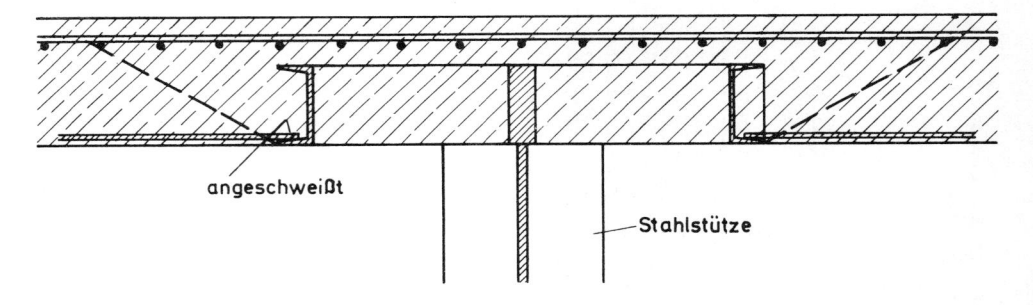

Bild 5.17a Stahlkragen aus Profilträgern (Geilinger Stahlbau) an einer Stahlstütze

5.5 Bemessungsregeln nach DIN 1045

Grundriß

Bügel

Stahlkragen

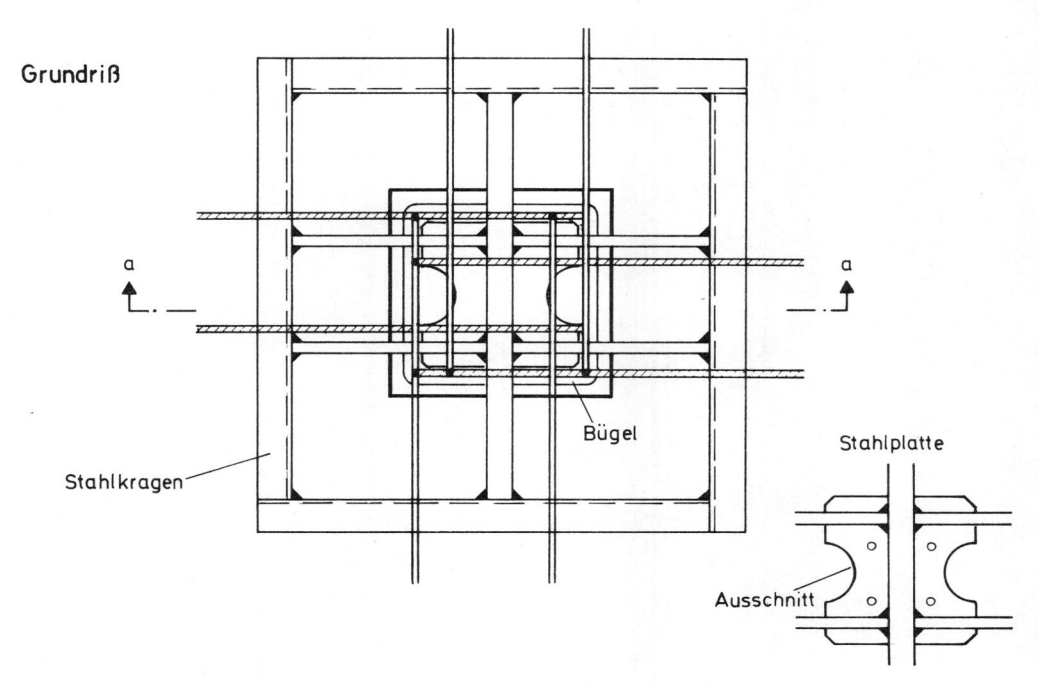

Stahlplatte

Ausschnitt

Schnitt a-a

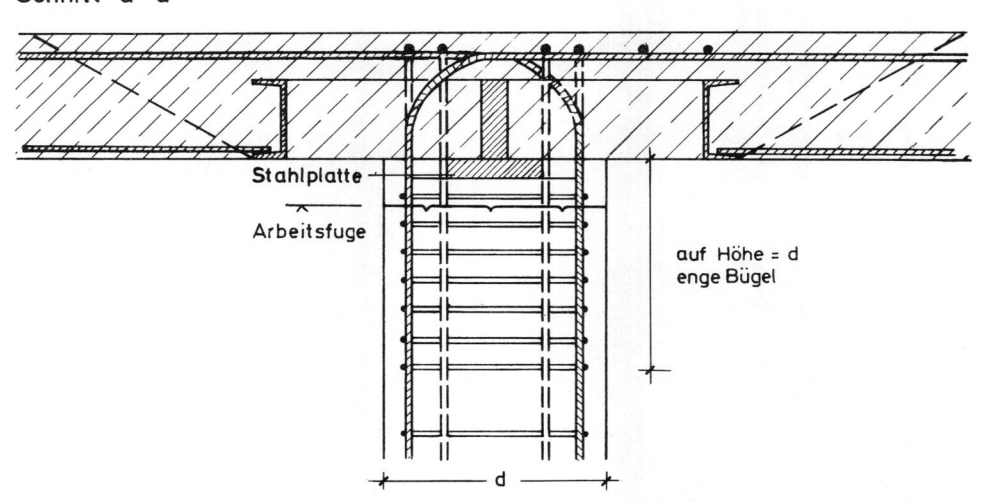

Stahlplatte

Arbeitsfuge

auf Höhe = d
enge Bügel

d

Bild 5.17b Stahlkragen aus Profilträgern (Geilinger Stahlbau)
an einer Betonstütze (Plattenbewehrung nicht vollständig dargestellt.

6. Bemessung bei schwingender oder sehr häufiger Belastung

6.1 Grundregeln

Für "schwingende Belastung" und ihre Behandlung fehlen in den DIN-Vorschriften für Lastannahmen (DIN 1055) und des Stahlbetons (DIN 1045) noch genaue Definitionen und verbindliche Regeln. Im folgenden wird daher versucht, Regeln zu entwickeln, die die gewohnten Anforderungen an Bauwerke mit Sicherheit erfüllen.

Schwingende (dynamische) Belastung (oscillating or fatigue loading) muß bei der Bemessung nur dann von "vorwiegend ruhender Belastung" unterschieden werden, wenn Belastungsanteile p_F, die zusammen mit Eigengewicht g mehr als 60 % der zulässigen statischen Gebrauchslast (g+p) ausmachen, sehr oft oder schwingend wirken. "Sehr oft" bedeutet, daß wenigstens 500 000 Lastwiederholungen innerhalb der erwarteten Lebensdauer des Tragwerkes auftreten. Man muß daher zunächst klären, ob und welche Nutzlastanteile p_F unter diese Voraussetzungen fallen. Im Hochbau kommt eine solche schwingende Belastung fast nur in Industriebauten mit schweren schwingenden Maschinen vor. Im Brückenbau ist bei Straßenverkehr höchstens 20 bis 40 % der vollen Lasten nach DIN 1072, bei Eisenbahnverkehr je nach Art und Dichte der Zugfolgen 40 bis 60 % der max. Lastenzüge als schwingend zu betrachten. Statistische Erhebungen hierzu sind im Gang. Für Hofkellerdecken in Fabrik- oder Lagereinfahrten gilt das Gleiche wie für Straßenbrücken, nicht jedoch für Decken, die nur gelegentlich durch Lkw oder Feuerwehrfahrzeuge belastet werden. Wohl aber sind Fahrspuren von Parkgaragen für die Pkw-Lasten als schwingend belastet zu betrachten [79]. Zu beachten ist, daß der Beton, der Stahl und der Verbund unterschiedliche Widerstände gegen schwingende Beanspruchungen aufweisen, und daß diese Beanspruchungen in allen Elementen der Stahlbetonbauteile (z. B. sowohl in der Längsbewehrung wie in Bügeln) auftreten.

Die schwingende Belastung darf weder die Tragfähigkeit noch die Gebrauchsfähigkeit gefährden. Die Tragfähigkeit von Stahlbetontragwerken wird durch schwingende Belastung stark vermindert, das Minimum wird nach etwa 2×10^6 Lastwechseln erreicht (Wöhler-Linien). Die Sicherheit gegen Ermüdungsbruch oder gegen Versagen durch Dauerschwinglast kann niedriger angesetzt werden als bei ruhender Last. Lastfaktoren von 1,2 bis 1,3 genügen je nach Schadensumfang beim Versagen.

Bei den Sicherheitsüberlegungen ist zu beachten, daß ein zunächst schwingend geprüftes Tragwerk, das dabei nicht versagte, bei einmaliger weiterer Laststeigerung die statische Traglast in der Regel ohne wesentliche Einbuße erreicht.

Auf der Baustoffseite ist die Schwellfestigkeit des Betons (vgl. [1a, Abschn. 2.8.1.6]) zu beachten und dazu ein Sicherheitsbeiwert von 1,3 bis 1,4 anzusetzen. Bei niedriger Grundspannung ist die Schwellfestigkeit des Betons nur etwa $2 \sigma_a = 0,5$ bis $0,6 \beta_p$.

Die **Schwellfestigkeit des einbetonierten Bewehrungsstahles** hängt von Stahlart, Stahlgüte, Rippenform, evtl. Schweißknoten und an Krümmungen vom Biegerollendurchmesser ab (vgl. [1a, Abschn. 3.2.1.2]). Sie schwankt zwischen $2\sigma_a = 2000$ und 900 kp/cm^2 und ist mit einem Sicherheitsbeiwert von 1,1 bis 1,2 zu belegen. Die Art des Stahles und seine Verarbeitung müssen also sorgfältig ausgewählt werden, wenn hohe schwingende Beanspruchung vorliegt.

Die **Schwellfestigkeit des Verbundes** ist die schwächste Stelle des Stahlbetons bei schwingender Belastung. Sie ist noch wenig erforscht; sie beeinträchtigt vor allem die **Gebrauchsfähigkeit**, weil die Rißbreiten dabei merkbar zunehmen und leicht das zulässige Maß überschreiten. Schwingend beanspruchte Stahlbetontragwerke müssen daher grundsätzlich mit kleinen Stababständen für kleine Rißbreiten bewehrt werden (vgl. [1c]).

Die Gebrauchsfähigkeit kann auch noch durch vergrößerte Verformungen (z.B. Durchbiegungen) beeinträchtigt werden. Schwingende Beanspruchung beschleunigt gewissermaßen die Kriechverformungen.

Neuere Versuche von S. Soretz, Wien 1974 [80] ergaben für Rippentorstahl St 42/50 in Balken aus B 320 mit praxisgerechter Bemessung und Anordnung der Bewehrung Schwellfestigkeiten, die wesentlich über den von G. Rehm festgestellten Werten liegen und bei den derzeitigen Gebrauchslastspannungen keinen Dauerbruch erwarten lassen, wenn die Bewehrung gerippt ist und für kleinere Rißbreiten entworfen wurde.

Bei stark schwingender Beanspruchung wird empfohlen, Vorspannung, also Ausführung mit Spannbeton, zu wählen, der eine hervorragend gute Dauerschwingfestigkeit aufweist.

6.2 Bemessungsregeln

1. **Ermittle oder wähle** den Nutzlastanteil p_F, der voraussichtlich mehr als 500 000 mal auftritt.

2. Berechne nach Abschn. 6.3 die Schwingbreiten der unter Gebrauchslast auftretenden Spannungen

$$2\sigma_{aL} = \sigma_{g+p_F} - \sigma_g \tag{6.1}$$

3. Prüfe für **Beton** und **Stahl** und **Verbund**, ob

$$\nu_L \cdot 2\sigma_{aL} \leq \frac{2\sigma_{aM}}{\nu_M} \tag{6.2}$$

ist, wobei $2\sigma_{aM}$ die **Schwellfestigkeit** des Betons oder des Stahles oder des Verbundes für die Schwingbreite $2\sigma_{aL}$ bei der unteren Spannung σ_g und der oberen Spannung σ_{g+p_F} ist.

ν_L ist der Last-Sicherheitsbeiwert 1,2 bis 1,3
ν_M ist der Material-Sicherheitsbeiwert
       für Beton   1,3 bis 1,4
       für Stahl   1,1 bis 1,2.

Wenn diese Bedingung nicht erfüllt ist, dann müssen die Querschnitte vergrößert werden.

4. Prüfe ob für Eigengewicht + volle Nutzlast die Sicherheitsbedingungen für ruhende Last nach den in [1a] gegebenen Regeln erfüllt sind.

Diese Regeln sind sowohl auf die Biegezugbewehrung und den Beton in der Druckzone als auch auf die Querbewehrung für Querkraft und Torsion anzuwenden.

Zur Anordnung der Bewehrung ist die ermittelte erforderliche Bewehrungsmenge so in Stäbe mit kleinem Abstand aufzuteilen, daß die Rissebeschränkungsregeln nach [1c] erfüllt sind. Dabei sollten nicht die den DIN-Regeln zugrunde liegenden groben Näherungen benützt werden, sondern die Formel für max $w_{95\%}$ mit den k-Beiwerten, wobei zur Berücksichtigung des Einflusses der Lastwiederholungen bei dynamischer Beanspruchung $k_5 = 1,4$ einzusetzen ist.

6.3 Ermittlung von Spannungen unter Gebrauchslasten

Die Regeln des Abschn. 6.2 verwenden die Größen der Spannungen im Beton und im Stahl unter Gebrauchslasten, während beim Nachweis der Tragfähigkeit bzw. bei der Bemessung nach Abschn. 7 in [1a] nur Grenzdehnungen dieser Baustoffe unter ν-facher Gebrauchslast in die Rechnungen eingingen. Da keine Proportionalität zwischen Lasten und Spannungen infolge der nicht linearen σ-ϵ-Beziehungen der Baustoffe besteht, können Gebrauchslastspannungen nicht ohne weiteres aus den Ergebnissen der Traglastbemessung abgeleitet werden.

Dies sei an einem Beispiel gezeigt. Das Traglastmoment eines Stahlbetonquerschnittes mit rechteckiger Betondruckzone bei Dehnungen $\epsilon_{e,U} = +5‰$ und $\epsilon_{b,U} = -3,5‰$ beträgt $M_U = 1,75 \cdot M_{g+p} = 0,276\ bh^2 \beta_R$ mit $\nu = 1,75$. Die zugehörige Bewehrung hat den Querschnitt erf $F_e = 0,333\ bh \beta_R/\beta_S$. Der gleiche Querschnitt erfährt unter dem Gebrauchslastmoment M_{g+p} jedoch Dehnungen von nur

$$\epsilon_e = 1,1‰\ (=\frac{1}{4,55}\epsilon_{e,U}) \quad \text{und} \quad \epsilon_b = -0,73‰\ (=\frac{1}{4,79}\epsilon_{b,U}).$$

Für die Ermittlung dieser Dehnungen unter Gebrauchslast gelten im Prinzip die gleichen Regeln wie bei der Bemessung: Ebenbleiben der Querschnitte, Gleichgewicht $\Sigma N = 0$ und $\Sigma M = 0$. Für den Betonstahl kann die gleiche σ-ϵ-Beziehung wie bei der Bemessung verwendet werden (vgl. Bild 7.5 in [1a]). Es zeigt sich, daß in den praktisch vorkommenden Fällen ϵ_e immer im elastischen Bereich liegt, daß also $\sigma_e = \epsilon_e \cdot E_e$ gilt. Für den Beton ist es jedoch nicht richtig, zur Ermittlung von Spannungen unter Gebrauchslasten vom Parabel-Rechteck-Diagramm der Spannungsverteilung in der Druckzone nach Bild 7.3 in [1a] auszugehen, weil hierin plastische Zeiteinflüsse (Kriechen) und Abzüge für die 5 %-Fraktile der Festigkeit enthalten sind. Es wird deshalb vorgeschlagen, eine rein parabolische Verteilung der Betondruckspannungen nach Bild 6.1 anzunehmen mit dem Größtwert $\epsilon_b = -2,0‰$. Gleichzeitig kann der Scheitelwert auf die mittlere Prismenfestigkeit - also "Serienfestigkeit" $\beta_{p,S}$ - angehoben werden. Näherungsweise wird hier einheitlich für alle Betongüten der Scheitelwert der σ-ϵ-Linie des Betons aus folgenden Beziehungen abgeleitet:

$$\beta_{p,S} = 0,85\ \beta_{w,S}; \qquad \beta_{w,S} = \beta_{w,N} + 50\ kp/cm^2; \qquad \beta_R = 0,7\ \beta_{wN}.$$

Für die Betongüten Bn 150 bis Bn 350 wird daraus vereinfacht

$$\beta_{p,S} \approx \frac{1}{0,7} \beta_R = 1,43 \beta_R \tag{6.3}$$

mit β_R nach DIN 1045 bzw. Bild 7.3 in [1a]. Auch für die höheren Betongüten ist dieser Ansatz brauchbar und auf der sicheren Seite. Aus den mit den Gleichgewichtsbedingungen errechneten Dehnungen ϵ_b folgt damit nach Bild 6.1 die Betonspannung

$$\sigma_b = \frac{1}{4} \cdot \frac{1}{0,7} \beta_R \epsilon_b (4 - \epsilon_b) = 0,36 \epsilon_b (4 - \epsilon_b) \beta_R \tag{6.4}$$

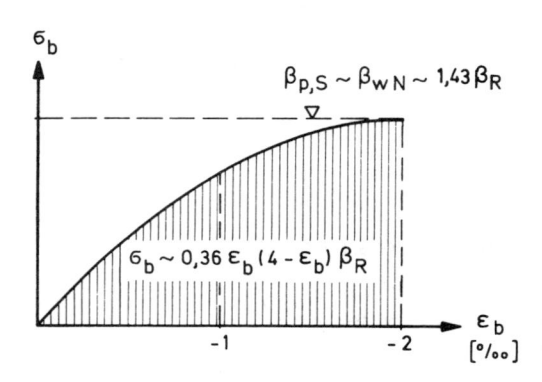

Bild 6.1 σ-ϵ-Diagramm des Betons, das für Spannungsnachweise unter Gebrauchslasten verwendet werden sollte

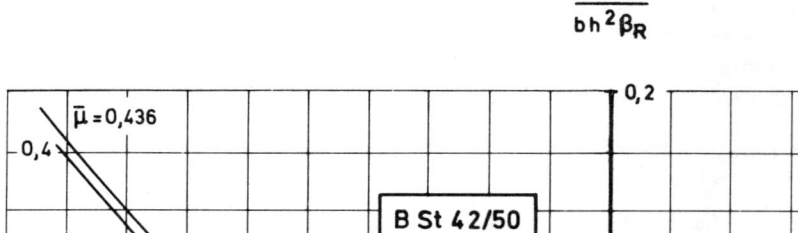

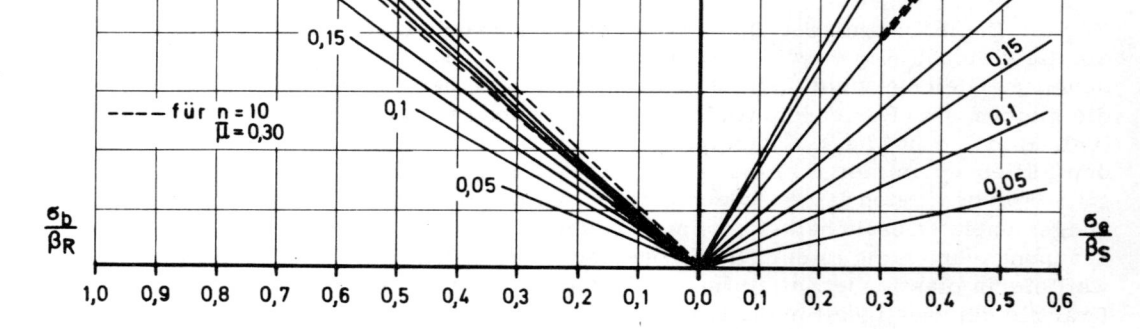

Bild 6.2 Diagramm zur Ermittlung der bezogenen Beton- und Stahlspannungen unter dem Gebrauchslastmoment M_{g+p} in Abhängigkeit vom mechanischen Bewehrungsgrad $\bar{\mu}$ für Rechteckquerschnitte mit B St 42/50 ($\bar{\mu} = F_e/bh \cdot \beta_S/\beta_R$)

Für das obige Beispiel erhält man bei Bn 250, BSt 42/50 unter M_{g+p} die Spannungen $\sigma_e = 1,1 \cdot 2,1 = 2,31$ Mp/cm² ($= 1/1,82\,\beta_S$) und
$\sigma_b = 0,36 \cdot 0,73\,(4 - 0,73) \cdot 175 = 150$ kp/cm² ($= 1/1,17\,\beta_R$), also beim Beton wesentlich höhere Werte als aus dem Lastverhältnis M_{g+p}/M_R erwartet würde.

Bei konsequenter Anwendung dieser Grundlagen zur Spannungsermittlung müßten für den praktischen Gebrauch neue Rechenhilfen aufgestellt werden, um langwierige Berechnung (mit Iterationen) zu vermeiden. Einen Vorschlag dafür zeigt Bild 6.2, das es erlaubt für Querschnitte mit rechteckiger Betondruckzone und Stahldehnungen $\epsilon_{e,U}$ unter ν-facher Last über 3,0 ‰ ($\nu = 1,75$) aus dem bezogenen Gebrauchslastmoment

$$m = \frac{M_{g+p}}{bh^2 \beta_R} \quad \text{und dem mechanischen Bewehrungsgrad} \quad \bar{\mu} = \frac{F_e}{b \cdot h} \cdot \frac{\beta_S}{\beta_R}$$

die bezogenen Gebrauchslastspannungen σ_e/β_S und σ_b/β_R sofort abzulesen.

Mit einem solchen Diagramm können in einfacher Weise aus dem schwingenden Anteil ΔM des Gebrauchslastmomentes die zugehörigen Spannungsschwankungen $2\,\sigma_{aL} = \sigma_{g+pF} - \sigma_g$ ermittelt werden.

6.4 Nachweise bei schwingender Belastung nach DIN 1045

Im Abschn. 17.1.3 DIN 1045 ist anstelle der genaueren Nachweise nach Abschn. 6.2 und 6.3 eine Näherung zugelassen, bei der nur die im Stahl auftretende Schwingbreite $2\,\sigma_{a,e}$ berücksichtigt zu werden braucht und eine geradlinige Verteilung der Betonspannungen in der Druckzone angenommen werden darf. Diese Annahme führt zu dem früher üblichen Rechnungsgang des n-Verfahrens, wobei $n = E_e/E_b$ von der Lasthöhe unabhängig ist. Die Dehnungs- und Spannungsverteilung zeigt Bild 6.3, aus dem sich ohne Schwierigkeit die Gleichungen (6.5) bis (6.8) für einfach bewehrte Querschnitte mit rechteckiger Druckzone ableiten lassen.

$$x = \frac{n \cdot F_e}{b}\left[-1 + \sqrt{1 + \frac{2bh}{n \cdot F_e}}\right] \quad (6.5) \qquad \sigma_e = \frac{M}{z \cdot F_e} \quad (6.7)$$

$$z = h - \frac{x}{3} \quad (6.6) \qquad \sigma_b = \frac{2M}{b\,z\,x} \quad (6.8)$$

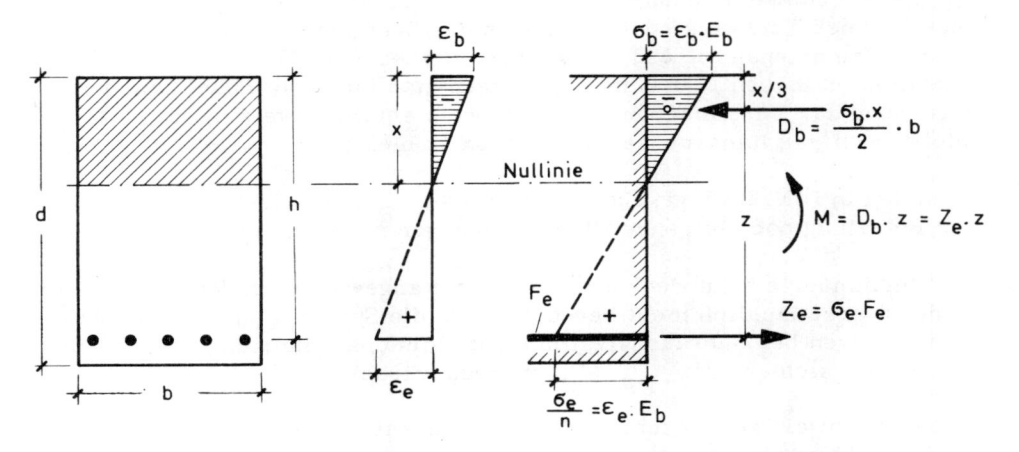

Bild 6.3 Geometrie, Spannungen und Schnittgrößen in Querschnitten mit rechteckiger Betondruckzone bei Biegung ohne Längskraft unter Gebrauchslasten (n-Verfahren)

Während die Stahlspannungen hiernach annähernd in gleicher Größe wie nach Abschn. 6.3 erhalten werden, sind die so errechneten Betonspannungen wenig realistisch und z. B. für n = 7 (mit E_b für Bn 250) bis 20 % größer als in Bild 6.2.

Für Querschnitte mit Druckbewehrung und für Fälle von Biegemoment mit Längskraft sind im Heft 220 des DAfStb ("Bemessung von Beton- und Stahlbetonbauteilen") weitere Gleichungen angegeben.

Zur weiteren Vereinfachung gestattet es DIN 1045 bei diesen Rechnungen für alle Betongüten den einheitlichen Wert n = 10 zu verwenden. Von besonderer Bedeutung ist Gl. (6.7) zur Ermittlung der Stahlspannungen σ_e, die auch in folgender Form für Biegung mit Längskraft und mit dem Hebelarm z aus der Traglastbemessung (vgl. [1a, Abschn. 7]) verwendet werden darf:

$$\sigma_e = \frac{1}{F_e}\left(\frac{M_e}{z} + N\right)$$

$$M_e = M - N \cdot y_e$$

(6.7a)

Nach DIN 1045 dürfen unter "nicht vorwiegend ruhender Belastung" - vgl. DIN 1055, Bl. 3 - nur solche Betonstahlsorten verwendet werden, deren Eignung nachgewiesen ist. Hierauf ist insbesondere bei geschweißten Betonstahlmatten zu achten (bes. Zulassung erforderlich!).

Für Betonstahl BSt 22/34 GU brauchen keine Nachweise erbracht zu werden.

Für Betonstahl BSt 42/50 darf unter Gebrauchslast die Schwingbreite $2\sigma_{a,e}$ folgende Werte nicht überschreiten:

in geraden oder mit $d_B > 25\,\emptyset$ gebogenen Stäben $\quad 2\sigma_{a,e} \leqq 1800\ \text{kp/cm}^2$,

in stärker gekrümmten Stäben und Bügeln $\quad 2\sigma_{a,e} \leqq 1400\ \text{kp/cm}^2$.

Bei geschweißten Betonstahlmatten aus anerkannten Lieferwerken gilt:

$$2\sigma_{a,e} \leqq 800\ \text{kp/cm}^2.$$

Da bei Biegung ohne Längskraft gemäß Gl. (6.7) σ_e proportional zu M ist, genügt bei Verwendung von BSt 42/50 anstelle einer Spannungsberechnung der Nachweis, daß der durch den häufigen Lastwechsel verursachte Momentenanteil ΔM bei geraden Stäben $\leqq 0{,}75\ \max M$ und bei gekrümmten Stäben $\leqq 0{,}6\ \max M$ eingehalten ist. Für Bügel kann entsprechend zur Vereinfachung der Nachweis erbracht werden, daß ΔQ infolge häufiger Lastwechsel $\leqq 0{,}6\ \max Q$ bleibt.

Nach den in DIN 1045 gegebenen Regeln sind bei vorwiegend nicht ruhender Belastung noch folgende Einschränkungen zu beachten:

"Verminderte Schubdeckung" darf nicht angewandt werden; (diese Forderung ist sachlich nicht berechtigt, da die Spannungen der Schubbewehrungen bei Gebrauchslast unterproportional sind, d. h. niedriger sind als sich aus M_{g+p_F}/M_U ergeben würde)

der Nachweis zur Beschränkung der Rißbreite (vgl. dazu [1c]) muß erbracht werden;

die Rechenwerte der zulässigen Verbundspannung zul τ_1 sind geringer anzusetzen als unter ruhender Last (siehe [1a, Abschn. 4.4]).

In [81] sind wertvolle Anregungen zur wirklichkeitsnahen Berechnung des Tragverhaltens von dynamisch hoch beanspruchten Stahlbetonbauteilen gegeben worden.

7. Leichtbeton für Tragwerke

7.1 Vorbemerkung – Leichtbetonarten

In diesen "Vorlesungen" wurde unter Beton stets Beton mit dichtem Gefüge aus Natursteinzuschlägen (Sand, Kies, Splitt) mit Rohdichten ρ zwischen 2,0 und 2,8 t/m^3, sogen. Normalbeton verstanden. Es gibt jedoch auch Schwerbeton mit Zuschlägen aus Baryt, Magnetit oder Schrott, $\rho > 2,8$ bis etwa 3,8 t/m^3, der als Ballast oder für Strahlenschutz, jedoch selten für Tragwerke verwendet wird, und Leichtbeton (light weight concrete) mit $\rho < 2,0$ t/m^3 (= 2,0 kg/dm^3, Dimension nach DIN 1048).

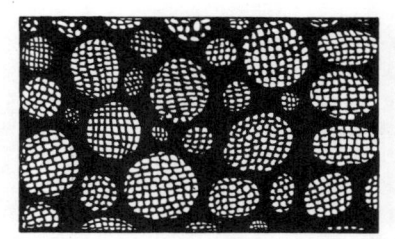

Die Gruppe der Leichtbetone gliedert sich in

1. Leichtbeton mit dichtem Gefüge aus porigen Zuschlägen mit
   ρ = 0,8 bis 2,0 kg/dm^3 und β_w = 100 bis 350 kp/cm^2 (Bild 7.1),

2. Leichtbeton mit groben Poren zwischen dichten Zuschlägen (Haufwerksporigkeit), z. B. sog. Einkornbeton, nur eine Korngrößengruppe, z. B. 4 - 8 oder 8 - 12 mm, mit wenig Zementmörtel verkittet (Bild 7.2). Rohdichten von 1,0 bis 2,0 kg/dm^3 bei β_w = 25 bis 200 kp/cm^2,

3. Leichtbeton aus porigen Zuschlägen mit porigem Gefüge (Bild 7.3), z. B. Bimsbeton für Mauersteine, Rohdichten von 0,7 bis 1,4 kg/dm^3 mit β_w von 20 bis 100 kp/cm^2,

Bild 7.1 Leichtbeton mit dichtem Gefüge aus porigen Zuschlägen

Bild 7.2 Leichtbeton aus dichtem Gestein mit Haufwerksporigkeit

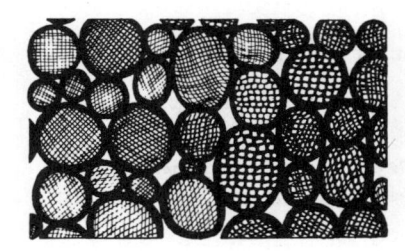

Bild 7.3 Leichtbeton aus porigen Zuschlägen mit Haufwerksporigkeit

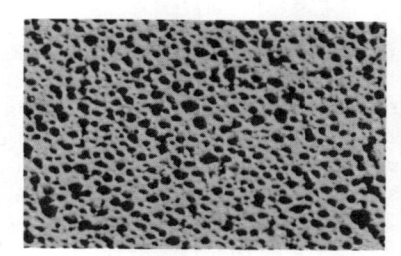

Bild 7.4 Gasbeton (Hebel-Werke)

4. Leichtbeton ohne grobe Zuschläge aus feinkörnigem Mörtelbrei mit gleichmäßig verteilten Poren als Gasbeton, durch gaserzeugende Treibmittel (Alu-Pulver in Reaktion mit Zement oder Wasserstoffsuperoxyd + Chlorkalk) oder als Schaumbeton mit Schäumen hergestellt (Bild 7.4). Rohdichten von 0,4 bis 1,0 kg/dm^3 mit β_W = 10 bis 100 kp/cm^2

5. Leichtbeton aus nichtmineralischen Zuschlägen wie Kugeln aus Kunststoffschäumen, z. B. Styropor, Polystyrol, in dichtem Zementmörtel, Rohdichten von 0,3 bis 0,8 kg/dm^3, Festigkeiten sehr niedrig.

Die Leichtbetone mit Festigkeiten unter β_W = 150 kp/cm^2 werden ihrer wärmedämmenden Eigenschaften wegen für Wände aus Mauersteinen (voll oder hohl) (DIN 1053 mit DIN 18151 und 18152 [88 a - c]) oder aus Schüttbeton verwendet. Je geringer das Gewicht um so besser ist die Wärmedämmung. Tragende Wände aus Schüttbeton sind nach DIN 4232 zu bemessen. Man kann damit auch Hochhäuser bauen, ältestes Beispiel Max-Kade-Hochhaus, Studentenwohnheim, Stuttgart 1949, tragende Wände außen 37, innen 25 cm dick aus Schüttbeton, Ziegelsplitt-Einkornbeton; Rohdichte 1,6 bis 1,2 kg/dm^3, β_W = 100 bis 30 kp/cm^2 von unten nach oben abnehmend. Unter diesen Leichtbetonen werden nur der Gasbeton (z. B. Siporex, Ytong, Hebel-Gasbeton) und der Bimsbeton mit $\rho \geq 0,8$ kg/dm^3 und $\beta \geq 100$ kp/cm^2 auch für auf Biegung tragende Elemente (Decken- und Dachplatten) verwendet. Hierfür gibt es besondere Regelungen für die Bemessung in DIN 4223 und in den zugehörigen Zulassungen.

Im folgenden soll nur der Leichtbeton der ersten Gruppe näher behandelt werden, weil er als "Konstruktionsleichtbeton" bewehrt oder vorgespannt werden kann und so für Tragwerke Bedeutung erlangte.

7.2 Zuschläge und Zusammensetzung des Leichtbetons für Tragwerke

7.2.1 Porige Zuschläge

Die natürlichen porigen Gesteine sind vulkanischen Ursprungs wie Bims und Lavalit, sie haben zu geringe Festigkeit. Daher wurden künstliche porige Zuschläge entwickelt, wobei in der Regel Ton oder Schiefer in geeigneter Zusammensetzung und Korngröße im Drehrohrofen stark erhitzt und dabei "gebläht" werden. Das Blähen beruht auf der Gasentwicklung natürlicher Bestandteile oder zugemischter Blähhilfen, wodurch sich Poren bilden. Die geblähten Körner werden bis zur Sinterung des Materials bei rd. 1100 °C erhitzt, damit die Porenwände möglichst hart werden. So entstehen Leichtzuschläge (light weight aggregate) aus Blähton (expanded clay) oder Blähschiefer (expanded shale), die bei leichtem Gewicht genügend hohe Festigkeit für die Herstellung von Tragwerken ergeben [82].

Geschichtlich ist zu bemerken, daß Blähschiefer zuerst 1917 von S. J. Hayde in USA hergestellt wurde (Haydite). Von dort kam das Verfahren über Dänemark nach Europa (etwa 1940 in Schlesien für Schiffsbau durch Fa. Dywidag). In den USA und der USSR (als Keramsit) ist die Anwendung seit langem weit verbreitet. In Deutschland kam die Erzeugung erst ab 1966 in Gang unter den Firmenbezeichnungen Leca, Liapor (Bild 7.5), Berwilit, Norlit u.a..

7.2 Zuschläge und Zusammensetzung des Leichtbetons für Tragwerke

Bild 7.5   Blähton-Zuschlagskörner, z. B. Liapor

Die Leichtzuschläge für Konstruktionsleichtbeton sollen (u. a. nach DIN 4226) folgende Eigenschaften haben:

1. gedrungene, möglichst kugelrunde Form mit geschlossener Oberfläche,
2. gleichmäßig verteilte feine Poren,
3. sinterharte und damit raum- und witterungsbeständige Porenwände,
4. hohe Steifigkeit und Korneigenfestigkeit.

Diese Eigenschaften werden in der nötigen Gleichmäßigkeit am besten durch Mahlen des Rohstoffes, z. B. Opalinuston, unter Zugabe eines Blähmittels, Vorformen auf dem Granulierteller auf gewünschte Korngröße und anschließendes Brennen im Drehrohrofen erreicht. Die Zuschläge sind entsprechend teuer, was die Wirtschaftlichkeit des Leichtbetons beeinträchtigt.

Die Eigenschaften der verschiedenen Fabrikate sind unterschiedlich. Leider gibt es noch keine normreife Güteprüfung und Einteilung in Güteklassen. Daher werden zunächst für jede größere Anwendung Eignungsprüfungen mit Leichtbetonproben verlangt. Folgende Eigenschaften der Zuschläge sind dabei von Bedeutung.

Kornrohdichte $\rho_{rk} = \frac{\text{Masse}}{\text{Volumen}}$ des getrockneten Zuschlagkorns.
Sie liegt je nach Porengehalt zwischen 0,7 und 1,4 kg/dm^3, leichtere Zuschläge sind für Tragwerksbeton nicht geeignet. ρ_{rk} ist in der Regel bei Korngrößen unter 8 mm höher als bei gröberem Korn. Der Porengehalt liegt dabei zwischen 74 und 45 %.

Kornsteifigkeit kann nicht durch Verformung am Einzelkorn gemessen werden. Daher mißt man den dynamischen E-Modul durch Ultraschall-Laufzeitmessung. Nach F. R. Schütz [82, S. 23] ist er etwa von ρ_{rk}^2 abhängig und beträgt für gute Zuschläge von 12 bis 16 mm Korndurchmesser etwa

$$\text{dyn. } E_k = 80\,000 \cdot \rho_{rk}^2 \, [\text{kp/cm}^2] \text{ bei } \rho_{rk} \text{ in } [\text{kg/dm}^3].$$

Korneigenfestigkeit, im wesentlichen Druckfestigkeit, kann ebenfalls nicht am nackten Korn geprüft werden. Man schließt auf sie aus Druckproben an Betonwürfeln mit definierter Kornzusammensetzung und Mörtelfestigkeit [82, S. 25], [85 a], DIN 4226 - Bl. 3. Die Korneigenfestigkeiten sind nach solchen Proben sehr verschieden, sie können für $\rho_{rk} = 0,7$ kg/dm^3 bei 145 kp/cm^2, bei Liapor mit $\rho_{rk} = 1,4$ kg/dm^3 über 600 kp/cm^2 liegen.

Wasseraufnahme. Da die Poren nicht absolut geschlossen sind, saugen die Blähton- und Blähschiefer-Zuschläge in unterschiedlichem Maß Wasser, was für die Leichtbetone in vielerlei Hinsicht von Bedeutung ist. Die Wasseraufnahme wird nach [85 a] in Gew. % ermittelt. H. Weigler empfiehlt in [82, S. 29] die Angabe der Wasseraufnahme in Vol. % nach dem Ansatz

$$A_w = \frac{m_w}{m_t} \cdot \frac{\rho_{rk}}{\rho_w (\approx 1,0)} \cdot 100$$

Dabei ist m_t = Masse der trockenen Zuschlagprobe

m_w = Masse der 30 min lang unter Wasser gelagerten Zuschlagprobe.

Die Wasseraufnahme A_w liegt bei dieser Prüfung etwa zwischen 5 und 15 Vol %, sie nimmt bei längerer Wasserlagerung aber noch um 60 bis 90 % zu.

Für Leichtbeton sind die Zuschläge in folgenden Korngrößengruppen zu liefern:

0 - 2   2 - 8
                  8 - 16   16 - 25 mm
0 - 4   4 - 8

7.2.2 Zusammensetzung und Verarbeiten des Leichtbetons

Bei der Kornzusammensetzung können stetige Sieblinien nach DIN 1045, etwa Linie B, angewandt werden. Die besten Ergebnisse (im Verhältnis zur Festigkeit niedrige Rohdichte) werden mit viel Grobkorn 8 bis 16 oder 16 bis 25 mm, wenig Sperrkorn (2 bis 8 mm) und hochfestem Mörtel aus 0 bis 2 oder 0 bis 4 mm erreicht (also mit Ausfallkörnung), weil die groben Zuschläge das Gewicht mindern und die Mörtelfestigkeit für die Betonfestigkeit ausschlaggebend ist. Da Leichtzuschläge < 2 mm den Wasseranspruch unnötig heraufsetzen und die Mörtelfestigkeit mindern, wird besser Natursand 0 bis 2 mm verwendet. Für eine günstige Verarbeitung braucht man mehr Mehlkorn als bei Kiesbeton, die Zementzugabe soll daher reichlich sein und eventuell durch Steinmehl oder Traß ergänzt werden. Für bewehrten Leichtbeton ist min Z = 300 kg/m^3 zu beachten.

Zuschläge mit $\rho_{rk} < 0,9$ kg/dm^3 schwimmen beim Mischen und Verdichten gerne hoch, was durch steife Konsistenz und fetten Mörtel zu verhüten ist; daher ist die Konsistenz K_3 für Leichtbeton nicht geeignet. Der Wasserbedarf hängt auch von der Saugfähigkeit der Zuschläge ab, die am besten vor dem Mischen gut durchfeuchtet werden. Geschieht dies nicht, dann muß die Wasserzugabe etwas überhöht werden, damit die Konsistenz während der Verarbeitung durch das Einsaugen des Kornporenwassers nicht zu tief absinkt. Die Konsistenz wird mit dem Verdichtungsmaß v (nach DIN 1048) besser gemessen als mit Ausbreitmaß. Zum Verdichten eignen sich Tauchrüttler mit Flaschendurchmessern von 50 bis 70 mm und Frequenzen von 9000 bis 12 000 Schw./min, die in Abständen von 20 bis 25 cm einzusetzen sind. (Näheres siehe [82, S. 82]).

7.3 Kraftfluß im Leichtbeton

Der Kraftfluß im Leichtbeton unterscheidet sich grundsätzlich von demjenigen im Normalbeton. Im Leichtbeton ist der erhärtete Mörtel steifer als die Zuschläge, im Normalbeton sind die Kieskörner härter als der Mörtel. Deshalb fließen Druckkräfte im Normalbeton bevorzugt von Korn zu Korn, im Leichtbeton im Mörtel um die Körner herum. M. Lusche [83] hat dies mit spannungsoptisch ermittelten Trajektorienbildern der Hauptspannungen anschaulich gemacht (Bild 7.6). Die Krümmung der Drucktrajektorien führt bei Normalbeton zu Querzug an den Seitenflächen der harten Körner, bei Leichtbeton zu Querzug im Mörtel über und unter den "weichen" Körnern und zu Querzug in den Körnern selbst, die an Bruchflächen spalten (Bild 7.7). Dies erklärt auch, weshalb in gedrückten Betonprismen die Risse in Druckrichtung auftreten. (In [1a, Abschn. 2.8.1.1] ist noch eine Erkärung der "Spaltrisse" gegeben, die sich nach Lusche's Arbeit als falsch herausstellte). Die Festigkeiten des Leichtbetons sind demnach wesentlich von der Mörtelfestigkeit und von der Struktur des Mörtelgerippes zwischen den Zuschlägen (in manchen Veröffentlichungen "Matrix" genannt) abhängig, besonders auch von der Kornform,

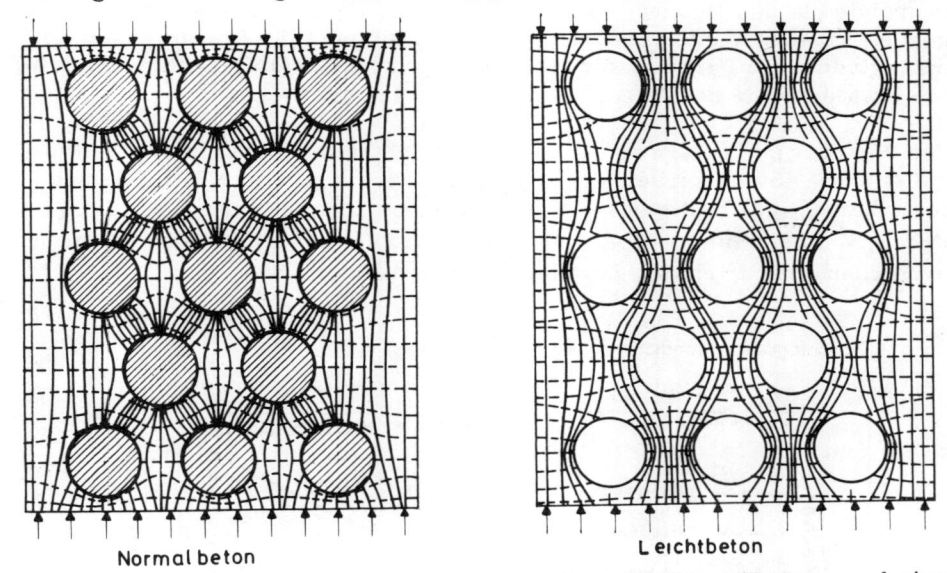

Bild 7.6 Hauptspannungslinien im Modell eines Normalbetons und eines Leichtbetons mit dichtem Gefüge [83]

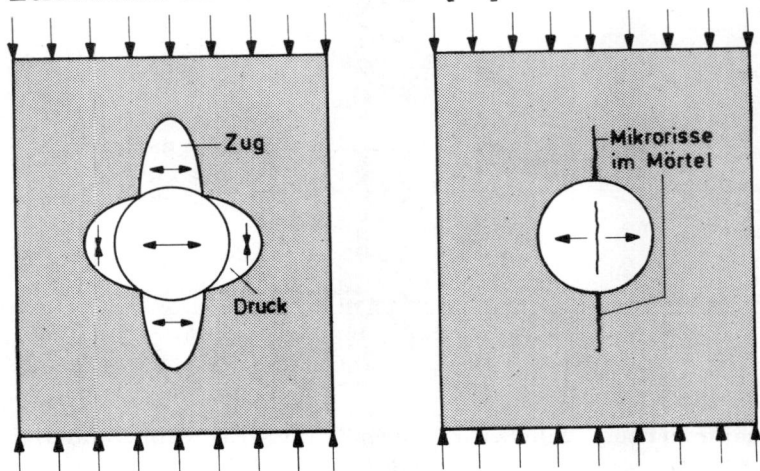

Bild 7.7 Spannungsverteilung und Mikrorißbildung im Bereich eines Kornes im Leichtbetonmodell [83]

dem Kornabstand und der Kornverteilung, die die Tragfähigkeit des Mörtelgerippes beeinflussen. Die Mörtelfestigkeit muß um 40 bis 50 % über der angestrebten Druckfestigkeit des Leichtbetons liegen. Der unterschiedliche innere Spannungsverlauf ergibt unterschiedliche Festigkeitseigenschaften, die bei Tragwerksbeton zu beachten sind und im folgenden kurz behandelt werden.

7.4 Klassen des Leichtbetons

Leichtbeton (im folg. LB) wird wie Normalbeton (NB) in Festigkeitsklassen, zusätzlich aber auch in Rohdichteklassen eingeteilt. Beide Angaben sind zur Ausschreibung und Bemessung von Bauteilen aus Stahlleichtbeton erforderlich. Die bei einer gewünschten Betonrohdichte ρ_{rb} (trocken) mit Leichtzuschlägen unterschiedlicher Korneigenfestigkeit erzielbaren Würfeldruckfestigkeiten β_{w28} sind Bild 7.8 zu entnehmen.

Die Rohdichten ρ_{rb} sind in Klassen von 1,0 - 1,2 - 1,4 - 1,6 - 1,8 und 2,0 kg/dm^3 eingeteilt, wobei die Ziffer jeweils die obere Grenze der Trokkenrohdichte des Betons angibt. Für die den Berechnungen zugrunde zu legenden Eigengewichte (Berechnungsgewichte) muß für Porenwasser ein Zuschlag von 0,05 kg/dm^3, für Bewehrung ein weiterer Zuschlag von 0,07 bis etwa 0,15, in der Regel 0,10 kg/dm^3 gemacht werden.

Die Festigkeitsklassen für Stahlleichtbeton sind L Bn 100 - 150 - 250 - 350 - 450, ermittelt durch β_{w28}, wobei wie beim NB die Serienfestigkeit β_{wS} (Mittelwerte) um je 50 kp/cm^2 höher als die Nennfestigkeit β_{wN} liegen muß. L Bn 450 und L Bn 550, z. B. mit Liapor 8 zu erreichen, bedürfen der Zustimmung der Aufsichtsbehörde.

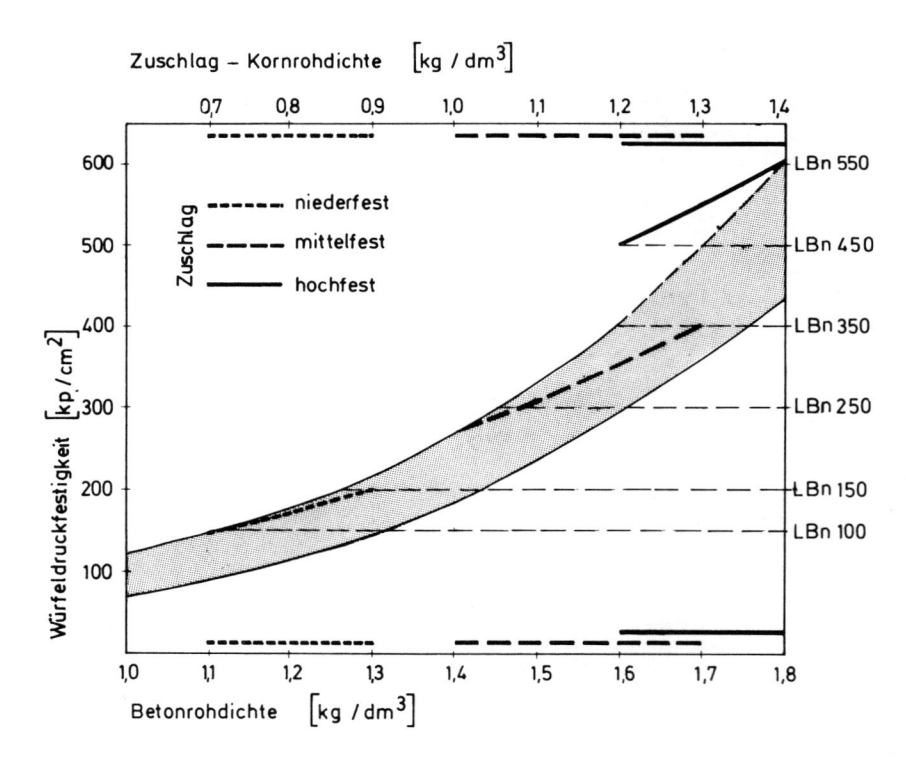

Bild 7.8 Zusammenhang zwischen Kornrohdichte - Betonrohdichte und Würfeldruckfestigkeit von Leichtbetonen mit dichtem Gefüge (nach H. Weigler)

Die **Prismendruckfestigkeit** steht bei LB in etwa gleichem Verhältnis zur Würfeldruckfestigkeit wie beim NB ($\beta_p \sim 0{,}85\,\beta_w$). Die Dauerstandfestigkeit des LB kann aber (statt 80 % bei NB) infolge innerer Kräfteumlagerungen infolge Kriechen des Zementmörtels auf 70 bis 75 % der Kurzzeitfestigkeit abfallen. Bei Festlegung der Rechenfestigkeit wurde diese Eigenschaft jedoch nicht weiter beachtet.

7.5 Wesentliche Abweichungen der Leichtbeton-Eigenschaften vom Normalbeton

7.5.1 Zugfestigkeit

Die Biegezug- und Spaltzugfestigkeiten des LB streuen mehr als bei NB, weil sie stark von der Korneigenfestigkeit und Kornform abhängig sind. Sie liegen bei den niedrigen Festigkeitsklassen bis etwa L Bn 250 im Durchschnitt über den Werten des NB, bei den höheren Festigkeiten darunter, weil über $\beta_w = 350$ kp/cm² die Zugfestigkeit der Körner selbst maßgebend wird. Die folgende Beziehung liegt etwa im unteren Drittel des Streubereiches:

$$\beta_{BZ} \approx 1{,}0 \sqrt[3]{\beta_w^2} \qquad \beta_{SpZ} \approx 0{,}5 \sqrt[3]{\beta_w^2} \qquad (7.1)$$

und entspricht damit den Angaben in [1a] für NB. In manchen Versuchen mit geringer Korneigenfestigkeit ergab sich die Spaltzugfestigkeit um 20 bis 30 % niedriger als für NB.

7.5.2 Festigkeit bei Teilflächenbelastung

Einige Münchener Versuche [82, S. 150] zeigten, daß die niedrige Korneigenfestigkeit der Leichtzuschläge die Tragfähigkeit bei Teilflächenbelastung gegenüber derjenigen von NB vermindert. Die Bruchpressung p_U unter der mittigen Lastfläche F_1 auf dem Prisma mit der Fläche F nimmt nur mit $\sqrt[3]{\frac{F}{F_1}}$ und nicht wie bei NB mit $\sqrt[2]{\frac{F}{F_1}}$ zu (vgl. Abschn. 3.5).

Demnach ist die zulässige Lastpressung anzusetzen zu

$$\text{zul } p = \frac{\beta_R}{2{,}1} \sqrt[3]{\frac{F}{F_1}} \leq \beta_R \qquad (7.2)$$

(β_R nach DIN 1045 wie für NB)

Teilflächenbelastung haben wir auch bei Linienbelastung, wie sie bei der Verankerung von Bewehrungsstäben mit Haken oder Schlaufen auftritt. Entsprechende Versuche zeigten aber überraschend, daß sich hier für LB günstigere Werte ergaben als für NB, so daß kein Anlaß besteht, die zul. Biegeradien für Bewehrungen zu verändern. Der Randabstand von Haken oder Schlaufen ist jedoch wegen der niedrigeren Spaltzugfestigkeit des LB etwas größer zu wählen als bei NB.

7.5.3 Verbundfestigkeit

Ausziehversuche mit gerippten Betonstahlstäben ⌀ 12 und ⌀ 26 mm ergaben, daß die zu einem Schlupf von 0,01 oder von 0,1 mm führende Zugkraft bei LB bis über doppelt so groß ist wie bei NB. Die Steigerung ist bei Stäben ⌀ 12 mm größer als bei denen mit ⌀ 26 mm, weil bei den kleinen Durchmessern die Scherverbundbeanspruchung ganz im Mörtelbereich liegt, während bei größeren Durchmessern die weniger festen Leichtzuschläge in die "Betonzähne" zwischen die Stahlrippen eingreifen und den Scherwiderstand vermindern. Der Grund für diese höhere Verbundfestigkeit liegt darin, daß bei gleicher Druckfestigkeit des Normal- und des Leichtbetons im LB eine wesentlich höhere Mörtelfestigkeit vorhanden ist.

Wenn jedoch der Verbund durch Spaltwirkung gefährdet wird, dann kann bei Druck quer zum Stab oder in der Stabrichtung die in Abschn. 7.3 beschriebene Querzugwirkung die Spaltgefahr erhöhen und den Verbund gefährden. Im Bereich hoher Verbundspannungen an Stäben mit ⌀ > 18 mm ist daher eine ausreichende Querbewehrung zu empfehlen. Die günstige Verbundfestigkeit erlaubt Spannbett-Verbundanker von Spannstahl wie bei Normalbeton. Sie wirkt sich auch auf das Rißverhalten, auf die Rißabstände und Rißbreiten usw. günstig aus.

7.5.4 Verformungen, σ-ϵ, E-Modul bei Kurzzeitlasten

Die Spannungs-Dehnungslinien für Kurzzeit-Druckbeanspruchung an Prismen (Belastungsdauer rd. 10 min bis zum Erreichen des Bruches) verlaufen bei gleicher Festigkeitsklasse für LB flacher und gestreckter als bei NB, die Bruchdehnung ist mit max $\epsilon_b \geq 2,5$ ‰ um 20 bis 30 % größer (Bild 7.9).

Die geringere Völligkeit der Spannungsverteilung in der Druckzone wird also durch einen größeren Wert von max ϵ_b in etwa ausgeglichen. Das ergab sich auch aus Kurzzeit-Versuchen an Plattenbalken im OGI - Stuttgart.

Der E-Modul (nach DIN 1048 für $\sigma_b \sim \frac{1}{3} \beta_p$) hängt nicht nur von der Druckfestigkeit, sondern auch von der Betonrohdichte ρ_{rb} und der Zuschlagsart (Blähton, Blähschiefer) ab. H. Weigler [82, S. 102] gibt folgende Formeln:

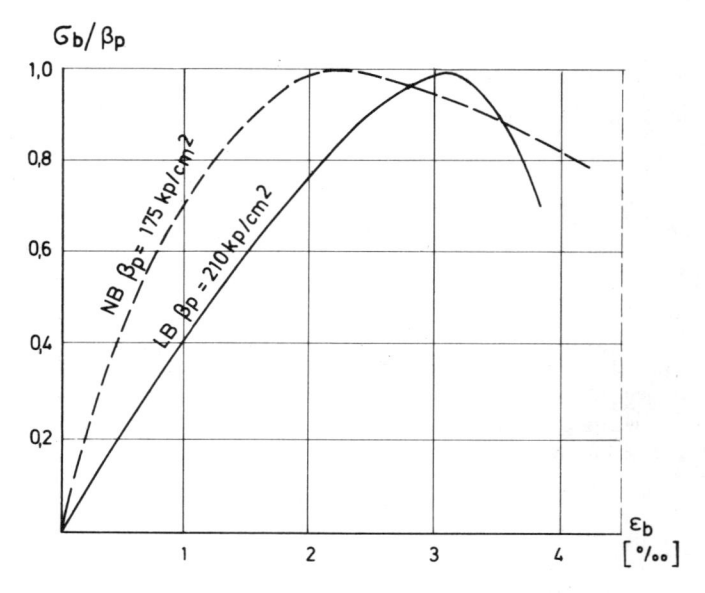

Bild 7.9 Gemessene σ-ϵ-Linien eines Normalbetons Bn 250 mit ρ_{tr} = 2,15 kg/dm³ und eines Leichtbetons L Bn 250 (Blähton--Zuschlag) mit ρ_{tr} = 1,3 kg/dm³ [87]

für Blähtonbeton $\quad E_{LB}^T \approx 59000 + 2340 \sqrt[3]{\rho_{rb}^3 \beta_w} \quad [kp/cm^2]$

(7.3)

für Blähschieferbeton $\quad E_{LB}^S \approx 85300 + 2380 \sqrt[3]{\rho_{rb}^3 \beta_w} \quad [kp/cm^2]$

mit ρ_{rb} (in kg/dm^3) und β_w (in kp/cm^2) nach 28 Tagen, lufttrocken.

Die Zugabe von Natursand wird durch das erhöhte ρ_{rb} berücksichtigt. Die Streuung ist mit ± 10 % anzunehmen. Die in den Richtlinien [84] angegebenen E-Moduln, nur von der Rohdichteklasse abhängig, sind grobe Schätzwerte. Es wird deshalb dort angeraten und für statisch unbestimmte Konstruktionen aus Normal- und Leichtbeton zwingend verlangt, den E-Modul versuchsmäßig zu ermitteln.

Die gegenüber NB wesentlich niedrigeren E-Moduln des LB wirken sich im allgemeinen günstig aus. Alle Zwangsschnittgrößen werden kleiner, die Tragwerke neigen weniger zu Rissen infolge Zwang. Durchbiegungen werden nur wenig größer, weil die Höhe der Biegedruckzone größer ist und deshalb die Randdehnung ϵ_b und damit die Krümmung kleiner wird.

7.5.5 Quellen, Schwinden und Kriechen

Das Kornporenwasser bewirkt eine feuchte Nachbehandlung des Mörtels im ganzen Inneren des LB, was bei behinderter Trocknung, z. B. durch Anstrich mit Antisol, in den ersten 100 bis 300 Tagen bei Luftlagerung mit 20 °C und 60 % rLF zunächst zu einem Quellen des Betons bis zu etwa $\epsilon_s = + 10 \cdot 10^{-5}$ führt (Bild 7.10). Bei dampfdichter Umhüllung quillt der Beton über Jahre bis zu $\epsilon_s = + 35 \cdot 10^{-5}$. Mit diesem Quellen muß man im Inneren dicker Betonbauteile und vor allem in feuchtem Klima rechnen. Die Endschwindmaße bleiben mit $\epsilon_{s\infty} = - 25 \cdot 10^{-5}$ bis $- 30 \cdot 10^{-5}$ unter denen von Prismen ohne behinderte Trocknung, bei denen $\epsilon_{s\infty} = - 35$ bis $- 40 \cdot 10^{-5}$ erreicht. Die für NB zulässige starke Abminderung des Endschwindmaßes mit dem Faktor k_2 abhängig von der Dauer der Naßbehandlung und der Dicke d_w der Körper ist demnach bei LB nicht zulässig. Den zeitlichen Ablauf des Schwindens von LB im Vergleich zu dem von gleichwertigem NB zeigt Bild 7.11.

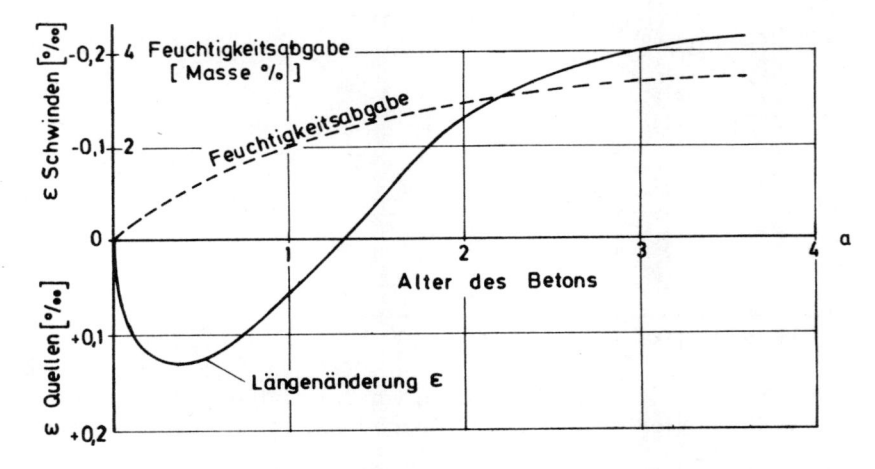

Bild 7.10 Quellen mit Schwinden unbelasteter Zylinder aus Leichtbeton (mit Blähton-Zuschlag) [82]

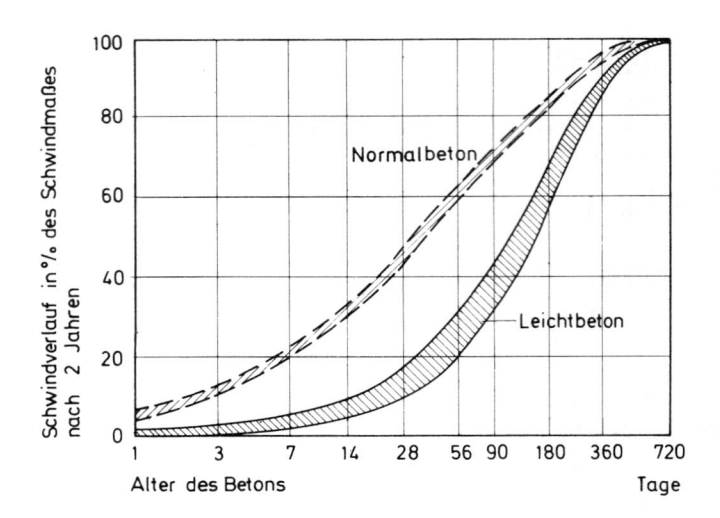

Bild 7.11 Vergleich des zeitlichen Ablaufs des Schwindens von Leichtbeton und Normalbeton

Bei kleinen Querschnitten und wenig angenäßten Zuschlägen ist das Quellen gering und das Schwinden verläuft ähnlich wie bei NB, bleibt jedoch bei gleichem Zementgehalt für Blähschiefer etwas niedriger (Bild 7.12). Die Endschwindmaße streuen stärker als bei NB.

Die Form der Kriechkurven ist bei Leichtbeton etwa gleich wie bei NB (Bild 7.13). Das Kriechmaß $a_k = \epsilon_k/\sigma_D$ (in 10^{-6} cm^2/kp) hängt bei LB weniger vom Alter (Reifegrad) bei Belastungsbeginn ab als bei NB, weil das Kornporenwasser als Nachbehandlung wirkt. Das Endkriechmaß wird bei vollem Schutz gegen Austrocknung jedoch nur um rd. 20 % kleiner als bei ungeschützter Luftlagerung mit $\sim$ 60 % rLF.

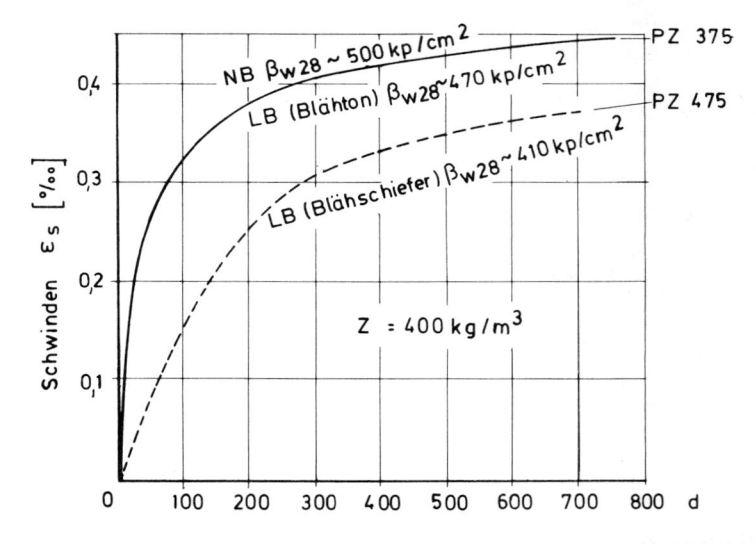

Bild 7.12 Verlauf der Schwindkürzungen von Normalbeton und Leichtbetonen mit Blähschiefer- und Blähton-Zuschlägen bei gleichem Zementgehalt Z = 400 kg/m^3, PZ 375 [82]

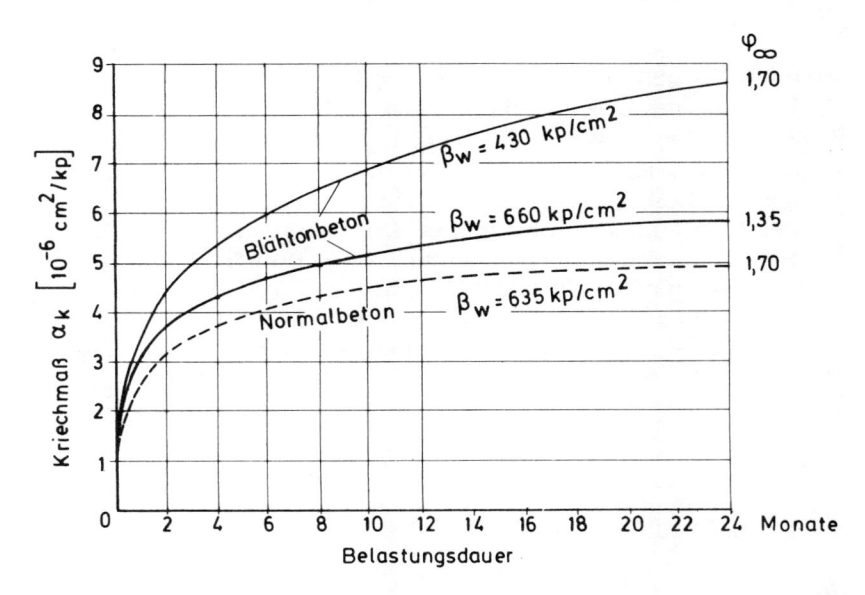

7.5 Wesentliche Abweichungen der Leichtbeton-Eigenschaften vom Normalbeton 131

Bild 7.13 Verlauf des Kriechens von Leichtbeton und Normalbeton ausgedrückt durch das Kriechmaß $\alpha_k = \epsilon_k/\sigma_D$ mit $\sigma_D = 1/3\ \beta_W$. Alter bei Belastungsbeginn 28 Tage [82]

Das Endkriechmaß $\alpha_{k\infty}$ ist für gleiche β_W für LB etwas kleiner bis gleich groß wie bei NB, also nicht etwa im umgekehrten Verhältnis der E-Moduln E_{NB}/E_{LB} größer. Dies bedeutet, daß die Kriechzahlen $\varphi = \dfrac{\epsilon_k}{\epsilon_{el}}$ bei LB kleiner sind als bei NB und zwar etwa im Verhältnis der E-Moduln, weil

$$\varphi = \frac{\sigma_D \cdot \alpha_k}{\epsilon_{el}} = \alpha_k\ E_b.$$

Für Kriechberechnungen mit φ muß daher bei Leichtbeton eine reduzierte Kriechzahl

$$\varphi_{LB} = \xi\ \frac{E_{LB}}{E_{NB}}\ \varphi_{NB} \qquad (7.4)$$

benützt werden mit $\xi = 0{,}7$ bis $1{,}0$ und dem einem gleichen β_W entsprechenden E_{NB}; in den Richtlinien [84] wird dagegen $\xi = 1{,}2$ angegeben.

Die Kriechdehnungen von LB sind besonders bei früh belasteten Proben groß. Man sollte LB deshalb, wenn Kriechverformungen nachteilig sind, nur bei höherem Reifegrad Dauerlasten aussetzen. Die Korneigenfeuchte des Zuschlages bewirkt, daß der Einfluß der wirksamen Körperdicke d_w geringer ist als bei NB.

7.5.6 Wärmeverhalten des Leichtbetons

Die **Temperaturdehnzahl** α_T des LB liegt bei niedrigem Feuchtigkeitsgehalt zwischen 8 bis $10 \cdot 10^{-6}/°C$, sie nimmt bei Durchfeuchtung ab bis auf $6{,}5 \cdot 10^{-6}/°C$. Die **Wärmeleitfähigkeit** des Leichtbetons hängt stark von der Rohdichte und dem Feuchtigkeitsgehalt ab, in Ergänzungserlassen zur DIN 4108 sind die Rechenwerte λ in Abhängigkeit von der Rohdichteklasse angegeben.

Die Wärmeleitzahl λ liegt schon bei ρ_{rb} = 1,4 kg/dm³ und Ausgleichsfeuchte (rd. 5 Vol %) mit $\lambda \approx$ 0,5 bis 0,6 kcal/mh°C unter 1/3 des Wertes von NB aus Rheinkies mit ρ = 2,2 t/m³ (λ_{NB} = 1,75 kcal/mh°C). Daraus ergibt sich die starke Abminderung der Wärmeleitung durch die Leichtzuschläge, die sich günstig auf den Feuerwiderstand, z.B. durch Schutz der Stahleinlagen vor rascher Erhitzung, auswirkt. Den starken negativen Einfluß der Durchfeuchtung zeigt Bild 7.14 anhand des Wärmedurchlaßwiderstandes $1/\lambda$ einer 1 m dicken Wand, für Leichtbetone mit $\rho_{rb,tr} \sim$ 1,45 kg/dm³, wobei zu beachten ist, daß rd. 5 Vol % Feuchtigkeit als Ausgleichsfeuchte im Außenklima praktisch unvermeidbar sind.

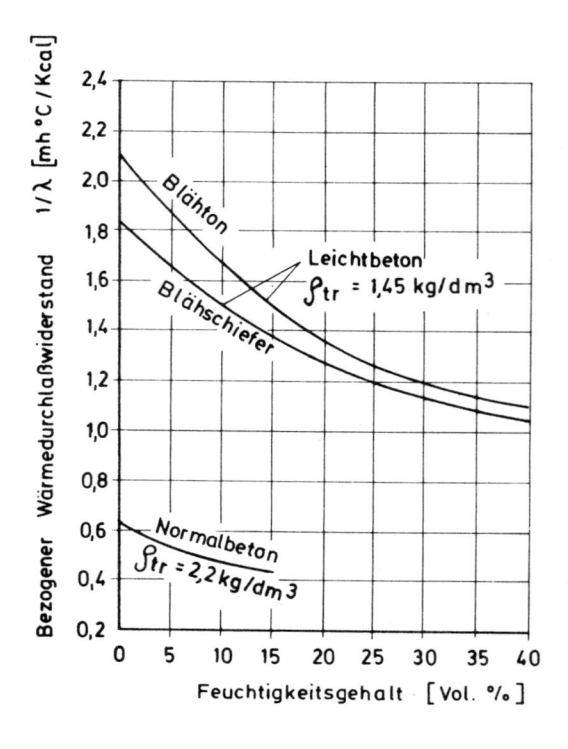

Bild 7.14 Auf die Dicke 1 bezogener Wärmedurchlaßwiderstand $1/\lambda$ für Beton mit Naturkies- und mit Leichtzuschlägen (ρ_{rb} = 1,45 kg/dm³) in Abhängigkeit vom Feuchtigkeitsgehalt in Vol. % [82]

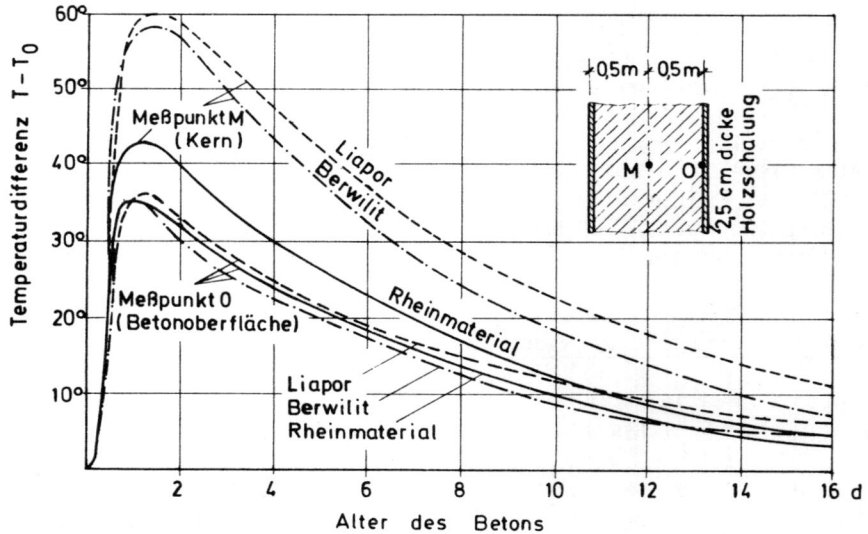

Bild 7.15 Entwicklung der Temperaturdifferenz zur Außenluft $T_o \sim 20\,^\circ C$ infolge Hydratation im Kern und an der Oberfläche von 1 m dicken Plattenabschnitten aus Normal- und aus Leichtbeton [82]

Die geringe Wärmeleitfähigkeit führt natürlich dazu, daß die beim Abbinden des Zementes entstehende Hydratationswärme langsamer abfließt als bei NB und daher in dicken Bauteilen höhere Temperaturen und Temperatur-Eigenspannungen entstehen (Bild 7.15). Man sollte daher für LB die Außenflächen gegen Abkühlung schützen und keine frühhochfesten F-Zemente verwenden, wenn die Dicke der Bauteile 60 bis 80 cm überschreitet.

7.5.7 Korrosionsschutz der Bewehrung

Der zementreiche und hochfeste Mörtel des LB wirkt sich für den Korrosionsschutz günstig aus, wenn die Betondeckung der Stahlstäbe gut verdichtet ist. Leider setzen jedoch die meisten Leichtzuschläge der Gasdiffusion wenig Widerstand entgegen, so daß Kohlendioxyd bis zu der Zementhaut am Stab vordringen kann, wenn das Korn fast die ganze Dicke der Betondeckung einnimmt. Damit kann dort die basische Schutzwirkung des Zementsteines durch Karbonatisierung verloren gehen und Korrosion des Stahles auftreten. Aus diesem Grund wird die erf. Betondeckung für Stahlstäbe um einen vom $\emptyset$ des größten Korns abhängigen Zuschlag von in der Regel 5 mm vergrößert (s. Tab. 3 in [84]).

7.6 Folgerungen für die Bemessung von bewehrtem Leichtbeton (Stahlleichtbeton, Spannleichtbeton)

Die vom Normalbeton abweichenden Festigkeitseigenschaften des LB bedingen besondere Bemessungsregeln, die in den "Richtlinien für Leichtbeton und Stahlleichtbeton mit geschlossenem Gefüge", Fassung Juni 1973 [84], dargelegt sind. Diese müssen beim Entwurf von Tragwerken aus LB in der Regel beachtet werden. Abweichungen bedürfen der Zustimmung der Baurechtsbehörde.

Folgende Besonderheiten sind hervorzuheben:

Für Tragwerke dürfen nur die Güteklassen L Bn ≧ 150 verwendet werden, L Bn 100 ist für bewehrte tragende Wände zulässig. Für unbewehrte Wände kann auch L Bn < 100 nach DIN 4232 angewandt werden.

Als Bewehrung dürfen nur Betonrippenstähle bis $\emptyset$ 22 mm und geschweißte Betonstahlmatten aus profilierten oder gerippten Stäben nach DIN 488 verwendet werden.

Die Betondeckung der Bewehrung ist abhängig vom Stabdurchmesser und größten Korndurchmessern nach Umweltbedingungen und Tragwerksart geregelt.

Die Elastizitätsmoduln sind unabhängig von der Art der Zuschläge und der Festigkeitsklasse (vgl. hier Abschn. 7.5.4) angegeben. Die Verwendung genauerer Werte, am besten durch Eignungsprüfung festgestellt, ist zu empfehlen, wenn die Verformungen oder Zwang eine wesentliche Rolle spielen.

Die Angaben der Richtlinien über Schwinden und Kriechen weichen nach neueren Ermittlungen [86] z. T. wesentlich vom wirklichen Verhalten ab. Besonders das Kriechen wird damit reichlich überschätzt (bis rd. 40 %). Wenn daher Schwinden und Kriechen für das Bauwerk eine wichtige Rolle spielen (z. B. bei Spannleichtbeton), sind genauere Untersuchungen unter zu Hilfenahme neuer Forschungsergebnisse zu empfehlen. Zu beachten ist, daß für den zeitlichen Ablauf von Schwinden und Kriechen nach den Angaben im Abschnitt 7.5.5 nicht wie beim NB in jedem Fall Affinität angenommen werden kann.

Der **Bemessung für Biegung** wird für die Verteilung der Spannungen in der Druckzone das σ-εDiagramm mit einer quadratischen Parabel nach Bild 7.16 zugrunde gelegt, wobei max ϵ_b = -2,0 ‰ und max σ_b = β_R ist. Damit wird die Ausnützung der Biegedruckzone beschränkt. Um dennoch die Bemessungstabellen im Heft 220 des DAfStb benützen zu können, wird für Querschnitte mit rechteckiger Druckzone gestattet, das in DIN 1045 angegebene Parabel-Rechteck-Diagramm der Spannungsverteilung zu benützen [1a, Bild 7.3], wenn dabei der Scheitelwert β_R oder die Breite b der Betondruckzone mit dem Faktor α abgemindert werden. Dabei ist

$$\alpha = 1,0 - e/d \geq 0,8 \qquad (7.5)$$

Auch für Querschnitte von Plattenbalken mit $b/b_o > 5$ und $d/h \leq 0,22$ können die bekannten Näherungsformeln verwendet werden, wenn dabei statt β_R der reduzierte Wert $\alpha\beta_R$ eingeführt wird.

Nach neuen Forschungsergebnissen schlägt E. Grasser, München, (1975 Betontag) vor, einheitlich für Biegung und Biegung mit Längsdruck mit dem Parabel-Rechteckdiagramm des NB, jedoch mit α = 0,9, zu rechnen.

Bei der **Bemessung für Querkraft und Torsion** sind die zul τ_{o11} auf 80 % der Werte für NB nach Tab. 14 in DIN 1045 herabgesetzt, weil bei Platten ohne Schubbewehrung die niedrigere Festigkeit der Kornverzahnung die Schubtragfähigkeit abmindert, dafür kann die Abminderung für d > 20 cm mit k_1 bzw. k_2 entfallen.

Bei schubbewehrten Tragwerken wurde in Stuttgarter Schubversuchen festgestellt, daß die niedrigere Steifigkeit der Druckstreben (niedriges E_{LB}!) zu einer um 5 bis 10 % höheren Beanspruchung der Schubbewehrung führt. Eine 10 %ige Erhöhung von erf. F_{eS} gegenüber der nach DIN 1045 zulässigen Bewehrung hätte also genügt.

Die Richtlinien sehen eine 15 %ige Erhöhung des Querschnitts der Schubbewehrung bei verminderter Schubdeckung und eine Senkung der τ_{o12} wie bei Platten ohne Schubbewehrung vor. Die oberen Schubspannungsgrenzen τ_{o3}, die von der Druckfestigkeit des Betons in den Druckstreben abhängen, gelten in gleicher Höhe wie bei NB.

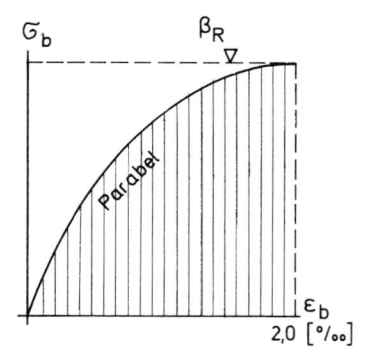

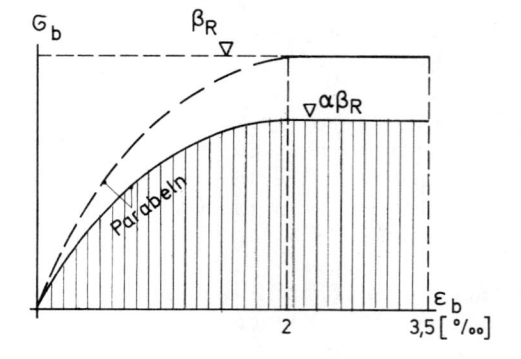

Bild 7.16 Der Biegebemessung von Querschnitten aus Leichtbeton zugrunde zu legende Spannungsverteilungen in der Druckzone,
links: Richtlinie 1973 [84], rechts: zur Anwendung von Bemessungstabellen bei rechteckiger Betondruckzone und Richtlinie 1975.

Die Bemessung von Druckgliedern ist gleich wie bei NB, solange keine Knickgefahr besteht. Bei Knickgefahr ist der ungünstige Einfluß des niedrigeren E-Moduls zu beachten; deshalb wird zunächst die größte Schlankheit auf $\lambda \leq 70$ beschränkt. Die nach DIN 1045, Abschn. 17.4.3 zulässigen Lasten sind mit einigen Ausnahmen mit dem Beiwert
$\eta = (\frac{5}{6} + \frac{e}{d})(1,2 - 0,2\frac{\lambda}{70}) \leq 1,0$ zu reduzieren, wobei e die größte planmäßige Ausmitte im mittleren Drittel der Knicklänge ist. Die Ausnahmen, bei denen der Abminderungsbeiwert η nicht angewandt zu werden braucht, beziehen sich auf Querschnitte mit rechteckiger Druckzone, bei denen das Parabel-Rechteck-Spannungsdiagramm mit der Abminderung des Scheitelwertes auf $\alpha \cdot \beta_R$ zur Bemessung verwendet wurde. Dabei ist aber in der Gl. für α statt e die vergrößerte Ausmitte e + f einzusetzen (vgl. [1a], Abschn. 10.5.3]).

Der traglaststeigernde Einfluß einer Umschnürungsbewehrung darf bei Stützen aus LB nicht in Rechnung gestellt werden.

Zur zul. Pressung bei Teilflächenbelastung - siehe hier Abschnitt 7.5.2.

Bei Durchbiegungen unter Gebrauchslast sind die tatsächlichen E-Moduln zu beachten. Leichtbetonträger können nicht so schlank bemessen werden wie Normalbetonträger, wenn die Durchbiegung die Gebrauchsfähigkeit beeinflußt.

Die zul. Verbundspannungen, Verankerungs- und Übergreifungslängen bei Stößen sind denen von NB nach DIN 1045 gleichgestellt. Lediglich für geschweißte Betonstahlmatten sind einige Abweichungen zu beachten.

Es gibt noch keine allgemein gültigen Regeln zur Bemessung und Anwendung von Spannleichtbeton. Vor der Planung vorgespannter Bauwerke aus Leichtbeton muß sich der entwerfende Ingenieur eingehend mit den neuesten Forschungserkenntnissen vertraut machen und die Genehmigung der Bauaufsichtsbehörde einholen.

7.7 Zur Wirtschaftlichkeit von Tragwerken aus Leichtbeton

Die Leichtzuschläge und die Verarbeitung von Leichtbeton sind teurer als bei Normalbeton. Diese Mehrkosten können aufgewogen werden durch Einsparungen infolge des geringeren Gewichtes und der niedrigen Wärmeleitfähigkeit. Das kleinere Gewicht ergibt Einsparungen an Bewehrungsstahl, am Querschnitt stützender Bauglieder und an Fundamentabmessungen, was sich vor allem bei großen Spannweiten, hohen Bauten und schlechtem Baugrund günstig auswirkt. Das niedrige Eigengewicht kann auch für Fertigteile vorteilhaft sein, weil für eine gewisse Tragfähigkeit der Fahrzeuge und Krane größere Einheiten, z. B. Dachbinder oder Brückenträger mit größerer Spannweite, versetzt werden können. Die Wärmedämmung des LB erlaubt bei Hochbauten Einsparungen an Wärme- und Witterungsschutz (z. B. tragende Wände aus L Bn 100 der Rohdichteklasse 1,0 ohne zusätzliche Außenhaut) und an Feuerschutz.

In Deutschland ist bisher die Wirtschaftlichkeit nur selten gegeben, die Produktionsmengen an geeigneten Leichtzuschlägen sind noch gering, die Transportwege oft weit, einige Einschränkungen der Richtlinien verteuern die Tragwerke unnötig.

7.8 Anwendungen

In den USA sind schon zahlreiche Großbauten und viele Fertigteilbauten aus Leichtbeton hergestellt worden, vor allem dort, wo Kies und Splitt aus Naturstein nicht vorkommen und über weite Wege antransportiert werden müssen. In technischer Hinsicht sind Leichtbeton-Tragwerke bei großen Fertigteilen des Hochbaues und vor allem bei Brücken aus Spannbeton oft vorteilhaft und für den Ingenieur reizvoll.

Einige der großen Anwendungen sind:

Erste Straßenbrücke in Leichtspannbeton in Europa: 1967 bei Gittelde (ℓ = 12,5 - 15,1 - 12,5 m);

Fußgängerbrücke über einen Rheinarm in Schierstein, ℓ = 96,4 m;

Straßenbrücke über den Fühlinger See bei Köln, ℓ = 136 m;

3 Straßenbrücken über den Maas-Waal-Kanal, Mittelfeld mit 105 m in LB bei ℓ = 112 m;

Dachbinder des Kunsteisstadions Augsburg, ℓ = 62 m;

Jumbo Wartungshalle, Flughafen Frankfurt, Hängedach mit ℓ = 135 m.

Schrifttumverzeichnis

1 a   Leonhardt, F.; Mönnig, E.: Vorlesungen über Massivbau. Erster Teil: Grundlagen zur Bemessung im Stahlbetonbau.
2. Aufl., Berlin, Springer, 1973

   b   Leonhardt, F.; Mönnig, E.: Vorlesungen über Massivbau. Dritter Teil: Grundlagen zum Bewehren im Stahlbetonbau.
Berlin, Springer, 1974

   c   Leonhardt, F.; Mönnig, E.: Vorlesungen über Massivbau. Vierter Teil: Verformungen und Rissebeschränkung im Stahlbetonbau.
Berlin, Springer, in Vorbereitung

2   Suenson, E.: Eisenbetonbewehrung unter einem Winkel mit der Richtung der Normalkraft.
Beton und Eisen 21 (1922), H. 10, S. 145 - 149

3   Leitz, H.: Eisenbewehrte Platten bei allgemeinem Biegungszustand.
Die Bautechnik 1 (1923), H. 16, S. 155 - 157; H. 17, S. 163 - 167

4   Leitz, H.: Bewehrung von Scheiben und Platten.
Intern. Kongr. f. Beton u. Eisenbeton, Berlin, 1930

5   Flügge, W.: Statik und Dynamik der Schalen.
1. Aufl., Berlin, Springer, 1934

6   Scholz, G.: Zur Frage der Netzbewehrung von Flächentragwerken.
Beton- und Stahlbetonbau 53 (1958), H. 10, S. 250 - 255

7   Peter, J.: Zur Bewehrung von Scheiben und Schalen für Hauptspannungen schiefwinklig zur Bewehrungsrichtung.
Diss. TH Stuttgart, 1964
und: Die Bautechnik 43 (1966), H. 5, S. 149 - 154; H. 7, S. 240-248

8   Ebner, F.: Über den Einfluß der Richtungsabweichung der Bewehrung von der Hauptspannungsrichtung auf das Tragverhalten von Stahlbetonplatten.
Diss. TH Karlsruhe, 1963

9   Ebner, F.: Zur Bemessung von Stahlbetonplatten mit von der Richtung der Hauptzugspannung abweichender Bewehrungsrichtung.
in: Aus Theorie und Praxis des Stahlbetonbaus, Berlin, W. Ernst u. Sohn, 1969, S. 127 - 134

10   Lenschow, R.J. und Sozen, M.A.: A yield criterion for reinforced concrete under biaxial moments and forces.
Civ. Eng. Studies, Struct. Research Series No. 311, University of Illinois, Juli 1966,
und: A yield criterion for reinforced concrete slabs.
Journ. ACI, Proc. Vol. 64 (1967), No. 5, p. 266 - 273
Disc. by Cardenas, A. in Vol. 64, No. 11, p. 783 - 784

11   Wästlund, G.; Hallbjörn, L.: Beitrag zum Studium der Durchbiegung und des Bruchmomentes von Stahlbetonplatten mit schiefer Bewehrung.
in: Aus Theorie und Praxis des Stahlbetonbaus, Berlin, W. Ernst u. Sohn, 1969, S. 135 - 138

12   Baumann, Th.: Tragwirkung orthogonaler Bewehrungsnetze beliebiger Richtung in Flächentragwerken aus Stahlbeton.
DAfStb., H. 217, Berlin, W. Ernst u. Sohn, 1972

13   Baumann, Th.: Zur Frage der Netzbewehrung von Flächentragwerken.
Der Bauingenieur 47 (1972), H. 10, S. 367 - 377

14   Girkmann, K.: Flächentragwerke.
6. Aufl., Wien, Springer, 1963

15	Dischinger, F.:	Beitrag zur Theorie der Halbscheibe und des wandartigen Balkens. Abhandl. IVBH., Bd. I, Zürich, 1932
16	Bay, H.:	Wandartige Träger und Bogenscheibe. Stuttgart, Konrad Wittwer, 1960
17	Zienkiewicz, O. C.; Cheung, Y. L.:	The finite element method in structural and continuum mechanics. London, Mc Graw-Hill, 1967
18	Cervenka, V.:	Inelastic finite element analysis of reinforced concrete panels under in-plane loads. Thesis Univ. Colorado, 1970
19	Müller, R. K.:	Handbuch der Modellstatik. Berlin, Springer, 1971
20	Schleeh, W.:	Die Rechteckscheibe mit beliebiger Belastung der kurzen Ränder. Beton- u. Stahlbetonbau 56 (1961), H. 3, S. 72 - 83
21	Schleeh, W.:	Ein einfaches Verfahren zur Lösung von Scheibenaufgaben. Beton- u. Stahlbetonbau 59 (1964); H. 3, S. 49 - 56; H. 4, S. 91 - 94; H. 5, S. 111 - 119
22	Schleeh, W.:	Die statisch unbestimmt gestützte durchlaufende Scheibe. Beton- u. Stahlbetonbau 60 (1965), S. 2, S. 25 - 34 und Ergänzung H. 7, S. 180
23	Schleeh, W.:	Die Randstörungen in der technischen Biegelehre. Beton- u. Stahlbetonbau 61 (1966), H. 1, S. 10 - 19
24	Leonhardt, F.; Walther, R.:	Wandartige Träger. DAfStb., H. 178, Berlin, W. Ernst u. Sohn, 1966
25	El-Behairy, S.:	Spannungszustand wandartiger Träger mit im Innern angreifenden Einzelkräften. Beton- u. Stahlbetonbau 63 (1968), H. 10, S. 228 - 230
26	Linse, H.:	Wandartige Träger mit Pfeilervorsprüngen. Die Bautechnik 38 (1961), H. 6, S. 191 - 197; H. 8, S. 264 - 268
27	Rosenhaupt, S.:	Beitrag zur Berechnung von Scheiben mit seitlichen Versteifungen. Die Bautechnik 41 (1964), H. 2, S. 48 - 51
28	Bay, H.:	Die Schubkräfte im randversteiften wandartigen Träger. Der Bauingenieur 39 (1964), H. 10, S. 406 - 408
29	Thon, R.:	Beitrag zur Berechnung und Bemessung durchlaufender wandartiger Träger. Beton- u. Stahlbetonbau 53 (1958), S. 12, S. 297 - 306
30	Pfeiffer, G.:	Beitrag zur Berechnung und Bemessung von über den Auflagern verstärkten wandartigen Durchlaufträgern. Diss. TH Hannover, 1965
31	Nylander, H.; Nylander, J. O.:	Högar balkar (deep beams) Divis. of Building Statics, Royal Inst. Technology, Stockholm, Bullt. No. 64, 65, 66, 68, 69 (1967)
32	Franz, G.; Niedenhoff, H.:	Die Bewehrung von Konsolen und gedrungenen Balken. Beton- u. Stahlbetonbau 58 (1963), H. 5, S. 112 - 120
33	Mehmel, A.; Freitag, W.:	Tragfähigkeitsversuche an Stahlbetonkonsolen. Der Bauingenieur 42 (1967), H. 10, S. 362 - 369
34	Hagberg, T.:	Zur Bemessung der Konsole. Beton- u. Stahlbetonbau 61 (1966), H. 3, S. 68 - 72
35	Jyengar, K. T. S. R.; Prabhakara, M. K.:	A three-dimensional elasticity solution for rectangular prism under end loads. Zeitschr. f. angew. Mathem. u. Mechn. (ZAMM) 49 (1969), H. 6, S. 321 - 332
36	Jyengar, K. T. S. R.; Yogananda, C. V.:	A three-dimensional stress distribution problem in the anchorage zone of a post-tensioned concrete beam. Mag. Concr. Res., Vol. 18 (1966), No. 55, p. 75 - 84
37	Jyengar, K. T. S. R.; Prabhakara, M. K.:	Anchor zone stresses in prestressed concrete beams. Proc. ASCE, Struct. Div., Vol. 97 (1971), No. ST 3, p. 807 - 824
38	Guyon, Y.:	Contraintes dans les pièces prismatiques soumises à des forces appliquées sur leurs bases, au voisinage de ces bases. Abh. IVBH XI (1951), S. 165 - 226

39 Douglas, D. J.; Trahair, N. S.: An examination of the stresses in the anchorage zone of a post-tensioned prestressed concrete beam.
Mag. Concr. Res., Vol. 12 (1960), No. 34, p. 9 - 18

40 Jyengar, K. T. S. R.: Der Spannungszustand in einem elastischen Halbstreifen und seine technischen Anwendungen.
Diss. TH Hannover, 1960
und: Two-dimensional theories of anchorage zone stresses in post-tensioned prestressed concrete beams.
Journ. ACI, Proc. Vol. 59 (1962), No. 10, p. 1443 - 1466

41 Plähn, J.; Kröll, K.: Der Spannungszustand im Eintragungsbereich des Spannbettbalkens.
Beitrag z. 7. Kongreß FIP (New York 1974)

42 Yettram, A. L.; Robbins, K.: Anchorage zone stressed in axially post-tensioned members of uniform rectangular section.
Mag. Concr. Res., Vol. 21 (1969), No. 67, S. 102 - 112

43 Tesar, V.: Determination expérimentale des tensions dans les extrémités des pièces prismatiques munies d'une semi-articulation.
Abh. IVBH I (1932), S. 497 - 506

44 Sargious, M.: Beitrag zur Ermittlung der Hauptzugspannungen am Endauflager vorgespannter Betonbalken.
Diss. TH Stuttgart, 1960
und: Hauptzugkräfte am Endauflager vorgespannter Betonbalken.
Die Bautechnik 38 (1961), H. 3, S. 91 - 97

45 Leonhardt, F.; Reimann, H.: Betongelenke, Versuchsbericht und Vorschläge zur Bemessung und konstruktiven Ausbildung.
DAfStb., H. 175, Berlin, W. Ernst u. Sohn, 1965

46 Mörsch, E.: Über die Berechnung der Gelenkquader.
Beton u. Eisen 23 (1924), H. 12, S. 156 - 161

47 Hiltscher, R.; Florin, G.: Darstellung der Spaltzugspannungen unter einer konzentrierten Last (Druckplatte) nach Guyon-Jyengar und nach Hiltscher und Florin.
Die Bautechnik 47 (1967), H. 6, S. 196 - 200

48 Hawkins, H. J.: The bearing strength of concrete loaded through rigid plates.
Mag. Concr. Res., Vol. 20 (1968), No. 62, p. 31 - 40
und: The bearing strength of concrete loaded through flexible plates.
Mag. Concr. Res., Vol. 20 (1968), No. 63, p. 95 - 102

49 Hiltscher, R.; Florin, G.: Spalt- und Abreißzugspannungen in rechteckigen Scheiben, die durch eine Last in verschiedenem Abstand von einer Scheibenecke belastet sind.
Die Bautechnik 40 (1963), H. 12, S. 401 - 408

50 Schleeh, W.: Die Rissesicherheit in den Randzonen periodisch vorgespannter Scheiben.
Beton- u. Stahlbetonbau 55 (1960), H. 4, S. 93 - 95

51 Sargious, M.; Tadros, G. S.: Stresses in prestressed concrete stepped cantilevers under concentrated loads.
Beitrag z. 6. Kongreß FIP (Prag 1970)
und: Step and loads effect on stresses in prestressed concrete short brackets.
Journ. ACI, Proc. Vol. 69 (1971), No. 11, p. 861 - 866

52 Zahlten, N.: Spannungszustände in Scheiben im Einleitungsbereich konzentrierter Lasten.
Diss. TH Hannover, 1964

53 Herzog, M.: Wichtige Sonderfälle des Durchstanzens von Stahlbeton- und Spannbetonplatten nach Versuchen.
Der Bauingenieur 49 (1974), H. 9, S. 333 - 342

54 Schütt, H.: Über das Tragvermögen wandartiger Stahlbetonträger.
Beton- u. Stahlbetonbau 51 (1956), H. 10, S. 220 - 224
(s. auch Diss. TH Hannover, 1953)

55 Leonhardt, F.; Lippoth, W.: Folgerungen aus Schäden an Spannbetonbrücken.
Beton- u. Stahlbetonbau 65 (1970), H. 10, S. 231 - 244 u. 66 (1971), H. 3, S. 72

56   Müller, R. K. ; Schmidt, D. W. : Zugkräfte in einer Scheibe, die durch eine zentrische Einzellast in einer rechteckigen Öffnung belastet wird.
    Die Bautechnik 41 (1964), H. 5, S. 174 - 176

57   Eibl, J. ; Ivanyi, G. : Spanngliedverankerungen im Inneren eines Trägersteges.
    Beitrag z. 6. Kongreß FIP (Prag 1970)
    und: Innenverankerungen im Spannbetonbau.
    DAfStb., H. 223, Berlin, W. Ernst u. Sohn, 1973

58   Yettram, A. L. ; Robbins, K. : Anchorage zone stresses in post-tensioned uniform members with eccentric and multiple anchorages.
    Mag. Concr. Res., Vol. 22 (1970), No. 73, p. 209 - 218

59   Hiltscher, R. ; Florin, G. : Spaltzugspannungen in kreiszylindrischen Säulen, die durch eine kreisförmige Flächenlast zentral-axial belastet sind.
    Die Bautechnik 49 (1972), H. 3, S. 90 - 94

60   Bauschinger, J. : Mitteilungen aus dem Mech. Techn. Laboratorium München,
    H. 6 (1976)

61   Bach, C. ; Baumann, R. : Elastizität und Festigkeit.
    9. Aufl. Berlin, Springer, 1924

62   Spieth, H. :   Das Verhalten von Beton unter hoher örtlicher Pressung.
    Beton- u. Stahlbetonbau 56 (1961), H. 11, S. 257 - 263
    und
    Das Verhalten von Beton unter hoher örtlicher Pressung und Teilbelastung unter besonderer Berücksichtigung von Spannbetonverankerungen.
    Diss. TH Stuttgart, 1959

63   Pohle, W. :   Lastübertragung auf Stahlpfähle.
    Der Bauingenieur 26 (1951), H. 9, S. 257 - 259
    und: Konzentrierte Lasteintragung im Beton.
    DAfStb., H. 122, Berlin, W. Ernst u. Sohn, 1957

64   Kuyt, B. :   De bezwijklast van partieel belaste oplegblokken van ongewapend beton.
    Cement 21 (1969), H. 7, S. 316 - 320
    und: Breuksterkte van oplegblokken.
    Cement 23 (1971), H. 7, S. 321 - 323

65   Rasmussen, B. H. : Betonindstobte tvaer belastede boltes og dornes baereevne.
    Bygningstatiske Meddelser, Kopenhagen, 1963
    Auszug in: Halász, R. v. : Industrialisierung der Bautechnik.
    Düsseldorf, Werner-Verlag, 1966, S. 216 - 218

66   Wiedenroth, M. : Einspanntiefe und zulässige Belastung eines in einen Betonkörper eingespannten Stabes.
    Die Bautechnik 48 (1971), H. 12, S. 426 - 429 und Zuschrift Baumann, Th. in 50 (1973), H. 1, S. 35 - 36

67   Sattler, K. :   Betrachtungen über neuere Verhältnisse im Verbundbau.
    Der Bauingenieur 37 (1962), H. 1, S. 1 - 8

68   . . . .   Verwendungsregelung für Liebig-Sicherheitsdübel.
    Firma Liebig Pfungstadt, 1972

69   Sell, R. :   Tragfähigkeit von mit Reaktionsharzmörtelpatronen versetzten Betonankern und deren Berechnung.
    Die Bautechnik 50 (1973), H. 10, S. 333 - 340

70   Mönnig, E. ; Netzel, D. : Zur Bemessung von Betongelenken.
    Der Bauingenieur 44 (1969), H. 12, S. 433 - 439

71   Fessler, E. O. : Die EMPA-Versuche an armierten Betongelenken für den Hardturm-Viadukt.
    Schweiz. Bauzeitung 85 (1967), H. 34, S. 623 - 630

72   Kinnunen, S. ; Nylander, H. : Punching of concrete slabs without shear reinforcement.
    Transact. Roy. Inst. of Techn., Stockholm, Nr. 158, 1960, Civ. Engin. 3

73   Kinnunen, S. : Punching of concrete slabs with two-way reinforcement.
    Transact. Roy. Inst. of Techn., Stockholm, No. 198, 1963, Civ. Engin. 6

74   Reimann, H. : Zur Bemessung von dünnen Plattendecken auf Stützen ohne Kopf gegen Durchstanzen.
    Diss. TH Stuttgart, 1963

75   Schaeidt, W. ; Ladner, M. ; Rösli, A. : Berechnung von Flachdecken auf Durchstanzen.
    Techn. Forschg.- u. Beratungsstelle d. Schweiz. Zementindustrie,
    Wildegg, 1970. Lizenz: Beton-Verlag, Düsseldorf

Schrifttumverzeichnis

76 Moe, J.: Shearing strength of reinforced concrete slabs and footings under concentrated loads.
Portl. Cem. Ass., Devel. Dep., Bull. D 47, April 1961
Ergebnis siehe auch in: Shear and diagonal tension.
Rep. ACI-ASCE, Comm. 326, Part 3: Slabs and footings
Journ. ACI, Proc. Vol. 59 (1962), No. 3, p. 353 - 395

77 Glahn, H.; Trost, H.: Zur Berechnung von Pilzdecken.
Der Bauingenieur 49 (1974), H. 4, S. 122 - 132

78 Kammenhuber, J.; Schneider, J.: Arbeitsunterlagen für die Berechnung vorgespannter Konstruktionen.
Ra-Verlag, Rapperswil, 1974

79 König, G.; Marten, K.: Festlegen von Berechnungslasten und Kombinationsregeln.
in: Sicherheit von Betonbauten, Arbeitstagung, Berlin
Wiesbaden, Deutsch. Beton-Verein, 1973

80 Soretz, S.: Beitrag zur Ermüdungsfestigkeit von Stahlbeton.
Tor-Isteg-Steel-Corporation
Luxembourg, Heft 57, Wien, Okt. 1974

81 Stangenberg, F.: Berechnung von Stahlbetonbauteilen für dynamische Beanspruchungen bis zur Tragfähigkeitsgrenze.
Konstruktiver Ingenieurbau-Berichte, H. 16, Essen, Vulkan-Verlag, 1973

82 Weigler, H.; Karl, S.: Stahlleichtbeton-Herstellung, Eigenschaften, Ausführung.
Bauverlag, Wiesbaden, 1972

83 Wischers, G.; Lusche, M.: Einfluß der inneren Spannungsverteilung auf das Tragverhalten von druckbeanspruchtem Normal- und Leichtbeton.
beton 22 (1972), H. 8, S. 343-347; H. 9, S. 397 - 403

84 .... Richtlinien für Leichtbeton und Stahlleichtbeton mit geschlossenem Gefüge (Fassung 1973)
DAfStb.-Sonderheft, Beuth-Vertrieb, Berlin, 1973

85 a .... Merkblatt I für Leichtbeton und Stahlleichtbeton mit geschlossenem Gefüge: Betonprüfung zur Überwachung der Leichtzuschlagherstellung (Fassg. 1974)
beton 24 (1974), H. 7, S. 265 - 267

  b .... Merkblatt II für Leichtbeton und Stahlleichtbeton mit geschlossenem Gefüge: Zusammensetzung und Eignungsprüfung (Fassg. 1974)
beton 24 (1974), H. 7, S. 268-269; H. 8, S. 297 - 299

  c .... Merkblatt III für Leichtbeton und Stahlleichtbeton mit geschlossenem Gefüge: Herstellen und Verarbeiten (Fassg. 1974)
beton 24 (1974), H. 8, S. 299 - 302

86 Weigler, H.: Leicht-, Stahlleicht- und Spannleichtbeton.
betonfertigteilforum (1974), Nr. 8, S. 3 - 9

87 .... Manuel Leightweight Concrete (Sec. Draft 1972)
CEB Bull. No. 85, Paris, 1972

88 a DIN 1053 (E 1973) Mauerwerk; Berechnung und Ausführung
  b DIN 18151 (E 1973) Hohlblocksteine aus Leichtbeton
  c DIN 18152 (1971) Vollsteine aus Leichtbeton